长江流域水库群科学调度丛书

# 溪洛渡、向家坝、三峡水库
# 联合防洪调度及洪水资源利用

徐照明　周　曼　张　睿　何小聪　邹　强等　著

科　学　出　版　社
北　京

## 内 容 简 介

本书聚焦防洪调度的众多问题，构建不同典型洪水分类匹配准则，提出基于洪水分类的差异化拦蓄方式，形成洪水分类匹配准则及调度策略导则库，并提出面向防洪保护对象的水库群优化防洪调度方式，完善长江中游水库群配合三峡水库的联合防洪调度方案。本书在构建水库群汛期运行水位动态控制方法的基础上，提出主汛期和汛期末段溪洛渡、向家坝配合三峡水库对长江中下游常遇洪水的调度方式及汛期末段的溪洛渡、向家坝和三峡三库洪水资源利用方式。书中介绍的内容客观全面，贴近工程实际，便于实际操作应用。

本书适合水旱灾害防御、水利工程调度等领域的技术、科研人员及政府决策人员参考阅读。

**图书在版编目（CIP）数据**

溪洛渡、向家坝、三峡水库联合防洪调度及洪水资源利用/徐照明等著. —北京：科学出版社，2023.8

（长江流域水库群科学调度丛书）

ISBN 978-7-03-072881-4

Ⅰ.①溪… Ⅱ.①徐… Ⅲ.①水库-防洪-水库调度-中国 ②洪水-水资源利用-中国 Ⅳ.①TV697.1 ②TV213.9

中国版本图书馆 CIP 数据核字（2022）第 151464 号

责任编辑：邵 娜/责任校对：刘 芳

责任印制：彭 超/封面设计：无极书装

科学出版社出版

北京东黄城根北街 16 号

邮政编码：100717

http://www.sciencep.com

武汉精一佳印刷有限公司印刷

科学出版社发行 各地新华书店经销

*

开本：787×1092 1/16

2023 年 8 月第 一 版 印张：14 1/2

2023 年 8 月第一次印刷 字数：344 000

**定价：179.00 元**

（如有印装质量问题，我社负责调换）

# “长江流域水库群科学调度丛书”

## 编　委　会

# “长江流域水库群科学调度丛书”序

长江是我国第一大河，流域面积达 180 万 $km^2$，养育着全国约 1/3 的人口，创造了约 40%的国内生产总值，在我国经济社会发展中占有极其重要的地位。

长江三峡水利枢纽工程（简称三峡工程）是治理开发和保护长江的关键性骨干工程，是世界上规模最大的水利枢纽工程，水库正常蓄水位 175 m，防洪库容 221.5 亿 $m^3$，调节库容 165 亿 $m^3$，具有防洪、发电、航运、水资源利用等巨大的综合效益。

2018 年 4 月 24 日，习近平总书记赴三峡工程视察并发表重要讲话。习近平总书记指出，“三峡工程是国之重器”，“是靠劳动者的辛勤劳动自力更生创造出来的，三峡工程的成功建成和运转，使多少代中国人开发和利用三峡资源的梦想变为现实，成为改革开放以来我国发展的重要标志。这是我国社会主义制度能够集中力量办大事优越性的典范，是中国人民富于智慧和创造性的典范，是中华民族日益走向繁荣强盛的典范”。

2003 年三峡水库水位蓄至 135 m，开始发挥发电、航运效益；2006 年三峡水库比初步设计进度提前一年进入 156 m 初期运行期；2008 年三峡水库开启正常蓄水位 175 m 试验性蓄水期，其中，2010～2020 年三峡水库连续 11 年蓄水至 175 m，三峡工程开始全面发挥综合效益。

随着经济社会的高速发展，我国水资源利用和水安全保障对三峡工程运行提出了新的更高要求。针对三峡水库蓄水运用以来面临的新形势、新需求和新挑战，2011 年，中国长江三峡集团有限公司与水利部长江水利委员会实施战略合作，联合开展“三峡水库科学调度关键技术”第一阶段研究项目的科技攻关工作。研究提出并实施三峡工程适应新约束、新需求的调度关键技术和水库优化调度方案，保障了三峡工程综合效益的充分发挥。

“十二五”期间，长江上游干支流溪洛渡、向家坝、亭子口等一批调节性能优异的大型水利枢纽工程陆续建成和投产，初步形成了以三峡水库为核心的长江流域水库群联合调度格局。流域水库群作为长江流域防洪体系的重要组成部分，是长江流域水资源开发、水资源配置、水生态水环境保护的重要引擎，为确保长江防洪安全、能源安全、供水安全和生态安全提供了重要的基础性保障。

从新时期长江流域梯级水库群联合运行管理的工程实际出发，为解决变化环境下以三峡水库为核心的长江流域水库群联合调度所面临的科学问题和技术难点，2015 年，中国长江三峡集团有限公司启动了“三峡水库科学调度关键技术”第二阶段研究项目的科技攻关工作。研究成果实现了从单一水库调度向以三峡水库为核心的水库群联合调度的转变、从汛期调度向全年全过程调度的转变和从单一防洪调度向防洪、发电、航运、供水、生态、应急等多目标综合调度的转变，解决了水库群联合调度运用面临的跨区域精准调控难度大、一库多用协调要求高、防洪与兴利效益综合优化难等一系列亟待突破的科学问题，为流域水库群长期高效稳定运行与综合效益发挥提供了技术保障和支撑。2020年三峡工程完成国家整体竣工验收，其结论是：运行持续保持良好状态，防洪、发电、航运、水资源利用等综合效益全面发挥。

当前，长江经济带和长江大保护战略进入高质量发展新阶段，水库群对国家重大战略和经济社会发展的支撑保障日益凸显。因此，总结提炼、持续创新和优化梯级水库群联合调度理论与方法更为迫切。

为此，“长江流域水库群科学调度丛书”在对“三峡水库科学调度关键技术”研究项目系列成果进行总结梳理的基础上，凝练了一批水文预测分析、生态环境模拟和联合优化调度核心技术，形成了与梯级水库群安全运行和多目标综合效益挖掘需求相适应的完备技术体系，有效指导了流域水库群联合调度方案制定，全面提升了以三峡水库为核心的长江流域水库群联合调度管理水平和示范效应。

“十三五”期间，随着乌东德、白鹤滩、两河口等大型水利枢纽工程陆续建成投运和水库群范围的进一步扩大，以及新技术的迅猛发展，新情况、新问题、新需求还将接续出现。为此，需要持续滚动开展系统、精准的流域水库群智慧调度研究，科学制定对策措施，按照“共抓大保护、不搞大开发”和“生态优先、绿色发展”的总体要求，为长江经济带发展实现生态效益、经济效益和社会效益的进一步发挥，提供坚实的保障。

“长江流域水库群科学调度丛书”力求充分、全面、系统地展示“三峡水库科学调度关键技术”研究项目的丰硕成果，做到理论研究与实践应用相融合，突出其系统性和专业性。希望该丛书的出版能够促进水利工程学科相关科研成果交流和推广，给同类工程体系的运行和管理提供有益的借鉴，并为水利工程学科未来发展起到积极的推动作用。

中国工程院院士

2023年3月21日

# 前言

长江流域洪灾分布范围广、类型多，以长江中下游平原区洪灾最为频繁、严重。随着长江上游干支流溪洛渡、向家坝、亭子口等一批调节性能优异的大型水利枢纽工程的陆续建成和投产，长江上游水库群形成。长江上游水库群的形成，在改善长江流域防洪形势的同时，也改变了三峡水库调度运行环境，对水库群联合防洪调度的精细化要求越来越高，新时期长江流域梯级水库群联合运行管理后，亟须解决新约束、新需求、新边界条件下的长江水库群联合防洪调度所面临的一系列科学和技术难题。

本书在调度的新约束、新需求、新边界的条件下，开展长江上游水库群运行后溪洛渡、向家坝、三峡三库联合防洪调度系列问题和洪水资源化利用研究，主要内容如下。

第 1 章为绪论。首先，简要叙述长江上游三大水库概况。其次，综述水库群联合调度研究在防洪调度和洪水资源化利用方面的研究进展，分析目前研究存在的问题，提出本书的主要研究内容。

第 2 章分析新形势下长江流域水库群联合防洪调度需求。本章分析水库群建成后长江中下游防洪形势变化，重点梳理新形势下川渝河段、荆江河段、城陵矶地区、武汉地区防洪需求，复核防洪计算边界参数和防洪调度控制目标参数。

第 3 章开展长江上游水库群联合调度对不同类型典型洪水的联合防洪调度方式研究。根据洪水组成和特性分析，针对长江上游洪水与长江中下游洪水遭遇与否，本章通过不同类型的洪水样本流量相关性，构建相似洪水匹配类型准则，实现不同来水类型的快速识别，拟定针对不同类型典型洪水的差异化水库群联合防洪调度规则库，实现对预报来水类型的快速识别，提出差异化拦蓄调度方式，进一步提高水库群防洪实时调度方案的可操作性。

第 4 章定量分析长江上游水库群配合三峡水库联合调度对城陵矶及武汉地区的防洪作用。本章梳理长江中下游防洪需求，考虑长江上游金沙江中游、雅砻江、金沙江下游、岷江大渡河、嘉陵江、乌江等梯级水库，分析长江上游水库群配合三峡水库对长江中下游的防洪调度方式，在此基础上研究长江上游水库群配合三峡水库联合调度对城陵矶及武汉地区的防洪作用。

第 5 章完善长江中游水库群联合防洪调度方案。本章梳理分析洞庭湖四水防洪现状，复核重点水库的防洪调度方式，研究提出梯级水库的联合防洪调度运行方式及配合三峡水库防洪库容投入次序、调度方式，分析运行效果；分析论证鄱阳湖五河水库群对尾闾地区实施联合防洪的可行性和合理性；结合实测洪水资料，以错峰调度为目的，提出三峡水库和清江梯级水库防洪联合调度方式，分析清江梯级水库错峰调度对削减长江干流洪峰、洪水位的作用。

第 6 章提出溪洛渡、向家坝汛期运行水位上浮运用方式。本章梳理汛期运行水位上浮运用的影响因素，拟定预报预泄控制运用的参数，提出溪洛渡、向家坝汛期运行水位上浮运用的条件和空间。

第 7 章提出三峡水库汛期运行水位动态控制运用方式。本章结合洪水特性和预报条件，基于预报预泄方式，探讨三峡水库主汛期水位运用方式和运用条件，复核三峡水库进一步上浮的风险和效益，并基于汛期末段防洪库容可逐步释放的理论，提出汛期末段溪洛渡、向家坝、三峡三库防洪库容预留方式。

第 8 章提出溪洛渡、向家坝、三峡三库常遇洪水资源利用。本章选取长江中下游荆江河段和城陵矶地区作为防洪对象，分别从主汛期和汛期末段两个方面研究溪洛渡、向家坝水库配合三峡水库实施标准洪水以下的常遇洪水资源利用方式，重点探讨汛期末段溪洛渡、向家坝、三峡预留防洪库容在三库间的协调方式。

第 9 章简要介绍《2018 年度长江上中游水库群联合调度方案》、《2019 年长江流域水工程联合调度运用计划》和《2020 年长江流域水工程联合调度运用计划》，并总结年度方案在 2018 年、2019 年、2020 年洪水防御中发挥的重要作用。

本书主要由徐照明、周曼、张睿、何小聪、邹强完成。第 1 章由徐照明、周曼、张睿负责撰写，第 2 章由周曼、邹强、巴欢欢负责撰写，第 3 章由何小聪、胡挺、喻杉负责撰写，第 4 章由邹强、巴欢欢、鲍正风负责撰写，第 5 章由徐照明、张睿、王学敏、张松负责撰写，第 6 章由张睿、王学敏、高玉磊负责撰写，第 7 章由张睿、李肖男、谭政宇负责撰写，第 8 章由巴欢欢、张睿、王飞龙负责撰写，第 9 章由徐照明、周曼负责撰写。全书由张睿、巴欢欢统稿、校稿，徐照明、周曼审定。本书的编写还得到了长江勘测规划设计研究有限责任公司、中国长江三峡集团有限公司流域枢纽运行管理中心、中国长江电力股份有限公司三峡水利枢纽梯级调度通信中心，水利部长江水利委员会及其所属水旱灾害防御局、水文局等相关单位领导、专家的大力支持和指导。本书的出版得到了中国长江三峡集团有限公司三峡水库调度关键技术第二阶段研究项目的资助，在此一并致以衷心的感谢。

联合调度工作是一项创新工作，外部环境在变化，机构改革后部门职责也在调整，联合调度的内涵外延都需要与时俱进。目前，长江流域水工程联合调度方案正逐步完善，各类水利枢纽工程如何参与联合调度也已基本明确。但如何保证联合调度方案高效顺利地实施，在具体的调度过程中如何更好地协调好各部门、各行业、各地区之间的需求，如何通过更好的管理手段和办法，使大家在平等互利的环境下，实施好联合调度、执行好调度命令，还需继续努力。由于该问题的复杂性，以及时间、资料的限制，本书难免存在一些不足之处，需要通过实践不断完善，书中不当之处，敬请广大读者批评指正。

作　者

2023 年 3 月于武汉

# 目　录

# 第1章

# 绪　论

长江三峡水利枢纽工程建成后长江中下游防洪形势得到改善，但流域防洪非工程措施还不完善，三峡水库的防洪库容相对于长江中下游巨大的超额洪量仍显不足，遇大洪水长江中下游部分地区防洪形势仍然严峻。长江流域防洪需要在进一步加强长江中下游堤防建设、河道整治、蓄滞洪区建设等工程措施的同时，继续深入开展长江上游水库群与三峡水库联合防洪调度研究，从而提高长江中下游的防洪能力，达到减少洪灾损失的最终目的。

本书的总体目标是通过长江上游水库群运行后溪洛渡、向家坝、三峡三库防洪调度和洪水资源化利用研究，以期解决新约束、新需求、新边界条件下的长江水库群联合防洪调度所面临的一系列科学和技术难题，提高长江中下游的防洪能力，达到减少洪灾损失的最终目的。

## 1.1 长江上游三大水库概况

### 1. 溪洛渡水库

溪洛渡水电站是我国“西电东送”的骨干电源点，是长江防洪体系中的重要工程，枢纽效果如图 1.1 所示。该工程位于四川省雷波县和云南省永善县境内金沙江干流上，该梯级上接白鹤滩水电站尾水，下与向家坝水库相连。坝址距离宜宾市河道里程 184 km，距三峡直线距离为 770 km。溪洛渡水电站控制流域面积 45.44 万 $km^2$，占金沙江流域面积的 96%，多年平均径流量 4 570 $m^3/s$，多年平均悬移质年输沙量 2.47 亿 t，推移质年输沙量为 182 万 t。

溪洛渡水电站开发任务以发电为主，兼顾防洪、拦沙和改善其下游航运条件等。工程开发目标一方面用于满足华东、华中、南方等区域经济发展的用电需求，实现国民经济的可持续发展；另一方面兴建溪洛渡水库是解决川江防洪问题的主要工程措施，配合其他措施，可使川江沿岸的宜宾、泸州、重庆等城市的防洪标准显著提高。同时，与金沙江下游向家坝水库在汛期共同拦蓄洪水，可减少直接进入三峡水库的洪量，提高了三峡水库对长江中下游的防洪能力，在一定程度上缓解了长江中下游防洪压力。

溪洛渡水库正常蓄水位 600 m，汛期限制水位 560 m，死水位 540 m，调节库容 64.62 亿 $m^3$，防洪库容 46.5 亿 $m^3$，具有不完全年调节能力。溪洛渡水电站装机容量 13 860 MW，多年平均年发电量 649.83 亿 kW·h。

根据溪洛渡水库上述特性，综合考虑发电、防洪、拦沙等因素，设计阶段拟定的调度原则为：汛期（6～9 月上旬）水库水位按不高于汛期限制水位 560 m 运行；9 月中旬开始蓄水，每日水库水位上升速率不低于 2 m，并控制电站出力不低于保证出力，9 月底水库水位蓄至 600 m，之后按照来水发电；12 月下旬～次年 5 月底为供水期，5 月底水库水位降至死水位 540 m。

图 1.1 溪洛渡水电站

## 2. 向家坝水库

向家坝水电站是金沙江干流梯级开发的最下游一个梯级电站，坝址左岸位于四川省宜宾市叙州区，右岸位于云南省水富市，坝址上距溪洛渡河道里程为 156.6 km，下距宜宾市 33 km，距宜昌直线距离为 700 km，枢纽效果如图 1.2 所示。向家坝水电站控制流域面积 45.88 万 $km^2$，占金沙江流域面积的 97%。

向家坝水电站的开发任务以发电为主，同时改善通航条件，结合防洪和拦沙，兼顾灌溉，并具有为长江上游梯级溪洛渡水电站进行反调节的作用。向家坝水库正常蓄水位 380 m，汛期限制水位 370 m，死水位 370 m，调节库容 9.03 亿 $m^3$，防洪发电共用库容 9.03 亿 $m^3$，库容调节系数 0.63%。向家坝水电站装机容量 6 400 MW，多年平均年发电量 330.61 亿 kW·h。

图 1.2 向家坝水电站

根据向家坝水库特性和金沙江径流、洪水特性，综合考虑发电、防洪、排沙及与溪洛渡水库运行方式协调等因素，设计阶段拟定的调度原则为：汛期 6 月中旬～9 月上旬按汛期限制水位 370 m 运行，9 月中旬开始蓄水，9 月底蓄至正常蓄水位 380 m；10～12 月一般维持在正常蓄水位或附近运行；12 月下旬～次年 6 月上旬为供水期，一般在 4～5 月来水较丰时回蓄部分库容，至 6 月上旬末水库水位降至死水位 370 m。

## 3. 三峡水库

长江三峡水利枢纽工程（简称三峡工程）是长江流域防洪系统中关键性控制工程，于 2010 年成功蓄水至 175 m，标志着三峡水库进入全面发挥设计规模效益阶段，枢纽效果如图 1.3 所示。三峡工程位于湖北省宜昌夷陵区三斗坪镇、长江三峡的西陵峡中段，距下游宜昌站约 44 km。坝址以上流域面积约 100 万 $km^2$，坝址代表水文站为宜昌站，入库代表站为干流寸滩站、支流乌江武隆站。宜昌站多年平均流量为 14 300 $m^3/s$，多年平均径流量 4 510 亿 $m^3$，多年平均含沙量为 1.19 $kg/m^3$，多年平均输沙量 5.3 亿 t。

图 1.3　长江三峡水利枢纽工程

三峡水库正常蓄水位 175 m，相应库容 393 亿 $m^3$；枯季消落低水位 155 m，相应库容 228 亿 $m^3$；水库调节库容 165 亿 $m^3$；防洪限制水位 145 m，相应库容 171.5 亿 $m^3$；水库防洪库容 221.5 亿 $m^3$。三峡水电站装机容量 22500 MW，多年平均年发电量 882 亿 kW·h。

三峡工程建成后，能有效调控长江上游洪水，提高长江中游各地区防洪能力，特别是使荆江地区防洪形势发生了根本性变化：荆江河段达到 100 年一遇的防洪标准，遇超过 100 年一遇至 1000 年一遇洪水，包括类似历史上最大的 1870 年洪水，可控制枝城泄量不超过 80000 $m^3/s$，在荆江分蓄洪区和其他分蓄洪区的配合下，可防止荆江地区发生干堤溃决的毁灭性灾害；城陵矶附近分蓄洪区的分洪概率和分洪量也可大幅度减少，可延缓洞庭湖淤积，长期保持其调洪作用。

现阶段，长江上游流域已建或具备发挥最终规模能力的控制性水库群已形成 1 个核心（三峡水库）、2 个骨干（溪洛渡水库和向家坝水库）、5 个群组（金沙江中游群、雅砻江群、岷江群、嘉陵江群和乌江群）的总体布局，总调节库容超 800 亿 $m^3$、预留防洪库容 396 亿 $m^3$。三峡水库是长江中下游防洪体系中的关键性骨干工程，位于长江干流最末一梯级，在控制长江中下游洪水方面起到总阀门的作用，利用其防洪库容对长江上游洪水进行控制调节，是减轻长江中下游洪水威胁，防止长江出现特大洪水时发生毁灭性灾害的最有效措施。

溪洛渡、向家坝水库是长江流域防洪体系中的重要工程，控制 97%的金沙江流域面积，占长江干流宜昌以上流域面积近一半，按 15 天洪量统计占宜昌的 32%；两库防洪库容共计 55.53 亿 $m^3$，约占三峡水库防洪库容的 1/4，对三峡水库入库洪水过程具有持续、稳定的削减作用，从配合三峡水库对长江中下游防洪的角度来看，溪洛渡、向家坝水库与其他干支流水库相比具有不可替代性。

# 1.2 水库群联合调度研究进展与工作基础

## 1.2.1 水库（群）防洪调度国内外研究进展评述

长江流域洪涝灾害频发，水系繁多，洪水组成复杂，持续时间长，防洪需求显著。水库防洪调度是一个多目标、多属性、多阶段的复杂决策过程，具有复杂性、不确定性、实时性、动态性等特点，是世界性难题。近年来，国内外诸多学者从防洪需求、不同洪水类型等方面对水库防洪调度进行了大量研究。李安强等（2013）基于大系统分解协调原理，通过逐次分解各防洪区域对溪洛渡、向家坝两库预留防洪库容的要求，在结合区域间洪水遭遇关联分析的基础上，提出两库防洪库容在川江与长江中下游荆江河段和城陵矶地区两区域防洪中的分配方案。张睿等（2018）分析了川渝河段及长江中下游重点防洪区域荆江河段和城陵矶地区的防洪需求，针对不同区域的防洪库容区间，确定了防洪库容分配方案，提出了金沙江溪洛渡、向家坝梯级水库配合三峡水库联合防洪的调度方式，结果表明联合防洪调度可有效减轻长江中游的防洪压力，经济效益显著。朱迪等（2020）以“1961 年 6 月典型洪水”及其 50 年一遇、100 年一遇和 500 年一遇设计洪水系列进行分析，以探讨防洪优化调度对干流控制点削峰及防洪对象的防洪安全的影响。

流域防洪调度问题以单一水库防洪调度最为普遍和成熟。陈森林等（2017）基于水库调度阶段划分及出流上界分析引入水库出流上下界约束，将水库防洪库容最小目标转换为累积蓄水量最小的等价目标，建立了水库防洪补偿调节线性规划模型，实现了水库调度决策和下游河道水流演进的完全耦合。随着流域大型控制性水库相继建成投运，流域大规模联合防洪调度格局已初步形成。丁毅和纪国强（2006）拟定了长江上游干支流水库规划防洪库容的原则与运用方式，并构建了梯级水库协调防洪与发电关系调度方式，提出了上游各支流预留防洪库容方案。陈桂亚（2013）对长江上游干流沿江重要城市河段进行了防洪计算分析，提出了相应的防洪标准和调度方式，同时提出了提高长江上游干支流防洪标准应采取的调洪措施，以及配合三峡水库实施长江中下游防洪调度的方式。周新春等（2017）提出以防洪库容总量满足防洪要求及防洪库容空间分布符合洪水组成与发生规律为原则，开展了水库群防洪库容互用性探讨研究。李肖男等（2019）在总结流域防洪存在的问题和薄弱环节的基础上，针对性地提出了水库群的联合调度策略。

## 1.2.2 水库（群）汛期运行水位动态控制研究进展评述

针对水资源短缺等问题，我国学者和管理者们提出了“洪水资源化”的概念。随着水文气象预报手段、理论的发展，实时水文预报的预见期和精度都有所提高，这就为实施水库汛期运行水位动态控制提供了可能性。刘攀等（2007）基于分期设计洪水调洪演算结果，开展了单一水库的分期汛限水位优化设计研究。周惠成等（2009）在分析防洪预报调度方式运行机理及其对水库调度影响的基础上，采用了防洪风险和蓄水效益相结合的综合评价体系，确定了相对合理的汛期运行水位控制值。王本德和袁晶瑄（2010）研究了利用实时水雨情工情及短期雨洪预报等综合信息的汛期库水位实时动态控制方法。李响等（2010）在考虑入流不确定性因素的条件下，建立了汛期运行水位动态控制运行模型，在三峡水库的应用结果表明，可以在不增加防洪风险的前提下，增加汛期的发电量和洪水利用率。周研来等（2015）提出并建立了结合入库径流预测误差的分期汛限水位防洪调度风险分析模型，并以三峡水库作为研究对象进行分析，结果表明分期汛限水位控制可以在不降低防洪标准的情况下有效提高洪水资源利用率。周如瑞等（2016）基于贝叶斯定理与洪水预报误差特性，提出了确定汛期运行水位动态控制域上限的风险分析方法，弥补了在目前预报调度方式风险分析中不能直接得知不同洪水预报误差风险的不足，充实了水库调度风险分析的理论基础。国内的关于水库汛期运行水位动态控制研究多集中在单个水库的汛期运行水位，而对于复杂的梯级水库群的汛期运行水位研究较少。

### 1.2.3　水库（群）洪水资源利用研究进展评述

随着经济社会发展和人民生活水平的提高，生产、生活和生态用水需求持续增加，水资源短缺已成为我国水问题的主要矛盾。经过多年的水利工程建设、水文气象预测预报水平的提高，以及防洪抗旱经验积累，人们对洪水的掌控能力不断增强，对洪水的认识，也从被动的防御转变为在防御的同时加以适当的利用，洪水资源利用成为一种极具潜力的水资源利用方式。

长江流域水资源量丰富，但是年内分配不均匀，6～9 月宜昌站来水（三峡水库建库后为三峡水库入库流量）占全年的 60.59%，多年平均流量 25 500 $m^3/s$，是全年平均流量 14 100 $m^3/s$ 的 1.8 倍。防洪是三峡水库汛期调度的首要任务，随着长江中下游经济发展，对防洪需求逐步提高，需要三峡水库对汛期常遇洪水调度以减轻下游防洪压力，同时为了给节能减排创造条件，促进社会经济发展，需要三峡水库发挥效益提供更多电力能源。在不发生大洪水、下游没有防洪调度需求时，三峡水库一般维持在汛限水位或汛期水位浮动运行范围内运行，对超过满发流量但不对下游防洪产生影响的洪水资源利用不够充分，汛期末段也未能充分利用洪水资源蓄水，遇来水偏枯时有较大的蓄水压力。因此，汛期洪水资源利用有较大的提升空间，是提高三峡水库水资源利用效益的有效手段。

水文气象预报影响因素的复杂性及汛期来水的不确定性，以及对水库防洪调度规律认识的局限性，导致三峡水库汛期洪水资源利用不够充分。随着长江上游溪洛渡、向家坝、亭子口等一批大型控制性水库建成投入运行，长江上游水库拥有的防洪库容大量增加，长江上游干支流水文测报站网覆盖范围大大扩展，进一步保障了长江流域防洪安全。多年来长江流域结合水文预报有效地研究和实施了防洪调度、蓄水调度、水资源综合利用调度，不断总结和积累调度经验，为水库基于水文预报实施洪水资源利用调度创造了良好的条件。

在“三峡水库科学调度关键技术”第一阶段研究项目中开展了基于水文预报的三峡水库洪水资源利用调度方式研究，考虑了长江上游溪洛渡、向家坝水库对洪水的调度作用，分析了三峡水库汛期常遇洪水调度、运行水位抬高和汛末洪水余水拦蓄等洪水资源利用的调度方式，分析了洪水资源利用的防洪风险，综合比较洪水资源利用效益和风险，提出三峡水库汛期洪水资源利用的调度方案（胡向阳 等，2018；邹强 等，2018a）。根据6～9月宜昌站及其下游沙市、城陵矶站洪水特性及洪水资源特性，将汛期分为汛初、主汛期及汛末蓄水期三个阶段，分别采用不同的洪水资源利用方式。6月中旬采用汛初洪水资源利用方式，在三峡水库下游沙市及城陵矶地区水位较低、预报不发生洪水时，延长三峡水库消落时间，减少葛洲坝梯级弃水，提高发电效益。6月下旬至8月上旬及8月中下旬来水较丰时采用主汛期常遇洪水资源利用方式，结合三峡水库下游防洪情势和上游来水情况，适当利用对城陵矶地区防洪库容调节洪水资源，减少三峡水库弃水，并采取合适的预报预泄措施，在其上下游洪水发生之前将库水位消落至汛限水位，以减小洪水资源利用对防洪的影响。汛末8月中下旬及9月上旬，对枯水典型采用提前蓄水方式利用洪水资源，对平水、丰水典型将汛末蓄水与汛期洪水资源利用相结合，在防洪风险可控的情况下利用汛末洪水资源蓄水。依据分析提出了汛初洪水资源利用在6月上中旬三峡水库下游水位不高时，将三峡水库汛前水位集中消落与水位浮动运行相结合，充分利用水文预报信息，在预报5日内沙市站水位均低于39 m，且城陵矶站水位均低于29 m时，湖口站水位低于警戒水位18.5 m，且洞庭湖、鄱阳湖地区无大范围、长时间大雨或暴雨预报时，适当抬高6月10日三峡水库控制水位至144.9～150 m，延长三峡水库集中消落期，增加三峡水库对水资源的调节能力。主汛期常遇洪水资源利用在三峡水库下游没有防洪需求时，根据不同预见期内其下游安全泄量和上游来水量的预报，在155 m之下动态设定不同的常遇洪水资源利用控制水位。汛末洪水资源利用方式，在来水较枯时减小发电流量抬高水位，增加水库发电水头和汛后蓄水量，来水较丰时，充分利用超过三峡水库满发流量的水量蓄水，减少水库弃水并抬高水库水位提前蓄水。

众多学者也从时间角度单一、分期和动态汛限水位控制研究，从空间角度单库、梯级及混联水库群等方面对水库（群）洪水资源利用方式进行了系列研究，主要包括汛期运行水位上浮、中小洪水调度和汛末提前蓄水等方面的内容。董磊华等（2021）采用分形理论汛期分期方法对三河口水库汛期进行分期，在分期汛限水位基础上，基于55年的长系列径流资料，拟定了洪水资源优化调度方式，结果表明在考虑分期汛限水位后进行水库调度运行，将增加供水与发电效益，同时对下游河道生态供水满足程度有较大提高。陈桂亚和郭生练（2012）指出水库分期汛限水位研究有其合理性但也有局限性和使用条件，提出了把握洪水规律，根据预报结果对水库水位实施动态控制的技术路线和对结果进行风险分析的方法，在2009年、2010年和2011年的实践中，汛期弃水量分别减少了62.4亿$m^3$、101.7亿$m^3$和102.6亿$m^3$，发电量增加了6亿kW·h、49亿kW·h和30亿kW·h，充分发挥了水库的综合利用效益。胡挺等（2015）以三峡水库调度方式和特征水位流量分析为基础，拟定了一种结合库水位与入库流量大小的分级调度规则。随着水库系统中水库数量（维数）的增加，如从梯级水库变更到混联水库群，其中可利用的信息越来越多，周研来等（2015）以三峡梯级和清江梯级混联水库群为研究对象，将梯级水库汛限水位实时动态控制模型拓展为混联水库群汛限水位实时动态调度模型，在不降低防洪标准的前提下，探讨了混联水库群的中小洪水实时动态调度。

### 1.2.4 水库（群）防洪调度工作基础

为满足流域防洪安全和综合管理的实际需求，近年来水利部长江水利委员会组织相关单位开展了多项水库调度的研究，包括《三峡水库优化调度方案》、《以三峡水库为核心的长江干支流控制性水库群综合调度研究》、《金沙江溪洛渡、向家坝水库与三峡水库联合调度研究》、《长江上游控制性水库优化调度方案编制》和《三峡（正常运行期）—葛洲坝水利枢纽梯级调度规程》等。这些研究成果是长江上游水库群配合三峡水库联合防洪调度研究的重要基础。

1.《三峡水库优化调度方案》简介

《三峡水库优化调度方案》（以下简称《优化调度方案》）完成于2009年，主要在分析江湖关系变化的基础上，对荆江控制站水位-流量关系、荆江河段安全泄量等进行了分析，复核拟定了防洪控制参数和水库调洪指标，并认为对荆江河段进行防洪补偿调度仍采用与初步设计一致的原则，为保证荆江河段在遇特大洪水时防洪安全的前提下，尽可能提高三峡水库对一般洪水的防洪作用。《优化调度方案》又结合近期的江湖关系变化，通过对补偿流量、区间洪水、补偿库容分配、防洪减灾作用、水库泥沙淤积影响等的研究，对初设阶段初拟的兼顾对城陵矶地区补偿调度方式进行了复核和完善，方案提出将三峡水库防洪库容自下而上分为三部分：第一部分库容约56.5亿$m^3$，直接用于以城陵矶地区防洪为目标，库容蓄满的库水位即对城陵矶地区防洪补偿控制水位为155.0 m；第二部分库容约125.8亿$m^3$，用于荆江地区防洪补偿，库容蓄满的库水位即对荆江河段防洪补偿控制水位为171.0 m；第三部分库容约39.2亿$m^3$，用于防御长江中游特大洪水。

2.《以三峡水库为核心的长江干支流控制性水库群综合调度研究》简介

《以三峡水库为核心的长江干支流控制性水库群综合调度研究》以金沙江下游溪洛渡、向家坝，长江干流三峡、葛洲坝，雅砻江干流锦屏一级、二滩，岷江干流紫坪铺、支流大渡河瀑布沟，嘉陵江支流白龙江宝珠寺，乌江干流洪家渡、乌江渡、构皮滩，清江干流水布垭、隔河岩、高坝洲等15座水库为研究对象，在综合分析长江流域干支流水库对其下游水文情势影响、流域水资源综合利用等方面对水库群调度需求的基础上，初步提出了长江上游各干支流水库群在汛期、蓄水期、枯水期及汛前消落期等阶段调度方案。

3.《金沙江溪洛渡、向家坝水库与三峡水库联合调度研究》简介

《金沙江溪洛渡、向家坝水库与三峡水库联合调度研究》开展了溪洛渡、向家坝水库联合对川渝河段的防洪调度研究，并研究通过溪洛渡、向家坝水库拦蓄，削减三峡水

库入库洪峰，适当降低库区回水高程，进一步提高三峡水库对城陵矶附近地区的防洪能力。根据不同区域防洪的要求，溪洛渡、向家坝水库预留 14.6 亿 $m^3$ 防洪库容确保宜宾、泸州主城区达到 50 年一遇防洪能力，剩余 40.93 亿 $m^3$ 防洪库容用于重庆防洪及配合三峡水库对长江中下游防洪。

在实时调度过程中，结合长江中下游的防洪形势和溪洛渡水库入库流量的预测，在保证防洪安全的情况下，可逐步释放部分防洪库容，开展溪洛渡、向家坝、三峡水库的优化调度。在上游水库的配合下，三峡水库对城陵矶地区防洪补偿控制水位可在 155 m 的基础上进一步抬高至 158 m。

#### 4. 《长江上游控制性水库优化调度方案编制》简介

《长江上游控制性水库优化调度方案编制》研究的水库对象范围相对于一阶段由 15 座扩展至 21 座，研究目标范围仍以三峡以下干流河段为主，但进一步扩展至上游局部重要河段，如干流川江、岷江中下游、嘉陵江中下游、乌江中下游等。研究针对汛期、蓄水期、枯水期及汛前消落期等调度阶段，提出了相应联合调度方案，并开展了一定程度的细化和深化，尤其在水库群联合调度层面的研究上得到一定加强，方案中体现出局部区域与流域整体、干支流、上下游之间的协调关系，为编制年度长江流域水库群调度方案提供了有力支撑。汛期防洪调度，结合本流域防洪，更加清晰地划分了上游水库确保本流域防洪所应预留的防洪库容，并重点对川渝、嘉陵江干流中下游及乌江干流中下游等沿江河段，开展了梯级水库联合防洪调度研究，提出了局部河段梯级水库联合防洪补偿调度方案。

#### 5. 《三峡（正常运行期）—葛洲坝水利枢纽梯级调度规程》简介

《三峡（正常运行期）—葛洲坝水利枢纽梯级调度规程》（水建管〔2015〕360 号）（以下简称“三峡调度规程”）于 2015 年 9 月通过水利部批准，适用于三峡—葛洲坝梯级水利枢纽正常运行期，其目的是在保证工程安全的前提下，充分发挥防洪、发电、航运、水资源利用等综合效益。

“三峡调度规程”明确了三峡水库的防洪调度的任务和原则，并以《三峡水库优化调度方案》的成果为基础，提出了三峡水库对荆江河段防洪补偿调度和兼顾对城陵矶地区防洪补偿调度两种方式，规程中对中小洪水调度给出了“在有充分把握保障防洪安全时，三峡水库可以相机进行中小洪水调度；长江防总应不断总结经验，进一步论证中小洪水调度的条件、目标、原则和利弊得失，研究制定中小洪水调度方案，报国家防总审批”的指导意见。

## 1.3 存在的问题与发展趋势

（1）在调度精细化要求下，水库群联合防洪调度方式需进一步优化。以往研究以典型设计洪水为基础，综合考虑各典型洪水的防洪安全和均化效益最优的目标，采用统一拦蓄方式进行调度，调度方式略偏保守，针对具体场次洪水，水库群防洪库容使用率偏低，未能有效发挥拦蓄效益，无法满足实时调度的精细化要求。

（2）在新的防洪形势和防洪要求下，流域防洪应对措施亟须完善。以三峡水库为核心的长江流域水库群建成运行后改变了长江中下游控制条件，槽蓄能力与天然情况发生了较大变化，使得城陵矶地区和武汉地区防洪能力也随之发生变化。长江上游水库群投入后改变了三峡水库的水文情势，有必要进一步细化研究长江上游水库群配合三峡水库联合调度对城陵矶地区和武汉地区的防洪作用。

（3）长江上游水库与中游水库缺乏协调配合机制、流域水库调度信息共享不足。以往编制的年度《长江流域水库群联合调度方案》中的控制性水库范畴为长江上游控制性水库，2016 年洪水调度实践中暴露出长江上游水库与中游水库缺乏协调配合机制、流域水库调度信息共享不足，对全面掌握流域水情和科学研判流域防洪形势产生影响等一系列问题，需要完善长江中游地区防洪调度的非工程措施，开展长江上中游水库群联合调度方式研究。

（4）水资源时空分布不均，防洪、供水等矛盾突出。流域经济的快速发展，一方面对流域防洪安全提出了更高的要求，另一方面对区域生产、生活供水也提出了更高的需求，长江流域的水安全与水发展面临着新的机遇和挑战。在确保防洪安全的前提下，充分挖掘溪洛渡、向家坝与三峡梯级水库联合调度潜力，优化梯级水库汛期运行方式，拓展洪水资源化利用空间，提高三库水资源利用率是十分必要的。

## 1.4　本书主要研究内容

为了应对长江上游水库群建成投运后防洪调度格局改变对三峡水库运行提出的挑战，本书从防洪调度需求分析、防洪调度方式、洪水资源利用及方案编制等方面开展研究，主要研究内容如下。

（1）在防洪调度方式研究方面，本书从洪水类型、防洪工程和防洪对象的角度展开，研究不同典型洪水类型下的长江上游水库群配合三峡水库的防洪调度方式，长江中游水库群配合三峡水库的防洪调度方式，长江上游水库群配合三峡水库联合调度对城陵矶地区和武汉地区的防洪作用。

（2）在洪水资源利用研究方面，本书研究溪洛渡、向家坝水库汛期运行水位上浮空间，提出溪洛渡、向家坝水库汛期运行水位上浮运用方式，研究三峡水库汛期运行水位动态控制域，以及提出溪洛渡、向家坝水库配合三峡水库对长江中下游常遇洪水的资源利用。

（3）在方案编制方面，本书简要介绍《2018 年长江上中游水库群联合调度方案》、《2019 年长江流域水工程联合调度运用计划》和《2020 年长江流域水工程联合调度运用计划》，并在近年洪水防御调度中实践。

结合上述的研究内容，给出了本书的研究技术路线图如图 1.4 所示。

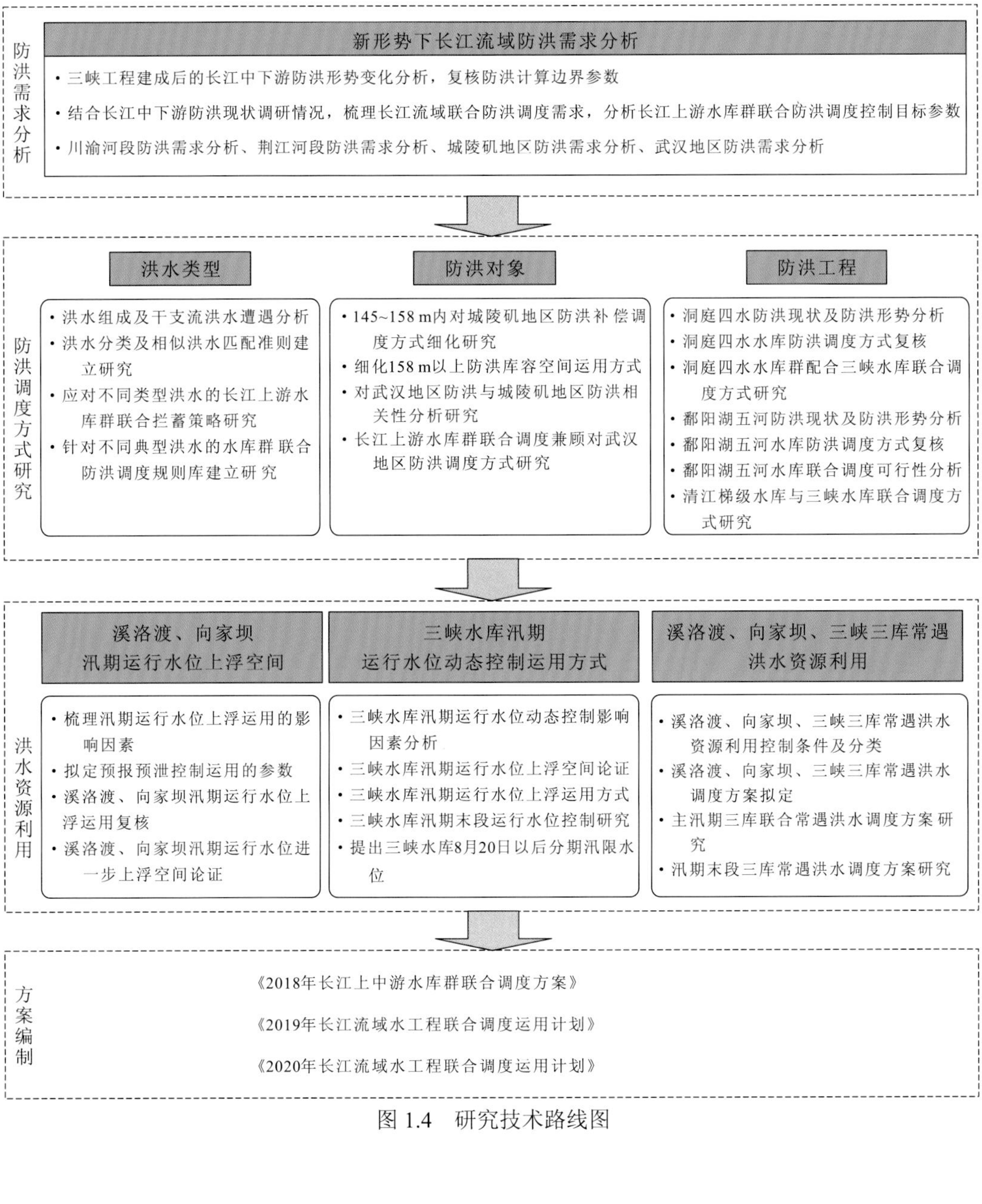

防洪需求分析

新形势下长江流域防洪需求分析

- 三峡工程建成后的长江中下游防洪形势变化分析，复核防洪计算边界参数
- 结合长江中下游防洪现状调研情况，梳理长江流域联合防洪调度需求，分析长江上游水库群联合防洪调度控制目标参数
- 川渝河段防洪需求分析、荆江河段防洪需求分析、城陵矶地区防洪需求分析、武汉地区防洪需求分析

防洪调度方式研究

洪水类型

- 洪水组成及干支流洪水遭遇分析
- 洪水分类及相似洪水匹配准则建立研究
- 应对不同类型洪水的长江上游水库群联合拦蓄策略研究
- 针对不同典型洪水的水库群联合防洪调度规则库建立研究

防洪对象

- 145~158 m内对城陵矶地区防洪补偿调度方式细化研究
- 细化158 m以上防洪库容空间运用方式
- 对武汉地区防洪与城陵矶地区防洪相关性分析研究
- 长江上游水库群联合调度兼顾对武汉地区防洪调度方式研究

防洪工程

- 洞庭四水防洪现状及防洪形势分析
- 洞庭四水水库防洪调度方式复核
- 洞庭四水水库群配合三峡水库联合调度方式研究
- 鄱阳湖五河防洪现状及防洪形势分析
- 鄱阳湖五河水库防洪调度方式复核
- 鄱阳湖五河水库联合调度可行性分析
- 清江梯级水库与三峡水库联合调度方式研究

洪水资源利用

溪洛渡、向家坝汛期运行水位上浮空间

- 梳理汛期运行水位上浮运用的影响因素
- 拟定预报预泄控制运用的参数
- 溪洛渡、向家坝汛期运行水位上浮运用复核
- 溪洛渡、向家坝汛期运行水位进一步上浮空间论证

三峡水库汛期运行水位动态控制运用方式

- 三峡水库汛期运行水位动态控制影响因素分析
- 三峡水库汛期运行水位上浮空间论证
- 三峡水库汛期运行水位上浮运用方式
- 三峡水库汛期末段运行水位控制研究
- 提出三峡水库8月20日以后分期汛限水位

溪洛渡、向家坝、三峡三库常遇洪水资源利用

- 溪洛渡、向家坝、三峡三库常遇洪水资源利用控制条件及分类
- 溪洛渡、向家坝、三峡三库常遇洪水调度方案拟定
- 主汛期三库联合常遇洪水调度方案研究
- 汛期末段三库常遇洪水调度方案研究

方案编制

《2018年长江上中游水库群联合调度方案》

《2019年长江流域水工程联合调度运用计划》

《2020年长江流域水工程联合调度运用计划》

图 1.4 研究技术路线图

# 第2章

# 新形势下长江流域水库群联合防洪调度需求

长江上游和支流山丘及河口地带的洪灾，一般具有洪水峰高、来势迅猛、历时短和灾区分散的特点，局部地区性大洪水有时也造成局部地区的毁灭性灾害。长江中下游受堤防保护的 11.81 万 $km^2$ 防洪保护区，是我国经济最发达的地区之一，其地面高程一般低于汛期江河洪水位 5～6 m，有的甚至低 10 余米，洪水灾害最为频繁严重，一旦堤防溃决，淹没时间长、损失大，特别是荆江河段，还将造成毁灭性灾害。因此，长江中下游平原区是长江流域洪灾最频繁、最严重的地区，也是长江防洪的重点。

虽然长江流域的防洪能力有了很大的提高，但长江中下游河道安全泄量与长江洪水峰高量大的矛盾仍然突出，三峡水库的防洪库容相对于长江中下游巨大的超额洪量仍显不足，遇大洪水长江中下游部分地区防洪形势仍然严峻。按照三峡工程初步设计防洪调度方式（对荆江防洪调度），遇 1954 年大洪水，长江中下游干流还有约 400 亿 $m^3$ 的超额洪量需要妥善安排，而大部分蓄滞洪区安全建设滞后，一旦启用损失巨大（喻杉 等，2018）。

# 2.1 防洪保护对象

溪洛渡、向家坝水库配合三峡水库联合调度的防洪对象涉及川渝河段和长江中下游。川渝河段沿岸重要城市包括宜宾、泸州和重庆，长江中下游关注的防洪重点区域为荆江河段、城陵矶地区和武汉地区。

## 2.1.1 川渝河段

宜宾地处金沙江、岷江汇合口处，其洪涝灾害主要由金沙江、岷江洪水造成，尤以两江洪水组合洪灾最为严重。泸州位于四川省东南部川渝黔滇结合部，因地处长江、沱江交汇处，境内河网密布，影响城市防洪的主要江河有长江、沱江、永宁河。重庆主城区位于长江上游三峡库区尾部，区内江河纵横，长江、嘉陵江把重庆主城区隔成三大片区，即半岛片区、江北片区、南岸片区。经过系统分析调研，川渝河段防洪对象宜宾、泸州及重庆防洪标准及实际防洪能力如表 2.1 所示。

表 2.1　宜宾、泸州及重庆防洪标准及实际防洪能力

| 防洪对象 | 防洪控制点 | 规划防洪标准 | | | 实际防洪能力 | |
|---|---|---|---|---|---|---|
| | | 防洪标准 | 控制站 | 控制流量/（$m^3/s$） | 防洪标准 | 控制流量/（$m^3/s$） |
| 宜宾 | 柏溪镇 | 20 年一遇 | 屏山站 | 28 000 | 10 年一遇 | 25 000 |
| | 宜宾主城区 | 50 年一遇 | 李庄站 | 57 800 | 20 年一遇 | 51 000 |
| 泸州 | 纳溪区 | 20 年一遇 | 李庄站 | 51 000 | 20 年一遇 | 51 000 |
| | 沱江汇口处 | 20 年一遇 | 朱沱站 | 52 600 | 20 年一遇 | 52 600 |
| 重庆 | 重庆主城区 | 100 年一遇 | 寸滩站 | 88 700 | 50 年一遇 | 83 100 |

## 2.1.2 长江中下游

### 1. 荆江河段

荆江河段是长江防洪形势最严峻的河段，历来是长江乃至全国防洪的重点。自明代荆江大堤基本形成以来，堤内逐步成为广袤富饶的荆北大平原。荆江南岸是洞庭湖平原，一旦大堤溃决或被迫分洪，将造成极为严重的洪灾。三峡水库通过对长江上游洪水进行调控，使荆江河段防洪标准达到 100 年一遇，遇 100 年一遇至 1 000 年一遇洪水，包括 1870 年同大洪水时，控制枝城站流量不大于 80 000 $m^3/s$，配合蓄滞洪区的运用，保证荆江河段行洪安全，避免两岸干堤漫溃发生毁灭性灾害。

荆江河段防洪控制点为沙市站，沙市站位于上荆江的太平口至藕池口河段之间，距

宜昌市约 148 km，控制宜昌以上及清江来水，其水位决定了荆江地区的防洪形势，流量反映了荆江泄洪能力，也决定了荆江河段遇大洪水时的分洪量。沙市站设防水位 42.0 m、警戒水位为 43.0 m、保证水位为 45.0 m。目前，荆江河段两岸堤防已达到设计标准。北岸荆江大堤堤顶高程超设计水位（沙市站水位 45.0 m，相应城陵矶站水位 34.4 m）2.0 m；南岸松滋江堤、荆南长江干堤超设计水位 1.5 m（其中荆南长江干堤下段为荆江分蓄洪区围堤，按蓄洪水位 42.0 m，超高 2.0 m）。三峡工程论证阶段采用的沙市站水位与枝城站泄量关系见表 2.2。

**表 2.2　三峡工程论证阶段采用的沙市站水位与枝城站泄量关系**

| 沙市站水位/m | 枝城站泄量/（$m^3/s$） | |
|---|---|---|
| | 城陵矶站水位 34.4 m | 城陵矶站水位 33.95 m |
| 45.0 | 60 600 | 61 700 |
| 44.5 | 55 700 | 56 700 |
| 44.0 | 50 800 | 51 700 |
| 43.5 | 45 900 | 46 800 |
| 43.0 | 41 000 | 42 000 |

沙市站同水位的流量值主要受城陵矶站水位影响。同样的沙市站水位、城陵矶站水位低，则沙市站泄量大；城陵矶站水位高，顶托影响增加，沙市站相应的泄量就小。当沙市站水位 45.0 m、相应城陵矶站水位 34.4 m 时，沙市站泄量约为 53 000 $m^3/s$，枝城站泄量约为 60 600 $m^3/s$；当沙市站水位 44.5 m、相应城陵矶站水位 33.95 m 时，沙市站泄量约为 50 000 $m^3/s$，枝城站泄量约为 57 300 $m^3/s$，略大于三峡工程论证阶段采用的枝城站控制流量 56 700 $m^3/s$；当沙市站水位 43.0 m、相应城陵矶站水位 32.5 m 时，沙市站泄量约为 35 200 $m^3/s$，枝城站泄量约为 42 200 $m^3/s$。

沙市站控制水位若提高至 45.0 m，将增加城陵矶地区分洪量，对城陵矶地区防洪不利。为充分发挥三峡工程的防洪作用，三峡水库调度运用时，从发挥三峡水库对一般洪水的调蓄作用及荆江防洪的重要性考虑，对沙市站控制水位根据荆江洪水大小分级拟定，仍与初步设计控制原则一致：当三峡水库拦洪水位在 171.0 m 以下时，按沙市站水位 44.5 m 控制；当遇大洪水时，按沙市站保证水位 45.0 m 控制。

### 2. 城陵矶地区

城陵矶地区受长江干流和洞庭湖四水洪水的共同影响，是长江中下游流域洪灾最频发的地区，区域周围分布着众多蓄滞洪区，一旦启用，损失较大。因此，城陵矶地区防洪目标为最大限度地减少该地区的分洪量。在联合调度方案中，三峡水库联合长江上游水库，根据城陵矶地区防洪要求，考虑长江上游来水情况和水文气象预报，适度调控洪水，减少城陵矶地区分蓄洪量。

城陵矶地区防洪控制点为城陵矶站，设防水位 31.0 m、警戒水位 32.5 m、保证水位 34.4 m。螺山站水位-流量关系实际上反映了城陵矶地区的泄流能力。由于螺山站位于荆江与洞庭湖出口汇合处的下游，其水位-流量关系受到洪水地区组成、洪水涨落过程、河段冲淤变化及下游变动回水顶托等因素的影响，在大洪水年份还受到下游分洪溃口的影响，十分复杂，年际年内间变幅较大。在高水位时，同一水位的流量有时相差 10 000～20 000 $m^3/s$，同一流量的水位变化达 1～2 m。

三峡工程可行性研究阶段，在研究对城陵矶地区补偿调度时，控制城陵矶站水位 34.4 m，相应螺山站流量采用 60 000 $m^3/s$。根据 1980～2002 年大水年螺山站实测的水位流量资料，当城陵矶站流量为 60 000 $m^3/s$ 时，水位为 32.4～34.6 m，平均水位为 33.5 m。城陵矶站至螺山站落差为 0.95 m，相应城陵矶站水位为 34.4 m，螺山站水位为 33.45 m，与 33.5 m 相差不大，即城陵矶站水位 34.4 m，相应螺山站流量约为 60 000 $m^3/s$，本书仍沿用三峡工程论证阶段采用的城陵矶站控制泄量。

同时，由螺山站和城陵矶站水位的相关关系可知，当城陵矶站在警戒水位 32.5 m 时，螺山站水位通常在 31.6 m 左右，此时螺山站流量约为 51 000～52 000 $m^3/s$，从偏安全角度考虑，城陵矶站警戒水位时的螺山站流量定在不大于 51 000 $m^3/s$。当然，今后应继续加强观测研究和统计分析，对该流量进行调整校正。

此外，目前城陵矶河段两岸堤防已达设计标准。为增强城陵矶河段洪水调度的灵活性，北岸监利、洪湖江堤（龙口以上）、两岸岳阳长江干堤堤顶高程在“长江流域综合利用规划简要报告（1990 年修订）”的基础上增加 0.5 m，堤顶超高采用 2.0 m，堤防防御洪水的安全度大大提高。

对于城陵矶地区防洪，溪洛渡、向家坝与三峡水库联合防洪的目标是最大限度地减少该地区的分洪量。《三峡水库优化调度方案》中提出三峡水库兼顾对城陵矶地区进行防洪补偿的调度方式，即汛期需要三峡水库为城陵矶地区拦蓄洪水，且水库水位不高于 155.0 m，按控制莲花塘站水位 34.4 m 进行补偿调节，相应螺山站流量为 60 000 $m^3/s$。

### 3. 武汉地区

武汉位于江汉平原东部，长江与汉江出口交汇处，内联九省，外通海洋，承东启西，联系南北，是我国内地最大的水、陆、空交通枢纽，素有“九省通衢”之称。长江与汉江将武汉市分割为汉口、武昌、汉阳三片，防洪自成体系。武汉市区规划堤防总长 195.77 km，按相应汉口站水位 29.73 m，超高 2 m 加高加固。

武汉河段防洪控制点为汉口站，汉口站设防水位 25.0 m、警戒水位 27.3 m、保证水位 29.73 m。防洪规划实施后，堤防防御标准为 20～30 年一遇，更大的洪水依靠分蓄洪来控制，在规划的蓄滞洪区理想运用条件下，可防御 1954 年洪水（汉口站最大 30 天洪量约 200 年一遇），三峡工程建成后，可减少蓄滞洪区使用机会，进一步提高其防洪能力。

“长江流域综合利用规划简要报告（1990 年修订）”中考虑武汉地位的重要性，汉口站分洪控制水位采用 29.5 m，相应泄量采用 71 600 $m^3/s$。当汉口站水位 29.5 m 时，相应泄量约为 73 000 $m^3/s$，比“长江流域综合利用规划简要报告（1990 年修订）”采用的 71 600 $m^3/s$ 略大。考虑到武汉在长江防洪中的重要地位及水位-流量关系的变幅，本书从偏安全角度考虑，仍采用 71 600 $m^3/s$。

长江中下游防洪保护对象、防洪现状、防洪目标及控制条件见表2.3。

表2.3　长江中下游防洪保护对象、防洪现状、防洪目标及控制条件

| 防洪保护对象 | 防洪现状 | 防洪目标 | 控制条件 |
| --- | --- | --- | --- |
| 荆江河段 | 两岸堤防已达标 | 100年一遇 | 沙市站水位44.5 m；枝城站流量56 700 m$^3$/s |
| 城陵矶地区 | 洪灾最频发，蓄滞洪区众多 | 减少分洪量 | 城陵矶站水位34.4 m；螺山站流量60 000 m$^3$/s |
| 武汉地区 | 堤防20～30年一遇 | 1954年洪水 | 汉口站水位29.73 m |

## 2.2　长江流域水库群范围

长江上游集水面积约100万km$^2$，国家对长江上游规划了长江三峡、金沙江溪洛渡、向家坝等一批库容大、调节能力好的综合利用水利水电枢纽工程，水库群总调节库容超1 000亿m$^3$、预留防洪库容超500亿m$^3$。2017年可以投入运用且总库容1亿m$^3$以上的水库近102座，总调节库容超800亿m$^3$，总防洪库容约396亿m$^3$。

原则上，长江上游干支流总库容在1亿m$^3$以上的重要水库应纳入水库群防洪统一调度范围，但综合考虑长江上游水库的建设规模、防洪能力、调节库容、控制作用、建设进度等因素，纳入2017年度联合调度的长江上游水库包括：金沙江梨园、阿海、金安桥、龙开口、鲁地拉、观音岩、溪洛渡、向家坝，雅砻江锦屏一级、二滩，岷江紫坪铺、瀑布沟，嘉陵江碧口、宝珠寺、亭子口、草街，乌江构皮滩、思林、沙沱、彭水，长江干流三峡共21座水库，见图2.1和表2.4。

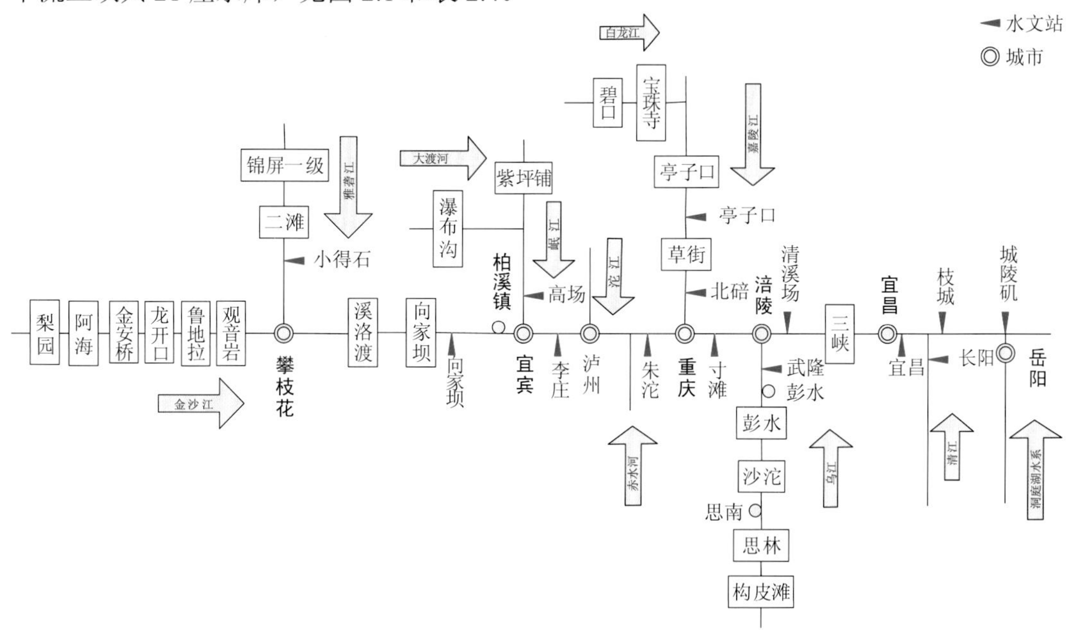


图2.1　长江流域城陵矶以上控制性水库群地理位置示意图

**表 2.4 纳入 2017 年度联合调度的长江上游干支流水库基本情况表**

| 水系名称 | 水库名称 | 控制流域面积/万 km² | 正常蓄水位/m | 汛期限制水位/m | 死水位/m | 总库容/亿 m³ | 正常蓄水位以下库容/亿 m³ | 调节库容/亿 m³ | 规划防洪库容/亿 m³ |
|---|---|---|---|---|---|---|---|---|---|
| 长江干流 | 三峡 | 100.00 | 175 | 145.00 | 145.0 | 450.70 | 393.00 | 165.00 | 221.50 |
| 金沙江 | 梨园 | 22.00 | 1 618 | 1 605.00 | 1 605.0 | 8.05 | 7.27 | 1.73 | 1.73 |
| | 阿海 | 23.54 | 1 504 | 1 493.30 | 1 492.0 | 8.85 | 8.06 | 2.38 | 2.15 |
| | 金安桥 | 23.74 | 1 418 | 1 410.00 | 1 398.0 | 9.13 | 8.47 | 3.46 | 1.58 |
| | 龙开口 | 24.00 | 1 298 | 1 289.00 | 1 290.0 | 5.58 | 5.07 | 1.13 | 1.26 |
| | 鲁地拉 | 24.73 | 1 223 | 1 212.00 | 1 216.0 | 17.18 | 15.48 | 3.76 | 5.64 |
| | 观音岩 | 25.65 | 1 134 | 1 122.30/1 128.80* | 1 122.3 | 22.50 | 20.72 | 5.55 | 5.42/2.53* |
| | 溪洛渡 | 45.44 | 600 | 560.00 | 540.0 | 126.70 | 115.74 | 64.62 | 46.50 |
| | 向家坝 | 45.88 | 380 | 370.00 | 370.0 | 51.63 | 49.77 | 9.03 | 9.03 |
| 雅砻江 | 锦屏一级 | 10.26 | 1 880 | 1 859.00 | 1 800.0 | 58.00 | 77.65 | 49.11 | 16.00 |
| | 二滩 | 11.64 | 1 200 | 1 190.00 | 1 155.0 | 79.90 | 57.93 | 33.70 | 9.00 |
| 岷江 | 紫坪铺 | 2.27 | 877 | 850.00 | 817.0 | 11.12 | 9.99 | 7.74 | 1.67 |
| | 瀑布沟 | 6.85 | 850 | 836.20/843.90 | 790.0 | 53.32 | 50.11 | 38.94 | 11.00/5.00 |
| 嘉陵江 | 碧口 | 2.60 | 704 | 695.00/697.00 | 685.0 | 2.17 | 1.53 | 1.46 | 1.03/0.83 |
| | 宝珠寺 | 2.84 | 588 | 583.00 | 558.0 | 25.50 | 21.00 | 13.40 | 2.80 |
| | 亭子口 | 6.11 | 458 | 447.00 | 438.0 | 40.67 | 34.68 | 17.32 | 14.40 |
| | 草街 | 15.61 | 203 | 200.00 | 202.0 | 22.18 | 7.54 | 0.65 | 1.99 |
| 乌江 | 构皮滩 | 4.33 | 630 | 626.24/628.12 | 590.0 | 64.54 | 55.64 | 29.02 | 4.00/2.00 |
| | 思林 | 4.86 | 440 | 435.00 | 431.0 | 15.93 | 12.05 | 3.17 | 1.84 |
| | 沙沱 | 5.45 | 365 | 357.00 | 353.5 | 9.21 | 7.70 | 2.87 | 2.09 |
| | 彭水 | 6.90 | 293 | 287.00 | 278.0 | 14.65 | 12.12 | 5.18 | 2.32 |

注：1122.30/1128.80*代表分期汛限水位，5.42/2.53*为相应的防洪库容，表格中以下类同。

# 第3章

# 基于不同类型典型洪水的水库群联合防洪调度方式

长江流域集水面积巨大，支流众多，干支流洪水特性存在一定差异，三峡水库位于长江干流最末一级，入库洪水遭遇类型、地区组成十分复杂。以往所采取的思路主要是通过选取若干洪水样本，拟定不同拦蓄量级，比选多种频率洪水下的拦蓄效果，综合选取统一拦蓄方式作为长江上游水库群配合三峡水库对长江中下游防洪调度方式。之前的成果综合考虑各典型洪水的防洪安全，对评估长江上游水库群建成对整个长江流域防洪形势的影响具有重要意义，但由于未针对洪水来源地区组成特性进行样本分类，筛选出的水库群调度方式是均化效益最优目标下的组合，调度方式略偏保守，在实时调度中，针对某一类洪水遭遇、某一场具体次洪，水库群防洪库容使用率偏低，未能有效、充分发挥拦蓄效益，调度方案在实操性和易用性方面仍需进一步深化。

## 3.1　研究范围及内容

根据《长江流域防洪规划》，金沙江中游梨园、阿海、金安桥、龙开口、鲁地拉、观音岩水库，雅砻江锦屏一级、二滩水库主要承担配合三峡水库对长江中下游防洪任务。一般情况下，上述梯级水库以同步拦蓄基流为主，根据金沙江中游梯级和雅砻江梯级水库控制流域面积及流域洪水占寸滩洪水的组成情况，其防洪作用体现在金沙江下游溪洛渡、向家坝梯级水库，因此，本书以金沙江下游溪洛渡、向家坝梯级水库作为川渝河段防洪的上边界，暂不考虑金沙江中游梯级和雅砻江梯级水库对寸滩洪水的防洪调度方式研究。

综合宜昌以上水库群流域控制面积、地区组成、上游水库预留防洪库容比例等方面分析，金沙江下游溪洛渡、向家坝梯级水库对三峡水库入库洪水过程具有持续、稳定的削减作用，可使下游三峡水库水文情势发生较大变化，对三峡水库运行方式产生重要的影响，对于配合三峡水库对长江中下游防洪而言，溪洛渡、向家坝水库与其他干支流水库相比具有不可替代性。

岷江干流紫坪铺水库预留防洪库容较小，通过滞洪作用可将都江堰渠首处 100 年一遇的洪水消减到 10 年一遇，但对下游河段洪水的作用不大。大渡河瀑布沟水库防洪库容 11 亿 $m^3$，对岷江流域洪水具有控制性作用。

嘉陵江支流白龙江上的碧口水库库容较小，无下游防洪任务，宝珠寺水库防洪任务主要从电站本身的防洪安全考虑，干流草街水库若入库洪水流量大于 5 年一遇洪水，坝址处天然洪水位已达 202.41 m（对应尾水建筑物闸门挡水设计水位），此时草街水库的防洪作用已减小，只能起到短期被动滞洪作用。亭子口水库作为嘉陵江防洪骨干工程，水库正常运用防洪库容 10.6 亿 $m^3$，非正常运用防洪库容 3.8 亿 $m^3$，可削减长江中下游成灾水量。

综上，本章考虑配合三峡水库防洪研究，主要以金沙江下游溪洛渡、向家坝梯级水库，岷江大渡河瀑布沟水库，嘉陵江亭子口水库作为主要的调度对象，分析对不同典型洪水的防洪调度运行方式和作用。本章主要包括以下两项内容。

（1）以 1954～2014 年寸滩站及以上主要控制站日径流系列为样本，基于寸滩站洪水的来源组成和干支流洪水遭遇特性分析，研究寸滩站洪水样本分类。

（2）针对各类洪水特性，紧紧围绕长江上游水库自身所在河段防洪需求和配合三峡水库对长江中下游防洪任务，研究分析长江上游水库群对寸滩站洪水的防洪调度方式，并进一步分析其配合三峡水库对不同类型洪水的防洪作用。

# 3.2　洪 水 分 类

## 3.2.1　洪水成因

长江洪水主要由暴雨形成，5～10 月是长江流域的雨季，暴雨出现时间一般长江中下游早于长江上游，江南早于江北。降雨分布的一般规律是：5 月份雨带主要分布在湘、赣水系；6 月中旬～7 月中旬长江中下游地区进入梅雨季节，雨带徘徊于长江中下游干流两岸，雨带呈东西向分布，江南雨量大于江北；7 月中旬～8 月上旬雨带移至四川和汉江流域，长江上游除乌江降水减少外，其他地区都有所增加，主要雨区在四川西部呈东北—西南向带状分布；8 月中下旬，雨带北移至黄河、淮河流域，长江流域有时出现伏旱现象；9 月雨带南旋，回至长江中上游，长江上游主要雨区中心从四川西部移到东部。

汛期内长江流域日雨量大于 50 mm 的暴雨笼罩面积很大，尤其在长江中下游平原地区，一般都在 10 万 $km^2$ 以上，但在长江上游地区，一般日暴雨笼罩面积只有 3 万～4 万 $km^2$。最大一日暴雨一般在 200 mm 左右，最大三日暴雨在 300 mm 左右。川西盆地边缘最大一日暴雨可达 565 mm，最大三日暴雨可达 862 mm。长江上游 100 万 $km^2$ 的集水面积内，西部为高原，高程多在海拔 3 000 m 以上，受环流形势和水汽条件的限制，有 40 万 $km^2$ 的地区无暴雨产生。

宜昌以上雨洪来源主要在高原以东的 60 万 $km^2$ 山区盆地的暴雨区。宜昌以上产生较大洪水的暴雨主要有三种类型：一是移动性暴雨，即暴雨开始在川西或川东，接着向东移动；二是稳定性暴雨，暴雨出现在川西或川东，持续 2 天以上；三是在屏山以下干流区间及长江南岸呈东西向分布的暴雨。

## 3.2.2　洪水特性

金沙江洪水由长江上游融雪加长江中下游暴雨洪水形成，涨落平缓，一次洪水过程中涨落变幅小，持续时间长，洪量大。金沙江控制站屏山站控制流域面积约占宜昌站控制流域面积的 1/2，多年平均汛期（5～10 月）水量约占宜昌站水量的 1/3，因其洪水过程平缓，年际变化较小，是长江宜昌站洪水的基础来源。宜昌站洪水占汉口站水量的一半以上，约占长江中下游重点防洪地区荆江河段的 90%以上，因此金沙江洪水也是长江大洪水的主要来源。其水量主要来自金沙江左岸支流雅砻江下游及石鼓站、小得石站至屏山站区间。雅砻江集水面积占金沙江总面积的 27%，水量约占干流屏山站的 39%，是屏山站洪水主要组成之一。金沙江屏山站年最大洪水发生时间以 8 月、9 月最多（出现在 8 月的概率最大，约为 39%），7 月次之，6 月、10 月偶有发生。长江上游干支流各控制站年最大洪峰各月出现次数统计表见表 3.1。

**表 3.1　长江上游干支流各控制站年最大洪峰各月出现次数统计表**

| 水系 | 河名 | 站名 | 3 月 | 4 月 | 5 月 | 6 月 | 7 月 | 8 月 | 9 月 | 10 月 | 11 月 | 合计 | 统计系列 |
|---|---|---|---|---|---|---|---|---|---|---|---|---|---|
| 金沙江 | 金沙江 | 屏山站 | — | — | — | 2 | 15 | 24 | 18 | 2 | — | 61 | 1951～2011 年 |
| 岷江 | 岷江 | 高场站 | — | — | — | 3 | 29 | 23 | 6 | — | — | 61 | |
| 沱江 | 沱江 | 富顺站 | — | — | — | 4 | 22 | 24 | 11 | — | — | 61 | |
| 嘉陵江 | 嘉陵江 | 北碚站 | — | — | 2 | 5 | 26 | 9 | 18 | 1 | — | 61 | |
| 长江干流 | 长江干流 | 寸滩站 | — | — | — | 1 | 30 | 16 | 13 | 1 | — | 61 | |
| 乌江 | 乌江 | 武隆站 | — | 1 | 6 | 22 | 21 | 5 | 2 | 3 | 1 | 61 | |
| 长江干流 | 长江干流 | 宜昌站 | — | — | — | 2 | 30 | 19 | 9 | 1 | — | 61 | |
| 清江 | 清江 | 长阳站 | — | 1 | 4 | 15 | 31 | 5 | 4 | — | 1 | 61 | |
| 洞庭四水 | 湘江 | 湘潭站 | 2 | 6 | 17 | 19 | 9 | 5 | 1 | 1 | — | 60 | 1951～2010 年 |
| | 资江 | 桃江站 | 2 | 5 | 10 | 19 | 15 | 5 | 2 | 1 | 1 | 60 | |
| | 沅江 | 桃源站 | — | 3 | 12 | 17 | 22 | 3 | 1 | 1 | 1 | 60 | |
| | 澧水 | 石门站 | 1 | — | 7 | 23 | 20 | 5 | 4 | — | — | 60 | |
| | 城陵矶（七里山）站 | | — | 1 | 5 | 13 | 33 | 6 | 2 | — | 1 | 61 | 1951～2011 年 |
| 长江干流 | 长江干流 | 螺山站 | — | — | 1 | 7 | 36 | 9 | 5 | — | — | 58 | 1954～2011 年 |
| 汉江 | 汉江 | 碾盘山（皇庄）站 | — | 1 | 4 | 3 | 18 | 14 | 12 | 8 | 1 | 61 | 1951～2011 年 |
| 长江干流 | 长江干流 | 汉口站 | — | — | — | 3 | 26 | 16 | 15 | — | — | 60 | 1952～2011 年 |

岷江洪水由暴雨形成，洪峰高、涨落快、持续时间相对较短。岷江年最大洪水发生时间以 7 月、8 月最多（出现在 7 月的概率最大，约为 48%），9 月次之，6 月偶有发生。

嘉陵江洪水由暴雨形成，属陡涨陡落型洪水，嘉陵江一次暴雨过程约 5～7 天，其中主峰历时 2～3 天，一次洪水过程约为 3～7 天，峰顶时间一般为 0.5～2 h，洪水过程线形状多为单峰，当嘉陵江上游与白龙江及区间降水时间错开时，也时常出现双峰或多峰的洪水过程。嘉陵江年最大洪水发生时间在 7～9 月最多（尤其是 7 月），6 月次之，5 月、10 月偶有发生，但量级较小。7～9 月嘉陵江主汛期洪峰出现次数约占全年 87%，其中出现在 7 月的概率最大，约为 43%，其次是 9 月，概率约为 30%。

长江上游重要控制站洪峰在各月出现概率统计表见表 3.2，长江上游重要控制站洪峰分布图见图 3.1。由图可见，寸滩站洪峰分布点具有离散空间大的特点，量级分布主要位于 30000～60000 $m^3/s$，且出现时间主要分布在 7～9 月，尤其以 7 月居多，可针对性地进行流量分级调度。

**表 3.2　长江上游重要控制站洪峰在各月出现概率统计表（1954～2011 年）**

| 站名 | 5 月 | 6 月 | 7 月 | 8 月 | 9 月 | 10 月 |
|---|---|---|---|---|---|---|
| 屏山站 | — | 3% | 25% | 39% | 30% | 3% |
| 高场站 | — | 5% | 48% | 38% | 10% | — |
| 北碚站 | 3% | 8% | 43% | 15% | 30% | 2% |
| 寸滩站 | — | 2% | 49% | 26% | 21% | 2% |

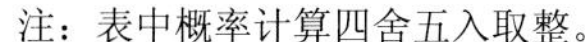
注：表中概率计算四舍五入取整。

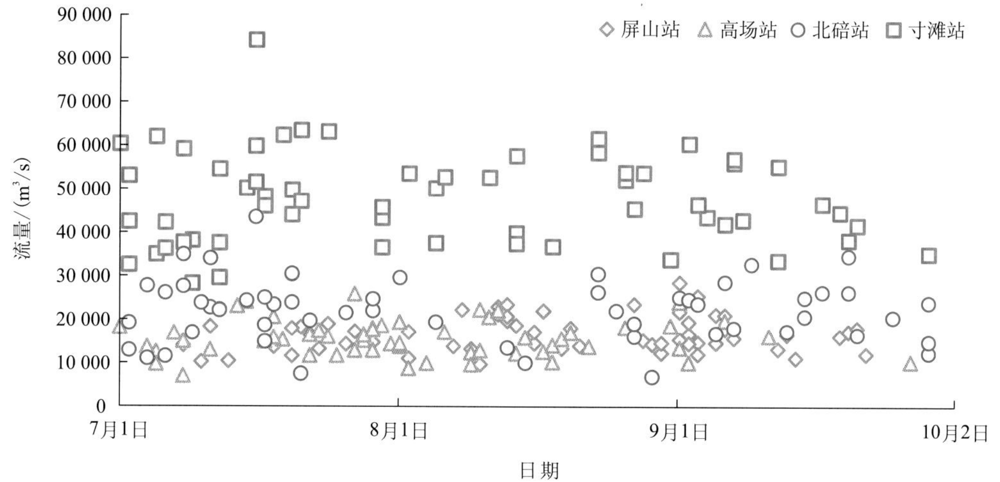


图 3.1　长江上游重要控制站洪峰分布图

## 3.2.3　洪水遭遇

### 1. 洪水传播时间

长江上游控制站为宜昌站，控制流域面积约 100 万 km$^2$，占长江全流域面积的 55.6%，其中，三峡水库入库控制站寸滩站以上河长约 3 880 km，控制流域面积 86.7 万 km$^2$，金沙江向家坝至寸滩河段河长约 445 km，区间主要支流包括左岸的岷江、沱江、嘉陵江，右岸的横江、南广河、赤水河、綦江等。

选取屏山、高场、李庄、朱沱、北碚、寸滩等站为代表站，分析金沙江、岷江、嘉陵江洪水与寸滩站洪水遭遇情况，逐年统计各代表站年最大洪水（洪量）发生时间和量，在考虑洪水传播时间的基础上，分析两站之间洪水是否发生遭遇，判断准则为若两江洪水过程的洪峰 $Q_m$(最大日平均流量)同日出现，即为洪峰遭遇，若最大 3 日洪量过程($W_{3d}$)或最大 7 日洪量过程（$W_{7d}$）超过 1/2 时间重叠，即为洪水过程遭遇。以上各站水文资料均在 50 年以上，资料具有较好的代表性，最后计算统计年份内遭遇概率（频次）。遭遇概率在 10%以上为两江洪水遭遇概率高，即 10 年内有超过一年以上的年最大洪水发生遭遇；遭遇概率在 10%以下为两江洪水遭遇概率低。

研究两条河流的洪水遭遇规律，必须根据两条河流及水文测站的空间分布，分析各自的洪水传播时间，再对其流量的时间分布进行统一。本小节主要分析金沙江与长江上游洪水遭遇规律，因此洪水传播时间不考虑溪洛渡、向家坝水库建库的影响，各站洪水传播时间表见表 3.3。

**表 3.3　各站洪水传播时间表**

| 代表站 | 汇合站点 | 距汇合站点距离/km | 洪水传播至汇合站点 | 代表站洪水传播相差时间 |
|---|---|---|---|---|
| 瀑布沟站 | 高场站 | 255 | 21 h（0 d） | — |
| 屏山站 | 李庄站 | 78 | 7 h（0 d） | 3 h（0 d） |
| 高场站 | | 43.4 | 4 h（0 d） | |
| 亭子口站 | 北碚站 | 511 | 50 h（2 d） | — |
| 朱沱站 | 寸滩站 | 150 | 14 h（0 d） | 8 h（0 d） |
| 北碚站 | | 67 | 6 h（0 d） | |
| 寸滩站 | 宜昌站 | 658 | 52 h（2 d） | 4 h（0 d） |
| 武隆站 | | 614 | 48 h（2 d） | |

## 2. 金沙江与岷江洪水遭遇

分别统计 1954～2012 年屏山站、高场站、李庄站年最大洪水发生的时间，李庄站年最大洪水时相应屏山站和高场站出现年最大洪水的次数，屏山站与高场站年最大洪水发生遭遇的次数，金沙江与岷江洪水遭遇分析统计表（1954～2012 年）见表 3.4。

**表 3.4　金沙江与岷江洪水遭遇分析统计表**（1954～2012 年）

| 站名 | 1 日洪量 | | 3 日洪量 | | 7 日洪量 | |
|---|---|---|---|---|---|---|
| | 次数 | 占比/% | 次数 | 占比/% | 次数 | 占比/% |
| 李庄站年最大洪水时屏山站相应出现次数 | 7 | 11.9 | 23 | 39.0 | 41 | 69.5 |
| 李庄站年最大洪水时高场站相应出现次数 | 25 | 42.4 | 23 | 39.0 | 17 | 28.8 |
| 屏山站与高场站年最大洪水遭遇次数 | 2 | 3.4 | 4 | 6.8 | 9 | 15.3 |

由表 3.4 可以看出：在屏山站、高场站 1954～2012 年 59 年实测系列中，1966 年、2012 年年最大 1 日洪量发生了遭遇，占 3.4%；年最大 3 日洪量有 4 年发生了遭遇，占 6.8%，年最大 7 日洪量有 9 年发生了遭遇，占 15.3%。

经统计，金沙江屏山站与岷江高场站洪水发生遭遇的典型年量级情况表（1954～2012 年）见表 3.5，两江年最大洪水随着时段增长发生遭遇概率增大，除 1966 年洪水以外，其余遭遇年份洪水量级均较小，组合的洪水量级也不大。1966 年 9 月洪水，金沙江和岷江 3 日洪量分别相当于 33 年和 5～10 年一遇洪水，组合的洪水达 50 年一遇，是两江遭遇的典型。2012 年 7 月洪水，金沙江与岷江洪水年最大洪水遭遇，尽管金沙江与岷江洪水量级不大，但组合后形成李庄洪水洪峰达到 48 423 $m^3/s$，为实测第三大洪水。

**表 3.5　金沙江屏山站与岷江高场站洪水发生遭遇的典型年量级情况表（1954～2012 年）**

| 项目 | 年份 | 屏山站 | | | 高场站 | | |
|---|---|---|---|---|---|---|---|
| | | 洪量/亿 $m^3$ | 起始日期 | 重现期/年 | 洪量/亿 $m^3$ | 起始日期 | 重现期/年 |
| 1 日洪量 | 1966 | 24.7 | 9 月 1 日 | 33 | 20.8 | 9 月 1 日 | 5～10 |
| | 2012 | 14.3 | 7 月 22 日 | <5 | 15.1 | 7 月 23 日 | <5 |
| 3 日洪量 | 1966 | 73.7 | 8 月 31 日 | 33 | 53.0 | 8 月 31 日 | 5～10 |
| | 1971 | 33.6 | 8 月 17 日 | <5 | 27.9 | 8 月 16 日 | <5 |
| | 1992 | 26.3 | 7 月 13 日 | <5 | 27.1 | 7 月 14 日 | <5 |
| | 2012 | 42.5 | 7 月 22 日 | <5 | 36.5 | 7 月 22 日 | <5 |
| 7 日洪量 | 1960 | 81.1 | 8 月 3 日 | <5 | 96.0 | 7 月 31 日 | 5～10 |
| | 1966 | 163.1 | 8 月 29 日 | 近 50 | 96.6 | 8 月 30 日 | 5～10 |
| | 1967 | 55.5 | 8 月 8 日 | <5 | 52.3 | 8 月 8 日 | <5 |
| | 1971 | 72.1 | 8 月 15 日 | <5 | 51.8 | 8 月 12 日 | <5 |
| | 1976 | 77.7 | 7 月 6 日 | <5 | 50.4 | 7 月 5 日 | <5 |
| | 1991 | 117.1 | 8 月 13 日 | 5 | 82.4 | 8 月 9 日 | <5 |
| | 1994 | 60.0 | 6 月 21 日 | <5 | 38.6 | 6 月 20 日 | <5 |
| | 2005 | 115 | 8 月 11 日 | <5 | 61.3 | 8 月 8 日 | <5 |

### 3. 金沙江与嘉陵江洪水遭遇

长江和嘉陵江在重庆市朝天门汇合，汇合口下距长江干流寸滩站 7.5 km，上距嘉陵江北碚站约 60 km，距长江干流上游朱沱站约 140 km。金沙江屏山站与嘉陵江北碚站洪水传播时间相差 31 h，洪水遭遇分析时间按 1 日考虑。根据 1954～2012 年屏山站、北碚站年最大洪水发生的时间，考虑洪水传播时间，分析 59 年期间年最大洪水遭遇次数和遭遇洪水量级。

经统计，金沙江与嘉陵江洪水遭遇次数和概率（1954～2012 年）见表 3.6。年最大 1 日洪量仅有 1997 年发生了遭遇，占 1.69%；年最大 3 日洪量仅有 1992 年发生了遭遇，占 1.69%；年最大 7 日洪量有 6 年发生了遭遇，占 10.17%。可见 1 日洪量、3 日洪量两江遭遇概率较低。

表 3.6　金沙江与嘉陵江洪水遭遇次数和概率（1954～2012 年）

| 站名 | 1 日洪量 | | 3 日洪量 | | 7 日洪量 | |
|---|---|---|---|---|---|---|
| | 次数 | 概率/% | 次数 | 概率/% | 次数 | 概率/% |
| 屏山站与北碚站 | 1 | 1.69 | 1 | 1.69 | 6 | 10.17 |

注：概率计算保留两位小数。

金沙江与嘉陵江洪水遭遇年份分析见表 3.7，由金沙江与嘉陵江洪水遭遇年份、发生时间、洪水量级和重现期可知，除 1966 年以外，两江遭遇洪水的量级较小。1966 年，屏山站年最大 7 日洪水为近 50 年一遇的洪水，该年屏山站与岷江年最大洪水也发生遭遇，故金沙江、岷江和嘉陵江三江年最大洪水发生遭遇，但嘉陵江洪水仅为小于 5 年一遇常遇洪水，形成寸滩站年最大洪水为 20 年一遇，未进一步造成恶劣遭遇。

表 3.7　金沙江与嘉陵江洪水遭遇年份分析

| 项目 | 年份 | 北碚站 | | | 屏山站 | | |
|---|---|---|---|---|---|---|---|
| | | 流量/洪量 | 起始日期 | 重现期/年 | 流量/洪量 | 起始日期 | 重现期/年 |
| 日均流量/（$m^3/s$） | 1997 | 7 600.0 | 7 月 21 日 | <5 | 18 000.0 | 7 月 20 日 | <5 |
| 3 日洪量/亿 $m^3$ | 1992 | 59.3 | 7 月 16 日 | <5 | 26.3 | 7 月 13 日 | <5 |
| 7 日洪量/亿 $m^3$ | 1959 | 48.4 | 8 月 12 日 | <5 | 79.0 | 8 月 12 日 | <5 |
| | 1966 | 73.6 | 8 月 31 日 | <5 | 163.0 | 8 月 29 日 | 近 50 |
| | 1982 | 81.0 | 7 月 27 日 | <5 | 83.9 | 7 月 23 日 | <5 |
| | 1983 | 107.0 | 7 月 31 日 | 5～10 | 61.4 | 8 月 1 日 | <5 |
| | 1992 | 98.6 | 7 月 14 日 | <5 | 59.7 | 7 月 13 日 | <5 |
| | 2004 | 94.3 | 9 月 4 日 | <5 | 91.0 | 9 月 6 日 | <5 |

### 3.2.4　寸滩洪水特性

由于三峡坝址以上干支流众多，洪水遭遇与地区组成复杂，暴雨洪水主要来源于岷江、嘉陵江、屏山站至寸滩站区间、寸滩站至宜昌站区间等地区，所以对于出现某一频率洪水的时空分布也存在多种可能性，无法利用常规方法获取上游各干支流相应防洪控制站设计洪水过程。考虑到寸滩站洪水与宜昌站洪水的相关性较强，选择寸滩站作为三峡水库入库代表站，采用长系列实测日径流作为样本分析其洪水来源组成。

根据寸滩站年最大 1 日、3 日、7 日洪量发生时间，考虑洪水传播时间，逐年统计 1950～2012 年屏山站、高场站、北碚站相应发生的时段洪量，得到各站多年平均 1 日洪量、3 日洪量、7 日洪量及占寸滩站的比例，见表 3.8，寸滩发生洪水时上游洪水发生时间分布概率如图 3.2 所示。

表 3.8　寸滩站洪水组成分析（1950～2012 年）

| 站名 | 与寸滩面积比/% | 1 日洪量 | | 3 日洪量 | | 7 日洪量 | | 占比平均/% |
|---|---|---|---|---|---|---|---|---|
| | | 洪量/亿 $m^3$ | 占寸滩站/% | 洪量/亿 $m^3$ | 占寸滩站/% | 洪量/亿 $m^3$ | 占寸滩站/% | |
| 屏山站 | 55.9 | 9.93 | 24.0 | 30.20 | 26.5 | 73.50 | 32.6 | 27.7 |
| 高场站 | 15.6 | 8.91 | 21.5 | 23.60 | 20.7 | 47.80 | 21.2 | 21.1 |
| 北碚站 | 18.1 | 16.30 | 39.3 | 42.50 | 37.2 | 71.80 | 31.9 | 36.1 |
| 富顺站 | 2.3 | 0.80 | 1.9 | 2.25 | 2.0 | 5.50 | 2.4 | 2.1 |
| 屏山站至寸滩站区间 | 8.1 | 5.50 | 13.3 | 15.60 | 13.7 | 26.70 | 11.9 | 12.9 |
| 寸滩站 | — | 41.44 | — | 114.15 | — | 225.30 | — | — |

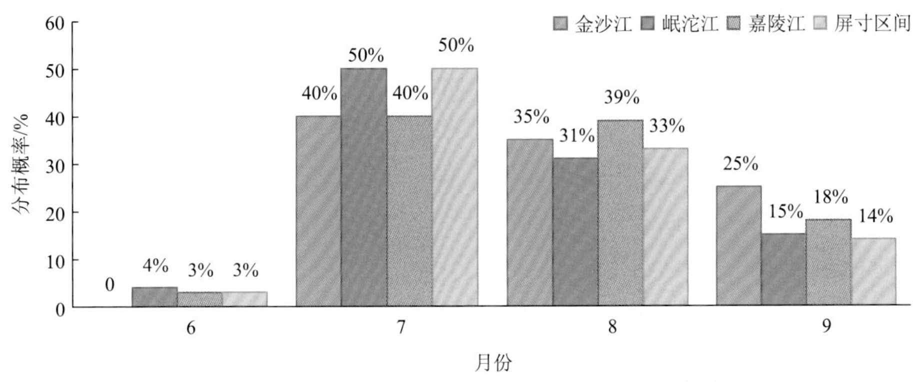


图 3.2　寸滩发生洪水时上游洪水发生时间分布概率

由于嘉陵江是长江上游暴雨洪水多发区之一，寸滩站洪水组成中北碚站的占比最大，其次为面积占比最大的屏山站。屏山站占寸滩站年最大洪水比重约为 27.7%，远小于其面积比，且每年的占比均小于两站面积比 55.9%。高场站占寸滩站年最大洪水比重约为 21.1%，且大多数年份占比大于两站的面积比。北碚站占寸滩站年最大洪水的比重约为 36.1%，远大于其面积比 18.1%。沱江富顺站占寸滩站年最大洪水比重约为 2.1%，与面积比相当。屏山站至寸滩站区间面积比为 8.1%，而屏山站至寸滩站区间产生的洪水占寸滩站年最大洪水比重约为 12.9%，远大于其面积比。

**1）寸滩设计洪水**

寸滩以上干支流洪水遭遇组合复杂，干流宜宾至重庆河段相对而言河道较宽阔，槽蓄能力大，洪水描述拟采用整体设计洪水作为计算依据。根据控制流域面积分布情况和水文测站的分布，拟选择控制干流和嘉陵江的寸滩站作为防洪控制站。长江干支流重要控制站设计洪水特征值见表 3.9，各站设计洪水特征值将作为寸滩洪水来源、洪水量级及洪水分类的主要参考依据。

表 3.9 长江干支流重要控制站设计洪水特征值

| 站名 | 统计时段 | 参数 | | | 设计值 $P$ | | | | | |
|---|---|---|---|---|---|---|---|---|---|---|
| | | 均值 | $C_v$ | $C_s/C_v$ | 1% | 2% | 3.33% | 5% | 10% | 20% |
| 寸滩站 | 日均流量/（$m^3/s$） | 51 600 | 0.25 | 3.0 | 88 500 | 83 100 | 78 700 | 75 200 | 68 800 | 61 700 |
| | 3 日洪量/亿 $m^3$ | 124 | 0.25 | 2.5 | 210 | 198 | 188 | 180 | 165 | 149 |
| | 7 日洪量/亿 $m^3$ | 244 | 0.22 | 2.5 | 390 | 369 | 353 | 340 | 315 | 287 |
| | 15 日洪量/亿 $m^3$ | 450 | 0.21 | 2.5 | 706 | 670 | 642 | 618 | 575 | 526 |
| | 30 日洪量/亿 $m^3$ | 797 | 0.20 | 2.5 | 1 230 | 1 170 | 1 120 | 1 080 | 1 010 | 926 |
| 北碚站 | 日均流量/（$m^3/s$） | 24 600 | 0.36 | 2.5 | 50 800 | 46 700 | — | 41 100 | — | 31 410 |
| | 1 日洪量/亿 $m^3$ | 20.0 | 0.36 | 2.5 | 41.3 | 38 | — | 33.4 | — | 25.5 |
| | 3 日洪量/亿 $m^3$ | 50.9 | 0.36 | 2.5 | 105 | 96.7 | — | 85.0 | — | 65.0 |
| 屏山站 | 日均流量/（$m^3/s$） | — | — | — | 34 600 | 31 800 | 29 700 | 28 000 | 25 000 | 21 700 |
| | 3 日洪量/亿 $m^3$ | — | — | — | 86.5 | 79.3 | 73.9 | 69.5 | 61.7 | 53.4 |
| | 7 日洪量/亿 $m^3$ | — | — | — | 181 | 167 | 156 | 147 | 132 | 115 |
| 高场站 | 日均流量/（$m^3/s$） | 20 400 | 0.37 | 4.0 | 45 400 | — | — | 35 100 | 30 400 | 25 600 |
| | 1 日洪量/亿 $m^3$ | 15.1 | 0.37 | 5.0 | 34.8 | — | — | 26.2 | 22.4 | 18.6 |
| | 3 日洪量/亿 $m^3$ | 34.2 | 0.36 | 5.0 | 77.3 | — | — | 58.6 | 50.5 | 42.1 |
| 朱沱站 | 洪峰流量/（$m^3/s$） | — | — | — | 62 900 | 58 600 | 55 300 | 52 600 | 47 800 | 42 600 |
| | 7 日洪量/亿 $m^3$ | — | — | — | 272 | 255 | 243 | 232 | 214 | 193 |
| | 15 日洪量/亿 $m^3$ | — | — | — | 502 | 476 | 455 | 438 | 407 | 372 |

注：$C_v$ 为偏差系数，$C_s$ 为变差系数。

### 2）寸滩历史洪水

针对寸滩站 1954～2014 年 6～9 月长系列日径流，结合寸滩洪峰、洪量等设计成果值进行分析，对历史洪水初步筛选。

寸滩洪水来水组成分析。一是分析金沙江来水。考虑金沙江屏山站至寸滩站的洪水传播时间（约 1～2 d），两站洪水年最大 1 日洪量同日出现，或 3 日洪量过程超过 1/2 时间重叠即为两站洪水同时发生，统计 1954～2014 年屏山站与寸滩站洪水年最大洪水同时发生的年份见表 3.10 和表 3.11。

表 3.10 屏山站与寸滩站洪水年最大洪水同时发生的年份（1954～2014 年）

| 年份 | 屏山站 | | | 寸滩站 | | | 1 日洪量 |
|---|---|---|---|---|---|---|---|
| | 1 日洪量/亿 $m^3$ | 发生日期 | 重现期/年 | 1 日洪量/亿 $m^3$ | 发生日期 | 重现期/年 | 屏山站/寸滩站 |
| 1966 | 24.7 | 9 月 1 日 | 33 | 52.3 | 9 月 2 日 | 5 | 47.23% |
| 2012 | 14.3 | 7 月 22 日 | <5 | 54.6 | 7 月 24 日 | 5 | 26.19% |

**表 3.11　寸滩发生最大 3 日洪水且屏山相应发生最大 3 日洪水的年份情况（1954～2014 年）**

| 序号 | 年份 | 屏山站 | | | 寸滩站 | | | 3 日洪量<br>屏山站/寸滩站 |
|---|---|---|---|---|---|---|---|---|
| | | 3 日洪量/亿 $m^3$ | 发生日期 | 重现期/年 | 3 日洪量/亿 $m^3$ | 发生日期 | 重现期/年 | |
| 1 | 1954 | 43.80 | 8 月 18 日 | <5 | 103.51 | 8 月 19 日 | <5 | 42% |
| 2 | 1955 | 34.04 | 7 月 13 日 | <5 | 136.68 | 7 月 16 日 | <5 | 25% |
| 3 | 1961 | 35.68 | 8 月 20 日 | <5 | 131.67 | 8 月 21 日 | <5 | 27% |
| 4 | 1962 | 33.18 | 7 月 7 日 | <5 | 116.21 | 7 月 9 日 | <5 | 29% |
| 5 | 1965 | 27.39 | 8 月 30 日 | <5 | 106.01 | 9 月 2 日 | <5 | 26% |
| 6 | 1966 | 73.70 | 9 月 1 日 | 33 | 151.55 | 9 月 3 日 | 5～10 | 49% |
| 7 | 1968 | 31.71 | 7 月 3 日 | <5 | 147.57 | 7 月 5 日 | <5 | 21% |
| 8 | 1970 | 38.36 | 7 月 28 日 | <5 | 101.09 | 7 月 31 日 | <5 | 38% |
| 9 | 1973 | 19.36 | 7 月 1 日 | <5 | 120.96 | 7 月 3 日 | <5 | 16% |
| 10 | 1980 | 44.32 | 8 月 24 日 | <5 | 124.07 | 8 月 26 日 | <5 | 36% |
| 11 | 1981 | 28.34 | 9 月 3 日 | <5 | 113.36 | 9 月 5 日 | <5 | 25% |
| 12 | 1984 | 25.36 | 8 月 3 日 | <5 | 105.41 | 8 月 6 日 | <5 | 24% |
| 13 | 1988 | 36.37 | 9 月 3 日 | <5 | 103.16 | 9 月 4 日 | <5 | 35% |
| 14 | 1992 | 26.26 | 7 月 13 日 | <5 | 123.55 | 7 月 16 日 | <5 | 21% |
| 15 | 1998 | 47.87 | 8 月 1 日 | <5 | 104.80 | 8 月 4 日 | <5 | 46% |
| 16 | 2001 | 54.43 | 9 月 5 日 | 5 | 104.20 | 9 月 6 日 | <5 | 52% |
| 17 | 2005 | 34.91 | 7 月 20 日 | <5 | 103.77 | 7 月 21 日 | <5 | 34% |
| 18 | 2005 | 52.10 | 8 月 13 日 | 5 | 108.26 | 8 月 13 日 | <5 | 48% |
| 19 | 2009 | 38.71 | 8 月 2 日 | <5 | 130.55 | 8 月 5 日 | <5 | 30% |
| 20 | 2012 | 42.51 | 7 月 23 日 | <5 | 145.32 | 7 月 24 日 | <5 | 29% |
| 21 | 2014 | 22.53 | 9 月 17 日 | <5 | 100.48 | 9 月 20 日 | <5 | 22% |

从屏山站和寸滩站同时发生年最大洪水的量级来看，寸滩站年最大 1 日、3 日洪量超过或等于 5 年一遇洪水年份有 1966 年和 2012 年。1966 年寸滩站 1 日、3 日洪量为 5 年一遇、5～10 年一遇，相应屏山站 1 日、3 日洪量为 33 年一遇。2012 年寸滩站 1 日、3 日洪量为 5 年一遇，相应屏山站 1 日、3 日洪量为小于 5 年一遇。当屏山站发生 5 年一遇较大洪水时，如 2001 年和 2005 年，形成寸滩站的洪水却较小。

基于现有资料分析得知，一般屏山站与寸滩站年最大洪水同时发生的概率较低，且同时发生洪水的量级均不大。当金沙江屏山站发生类似 1966 年的大洪水时，寸滩站同时发生超 5 年一遇洪水概率较高，而当寸滩站发生大洪水时，金沙江屏山站发生大洪水的概率并不高。

二是分析岷江来水。考虑岷江高场站至寸滩站的洪水传播时间（约 1～2 d），两站洪水年最大 1 日洪量同日出现，或 3 日洪量过程超过 1/2 时间重叠即为两站洪水同时发生，统计 1954～2014 年寸滩站发生最大 3 日洪量且高场站相应发生最大 3 日洪量的月份分布见表 3.12。

**表 3.12　寸滩站发生最大 3 日洪水且高场站相应发生最大 3 日洪量的月份分布**（1954～2014 年）

| 项目 | 6 月 | 7 月 | 8 月 | 9 月 | 小计 |
|---|---|---|---|---|---|
| 发生次数 | 2 | 26 | 16 | 8 | 52 |
| 发生概率 | 4% | 50% | 31% | 15% | 100% |

通过分析，当岷江高场站发生较大洪水时，如 1955 年、1960 年、1961 年均发生了最大 3 日洪量 5 年一遇以上的洪水，尤其 1961 年高场站 3 日洪量达 20 年一遇，寸滩站洪水均不足 5 年一遇。而寸滩站 1981 年发生 5 年一遇及以上洪水时，岷江高场站仅 1966 年 3 日洪量超过 5 年一遇。由此可见，岷江洪水不是形成寸滩站洪量的主要来源，且洪水发生的同步性不强。

三是，分析嘉陵江来水。考虑嘉陵江北碚站至寸滩站的洪水传播时间（约 6 h），两站洪水年最大 1 日洪量同日出现，或 3 日洪量过程超过 1/2 时间重叠即为两站洪水同时发生，统计 1954～2014 年寸滩站发生最大 3 日洪量且北碚站相应发生最大 3 日洪量的月份分布见表 3.13。

**表 3.13　寸滩站发生最大 3 日洪量且北碚站相应发生最大 3 日洪量的月份分布**（1954～2014 年）

| 项目 | 6 月 | 7 月 | 8 月 | 9 月 | 小计 |
|---|---|---|---|---|---|
| 发生次数 | 2 | 23 | 22 | 10 | 57 |
| 发生概率 | 3.5% | 40.4% | 38.6% | 17.5% | 100.0% |

从北碚站和寸滩站同时发生年最大洪水的量级来看，寸滩站年最大 1 日、3 日洪量超过或等于 5 年一遇洪水年份有 1958 年和 1981 年。1958 年寸滩站 1 日、3 日洪量为 5 年一遇，相应北碚站 1 日、3 日洪量为 5 年一遇和 5～20 年一遇；1981 年寸滩站 1 日、3 日洪量为大于 50 年一遇和 30～50 年一遇，相应北碚站 1 日、3 日洪量为接近 50 年一遇和大于 50 年一遇。

当北碚站发生 3 日洪量为 5～20 年一遇的较大洪水时，如 1983 年、1984 年、1987 年、1989 年、2004 年、2010 年，寸滩站洪水一般不到 5 年一遇。

分析可知，一般北碚站与寸滩站 3 日最大洪量同时发生的概率较低，嘉陵江洪水不是形成寸滩站洪量的主要来源，但嘉陵江山区性洪水特点对寸滩站洪峰的形成具有明显的影响，是形成寸滩站洪峰的主要力量。

### 3.2.5　洪水分类准则

考虑相关站点之间洪水传播时间，结合相关控制站与寸滩站多年平均 3 日洪量比重关系，以及汛期多年平均流量等要素，分别拟定各地区洪水组成判别阈值，将寸滩站洪水分为单一区域来水为主和多区域洪水遭遇两大类。

**1）单一区域来水为主**

单一区域来水为主洪水主要包括金沙江来水较大、岷江来水较大、嘉陵江来水较大三种情况。当其中一控制站3日洪量占寸滩站相应3日洪量比重大于汛期多年平均3日洪量比重，且其他支流控制站来水小于汛期多年平均流量，即认为该场次洪水以相应单一区域来水为主。

（1）当金沙江屏山站3日洪量占寸滩站相应3日洪量比重大于汛期多年平均3日洪量比重26.4%，且相应时段其他支流来水小于汛期多年平均流量时，认为该场洪水以金沙江来水为主。

（2）当岷江高场站3日洪量占寸滩站相应3日洪量比重大于汛期多年平均3日洪量比重20.7%，且相应时段其他支流来水小于汛期多年平均流量时，认为该场洪水以岷江来水为主。

（3）当嘉陵江北碚站3日洪量占寸滩站相应3日洪量比重大于汛期多年平均3日洪量比重37.2%，且相应时段其他支流来水小于汛期多年平均流量时，认为该场洪水以嘉陵江来水为主。

**2）多区域洪水遭遇**

多区域洪水遭遇主要包括长江干流与嘉陵江洪水遭遇、金沙江与岷江洪水遭遇两种情况，相应干支流控制站流量均超过汛期多年平均流量。当其中一控制站3日洪量占寸滩3日洪量比重超过汛期多年平均3日洪量比重，认为该站相应河流来水较大，反之，则判定为一般洪水。

综上所述，寸滩洪水分类准则具体划分见表3.14。

**表3.14　寸滩洪水分类准则**

<table>
<tr><th>大类</th><th colspan="2">小类</th><th>判断依据</th></tr>
<tr><td rowspan="3">单一区域来水为主</td><td colspan="2">金沙江来水较大，岷江、嘉陵江未发生洪水</td><td>屏山站与寸滩站3日洪量比大于26.4%，高场站、北碚站流量小于汛期多年平均流量</td></tr>
<tr><td colspan="2">岷江来水较大，金沙江、嘉陵江未发生洪水</td><td>高场站与寸滩站3日洪量比大于20.7%，屏山站、北碚站流量小于汛期多年平均流量</td></tr>
<tr><td colspan="2">嘉陵江来水较大，长江干流未发生洪水</td><td>北碚站与寸滩站3日洪量比大于37.2%，朱沱站流量小于汛期多年平均流量</td></tr>
<tr><td rowspan="7">多区域洪水遭遇</td><td rowspan="4">长江干流与嘉陵江洪水遭遇</td><td>嘉陵江来水较大，长江干流为一般洪水</td><td>北碚站与寸滩站3日洪量比大于37.2%，朱沱站流量大于汛期多年平均流量</td></tr>
<tr><td>金沙江来水较大，嘉陵江为一般洪水</td><td>屏山站与寸滩站3日洪量比大于26.4%，北碚站流量大于汛期多年平均流量</td></tr>
<tr><td>岷江来水较大，嘉陵江为一般洪水</td><td>高场站与寸滩站3日洪量比大于20.7%，北碚站流量大于汛期多年平均流量</td></tr>
<tr><td>长江干流、嘉陵江来水均较大</td><td>朱沱站与寸滩站3日洪量比大于50%，北碚站与寸滩站3日洪量比大于37.2%</td></tr>
<tr><td rowspan="3">金沙江与岷江洪水遭遇，嘉陵江未发生洪水</td><td>金沙江来水较大，岷江为一般洪水</td><td>屏山站与寸滩站3日洪量比大于26.4%，高场站流量大于汛期多年平均流量</td></tr>
<tr><td>岷江来水较大，金沙江为一般洪水</td><td>高场站与寸滩站3日洪量比大于20.7%，屏山站流量大于汛期多年平均流量</td></tr>
<tr><td>金沙江、岷江来水均较大</td><td>屏山站与寸滩站3日洪量比大于26.4%，高场站与寸滩站3日洪量比大于20.7%</td></tr>
</table>

### 3.2.6　寸滩洪水样本分类

根据拟定的寸滩洪水分类准则，对 1954～2014 年的寸滩场次洪水进行梳理分类，见表 3.15。

**表 3.15　寸滩洪水分类**

| 大类 | 小类 | 控制站频率 | 序号 | 日期（年-月-日） | 寸滩洪水频率 |
|---|---|---|---|---|---|
| 单一区域来水为主 | 金沙江来水为主 | 小于 5 年一遇 | 1 | 1954-8-19 | 小于 5 年一遇 |
| | | | 2 | 1962-7-9 | |
| | 岷江来水为主 | 小于 5 年一遇 | 1 | 1957-7-21 | 小于 5 年一遇 |
| | | | 2 | 1958-7-8 | |
| | | | 3 | 1988-7-30 | |
| | | | 4 | 1991-8-13 | |
| | | | 5 | 1998-7-16 | |
| | | | 6 | 2012-7-7 | |
| | | 5 年一遇 | 7 | 1989-7-29 | |
| | | 20 年一遇 | 8 | 1961-6-30 | |
| | 嘉陵江来水为主 | 小于 5 年一遇 | 1 | 1982-7-31 | 小于 5 年一遇 |
| | | | 2 | 1983-9-11 | |
| | | | 3 | 1998-8-23 | |
| | | | 4 | 2000-7-17 | |
| | | | 5 | 2012-9-4 | |
| | | 5 年一遇 | 6 | 2004-9-8 | |
| | | 5～20 年一遇 | 7 | 1956-6-27 | |
| | | | 8 | 1981-8-20 | |
| | | | 9 | 1984-7-9 | |
| | | | 10 | 1987-7-22 | |
| 多区域洪水遭遇 | 长江干流与嘉陵江洪水遭遇　嘉陵江来水较大 | 岷江 5 年一遇 嘉陵江大于 50 年一遇 | 1 | 1981-7-16 | 30～50 年一遇 |
| | | 岷江小于 5 年一遇 嘉陵江 5～20 年一遇 | 2 | 2010-7-20 | 接近 5 年一遇 |
| | | | 3 | 1958-8-23 | 5 年一遇 |
| | | 小于 5 年一遇 | 4 | 1965-9-3 | 小于 5 年一遇 |
| | | | 5 | 1968-7-6 | |
| | | | 6 | 1981-9-6 | |
| | | | 7 | 1978-7-7 | |
| | | | 8 | 1993-8-13 | |
| | | | 9 | 2013-7-22 | |
| | | | 10 | 1983-8-3 | |

续表

| 大类 | 小类 | | 控制站频率 | 序号 | 日期（年-月-日） | 寸滩洪水频率 |
|---|---|---|---|---|---|---|
| 多区域洪水遭遇 | 长江干流与嘉陵江洪水遭遇 | 嘉陵江来水较大 | 小于5年一遇 | 11 | 1989-7-12 | 小于5年一遇 |
| | | 金沙江来水较大 | 5年一遇 | 1 | 2005-8-14 | 小于5年一遇 |
| | | | 小于5年一遇 | 2 | 2009-8-5 | |
| | | | | 3 | 1961-8-22 | |
| | | | | 4 | 1970-7-31 | |
| | | | | 5 | 2005-7-21 | |
| | | | | 6 | 2012-7-24 | |
| 多区域洪水遭遇 | 长江干流与嘉陵江洪水遭遇 | 岷江来水较大 | 小于5年一遇 | 1 | 1954-8-27 | 小于5年一遇 |
| | | | | 2 | 1955-8-3 | |
| | | | | 3 | 1961-7-17 | |
| | | | | 4 | 1962-8-29 | |
| | | | | 5 | 1973-7-4 | |
| | | | | 6 | 1984-8-7 | |
| | | | 5年一遇 | 7 | 1968-8-8 | |
| | | | 5～10年一遇 | 8 | 1955-7-17 | |
| | | | | 9 | 1960-8-6 | |
| | | 长江干流、嘉陵江来水均较大 | 小于5年一遇 | 1 | 1980-8-27 | 小于5年一遇 |
| | | | | 2 | 1962-7-30 | |
| | | | | 3 | 1965-7-16 | |
| | | | | 4 | 1975-9-8 | |
| | | | | 5 | 1985-9-17 | |
| | | | | 6 | 1989-8-21 | |
| | | | | 7 | 2003-9-3 | |
| | | | | 8 | 2010-8-24 | |
| | 金沙江与岷江洪水遭遇 | 金沙江来水较大 | 小于5年一遇 | 1 | 1988-9-5 | 小于5年一遇 |
| | | 岷江来水较大 | 小于5年一遇 | 2 | 1992-7-17 | |
| | | 两江来水均较大 | 小于5年一遇 | 3 | 1998-8-4 | |
| | | | | 4 | 2001-9-6 | |
| | | | 金沙江33年一遇<br>岷江10～20年一遇 | 5 | 1966-9-4 | 5～10年一遇 |

### 1. 金沙江来水为主

#### 1）金沙江单一区域来水为主

根据前面分类后的洪水样本，分析以金沙江单一区域来水为主的洪水样本中屏山站与寸滩站的流量相关关系，如图 3.3 所示。1966 年 9 月，虽然金沙江与岷江洪水发生过程遭遇，但屏山站洪峰 29 000 m³/s，是该站 1939 年以来实测最大洪水，因此本章将 1966 年洪水纳入金沙江单一区域来水为主的洪水样本，并采用相应的频率洪水样本分析寸滩站流量与屏山站流量相关关系。

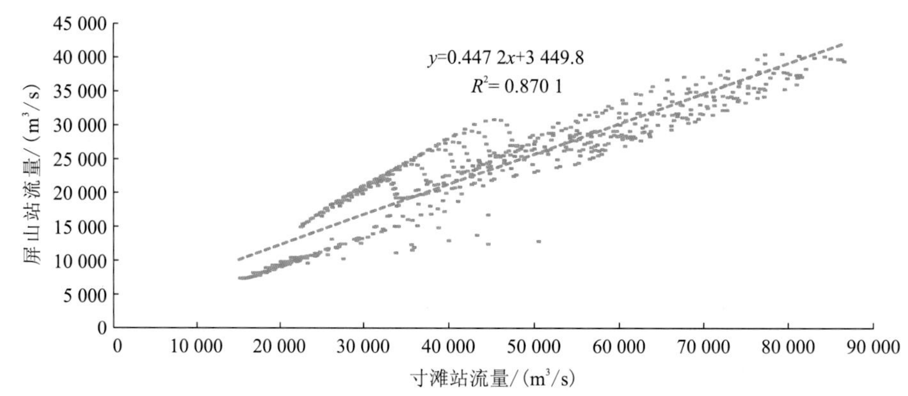

图 3.3 金沙江单一区域来水为主的洪水样本中屏山站与寸滩站的流量相关关系

分析图 3.3 可知，若寸滩站洪水仅以金沙江单一区域来水为主，根据长系列场次洪水屏山站与寸滩站的流量相关性，给出了金沙江梯级水库在不同量级的寸滩站洪水下的流量拦蓄空间，金沙江单一区域来水为主的洪水拦蓄空间分析表见表 3.16。

**表 3.16 金沙江单一区域来水为主的洪水拦蓄空间分析表** （单位：m³/s）

| 寸滩站流量 | 金沙江屏山站流量 | 梯级可拦蓄流量 |
|---|---|---|
| 40 000～≤50 000 | 19 000～28 700 | 11 500～21 200 |
| 50 000～≤60 000 | 23 300～32 600 | 15 800～25 100 |
| 60 000～≤70 000 | 27 000～37 000 | 19 500～29 500 |
| >70 000 | 31 600～40 600 | 24 100～33 100 |

#### 2）多区域洪水遭遇时金沙江来水较大

分析多区域洪水遭遇时金沙江来水较大的洪水样本中屏山站与寸滩站的流量相关关系，如图 3.4 所示。

分析图 3.4 可知，若寸滩站洪水由多区域洪水遭遇形成且金沙江来水较大，根据多区域洪水遭遇时屏山站与寸滩站的流量相关性，给出了金沙江梯级水库在不同量级的寸滩站洪水下的流量拦蓄空间，多区域洪水遭遇时金沙江来水较大洪水拦蓄空间分析表见表 3.17。

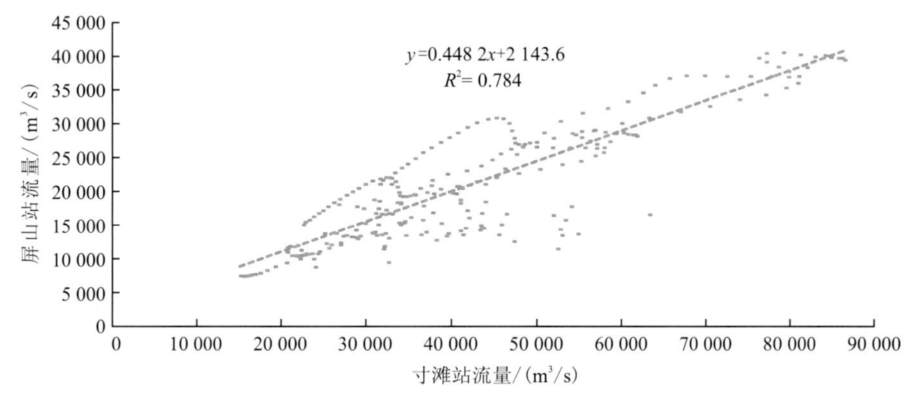


图 3.4　多区域洪水遭遇时金沙江来水较大的洪水样本中屏山站与寸滩站的流量相关关系

**表 3.17　多区域洪水遭遇时金沙江来水较大洪水拦蓄空间分析表**　（单位：$m^3/s$）

| 寸滩站流量 | 金沙江屏山站流量 | 梯级可拦蓄流量 |
| --- | --- | --- |
| 40 000～≤50 000 | 11 500～20 000 | 4 000～12 500 |
| 50 000～≤60 000 | 14 500～22 000 | 7 000～14 500 |
| 60 000～≤70 000 | 15 000～24 000 | 7 500～16 000 |
| >70 000 | 17 000～26 500 | 9 500～19 000 |

## 2. 岷江来水为主

### 1）岷江单一区域来水为主

根据前面分类后的洪水样本，分析以岷江单一区域来水为主的洪水样本中高场站与寸滩站的流量相关关系，如图 3.5 所示。

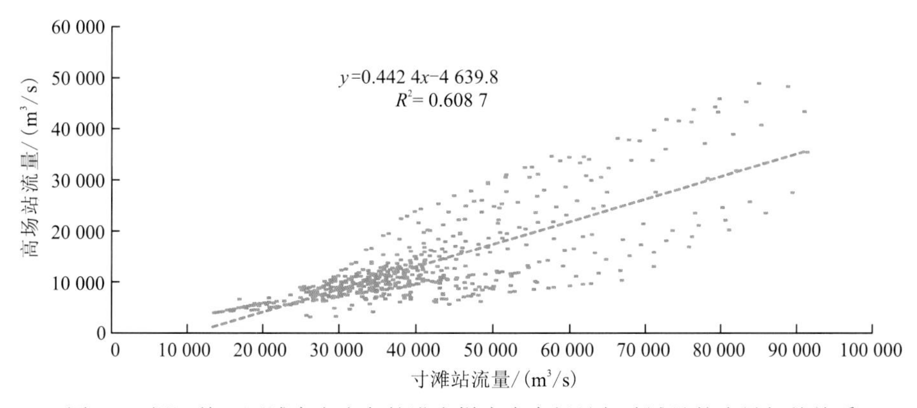


图 3.5　岷江单一区域来水为主的洪水样本中高场站与寸滩站的流量相关关系

分析图 3.5 可知，若寸滩站洪水仅以岷江单一区域来水为主，根据岷江单一区域来水为主时高场站与寸滩站的流量相关性，给出了岷江瀑布沟水库在不同量级的寸滩站洪水下的流量拦蓄空间，岷江单一区域来水为主的洪水拦蓄空间分析表见表 3.18。

**表 3.18　岷江单一区域来水为主的洪水拦蓄空间分析表**　（单位：$m^3/s$）

| 寸滩站流量 | 岷江高场站流量 | 梯级可拦蓄流量 |
| --- | --- | --- |
| 40 000～≤50 000 | 7 000～25 000 | 200～7 400 |
| 50 000～≤60 000 | 12 000～34 000 | 2 200～11 000 |
| 60 000～≤70 000 | 14 500～38 000 | 3 200～12 600 |
| >70 000 | 16 000～48 000 | 3 800～16 600 |

**2）多区域洪水遭遇时岷江来水较大**

分析多区域洪水遭遇时岷江来水较大的洪水样本中高场站与寸滩站的流量相关关系，如图 3.6 所示。

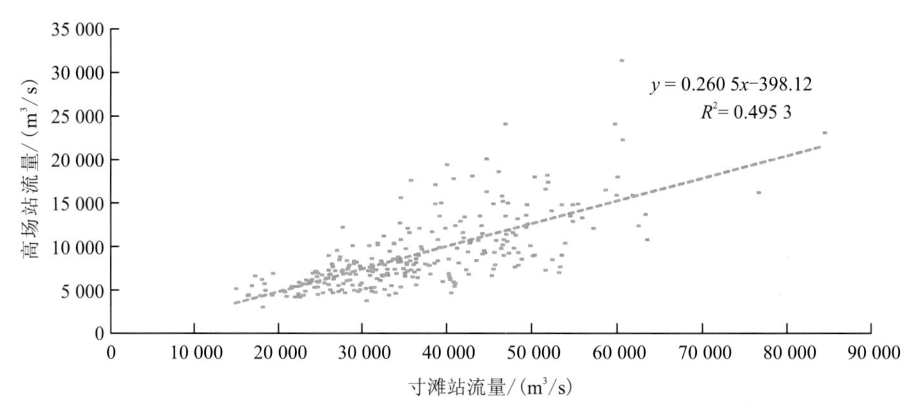


图 3.6　多区域洪水遭遇时岷江来水较大的洪水样本中高场站与寸滩站的流量相关关系

分析图 3.6 可知，若寸滩站洪水由多区域洪水遭遇形成且岷江来水较大，根据多区域洪水遭遇时高场站与寸滩站的流量相关性，给出了岷江梯级水库在不同量级的寸滩站洪水下的流量拦蓄空间，多区域洪水遭遇时岷江来水较大洪水拦蓄空间分析表见表 3.19。

**表 3.19　多区域洪水遭遇时岷江来水较大洪水拦蓄空间分析表**　（单位：$m^3/s$）

| 寸滩站流量 | 岷江高场站流量 | 梯级可拦蓄流量 |
| --- | --- | --- |
| 40 000～≤50 000 | 7 000～16 000 | 200～3 800 |
| 50 000～≤60 000 | 9 000～18 200 | 1 000～4 600 |
| 60 000～≤70 000 | 11 000～22 000 | 1 800～6 100 |
| >70 000 | 16 000～23 000 | 3 800～6 600 |

### 3. 嘉陵江来水为主

#### 1）嘉陵江单一区域来水为主

根据前面分类后的洪水样本，分析以嘉陵江单一区域来水为主的洪水样本中北碚站与寸滩站的流量相关关系，如图 3.7 所示。

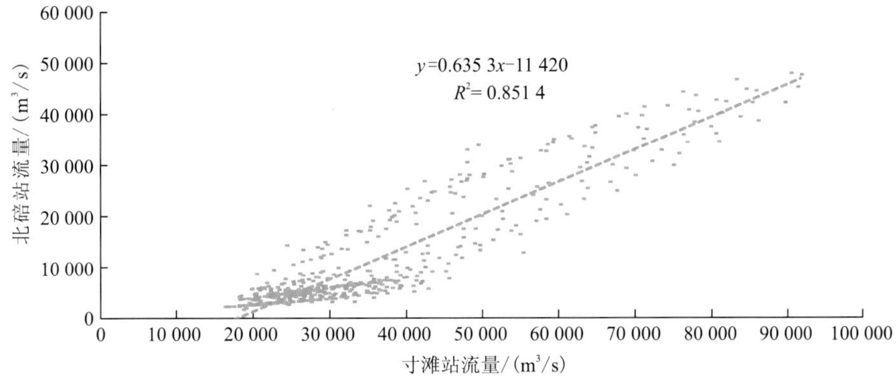


图 3.7 嘉陵江单一区域来水为主的洪水样本中北碚站与寸滩站的流量相关关系

分析图 3.7 可知，若寸滩站洪水仅以嘉陵江单一区域来水为主，根据嘉陵江单一区域来水为主时北碚站与寸滩站的流量相关性，给出了嘉陵江梯级水库在不同量级的寸滩站洪水下的流量拦蓄空间，嘉陵江单一区域来水为主洪水拦蓄空间分析表见表 3.20。

**表 3.20 嘉陵江单一区域来水为主洪水拦蓄空间分析表** （单位：$m^3/s$）

| 寸滩站流量 | 嘉陵江北碚站流量 | 梯级可拦蓄流量 |
|---|---|---|
| 40 000～≤50 000 | 6 300～28 000 | 200～6 700 |
| 50 000～≤60 000 | 15 300～35 000 | 2 800～8 700 |
| 60 000～≤70 000 | 20 000～40 000 | 4 200～10 000 |
| >70 000 | 28 000～48 000 | 6 600～12 600 |

#### 2）多区域洪水遭遇时嘉陵江来水较大

分析多区域洪水遭遇时嘉陵江来水较大的洪水样本中北碚站与寸滩站的流量相关关系，如图 3.8 所示。

分析图 3.8 可知，若寸滩洪水由多区域洪水遭遇形成且嘉陵江来水较大，根据多区域洪水遭遇时北碚站与寸滩站的流量相关性，给出了嘉陵江梯级水库在不同量级的寸滩站洪水下的流量拦蓄空间，多区域洪水遭遇时嘉陵江来水较大洪水拦蓄空间分析表见表 3.21。

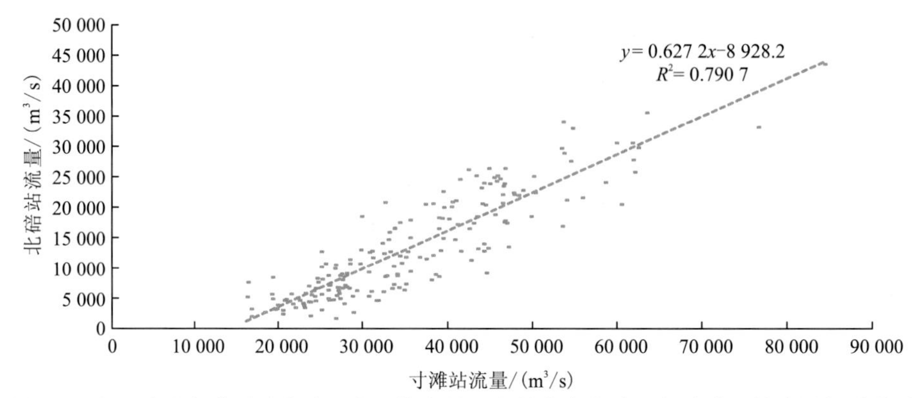


图 3.8　多区域洪水遭遇时嘉陵江来水较大的洪水样本中北碚站与寸滩站的流量相关关系

**表 3.21　多区域洪水遭遇时嘉陵江来水较大洪水拦蓄空间分析表**　（单位：m³/s）

| 寸滩站流量 | 嘉陵江北碚站流量 | 梯级可拦蓄流量 |
| --- | --- | --- |
| 40 000～≤50 000 | 10 000～26 000 | 1 300～6 000 |
| 50 000～≤60 000 | 17 000～33 000 | 3 400～8 100 |
| 60 000～≤70 000 | 21 000～36 000 | 4 500～9 000 |
| >70 000 | 33 000～43 600 | 8 100～11 000 |

## 4. 多区域洪水遭遇

### 1）金沙江与岷江洪水遭遇

通过分析金沙江与岷江洪水遭遇年份、发生时间、洪水量级和重现期可知，最大 3 日洪量有 12 场洪水发生了遭遇，占 19.7%，其中金沙江和岷江同时发生较大洪水有 7 场，占两江遭遇洪水的 58.3%。可见两江 3 日洪量遭遇概率较低，然而一旦两江遭遇，同时发生较大洪水的概率较高。

分析金沙江与岷江同时发生大洪水时屏山站、高场站与寸滩站的流量相关关系，如图 3.9 所示。两江洪水遭遇时，寸滩站最大流量为 63 200 m³/s，约 5～10 年一遇，屏山站和高场站最大流量分别为 28 600 m³/s 和 24 100 m³/s，与寸滩站流量相关性较强，且趋势变化较为一致，说明两江洪水遭遇时，可能是由于川西暴雨存在相同的洪水成因。

### 2）金沙江与嘉陵江洪水遭遇

通过分析金沙江与嘉陵江洪水遭遇年份、发生时间、洪水量级和重现期可知，最大 3 日洪量有 12 场洪水发生了遭遇，占 19.7%，其中金沙江和嘉陵江同时发生较大洪水仅有 1 场，占两江遭遇洪水的 8.3%。可见两江 3 日洪量遭遇概率较低，且基本不会同时发生较大洪水。

分析金沙江与嘉陵江同时发生大洪水时屏山站、北碚站与寸滩站的流量相关关系，如图 3.10 所示。两江洪水遭遇时，寸滩站最大流量为 53 900 m³/s，不到 5 年一遇，屏山站流量集中在 15 000 m³/s 左右，且与寸滩站流量相关性较弱，是寸滩站洪量的稳定来源，嘉陵江流量与寸滩站流量呈现强相关关系，是寸滩洪峰的重要组成。

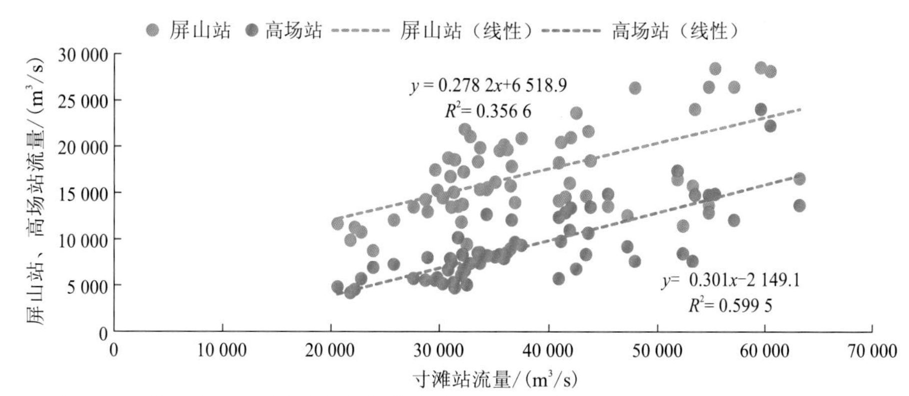


图 3.9　金沙江与岷江同时发生大洪水时屏山站、高场站与寸滩站的流量相关关系

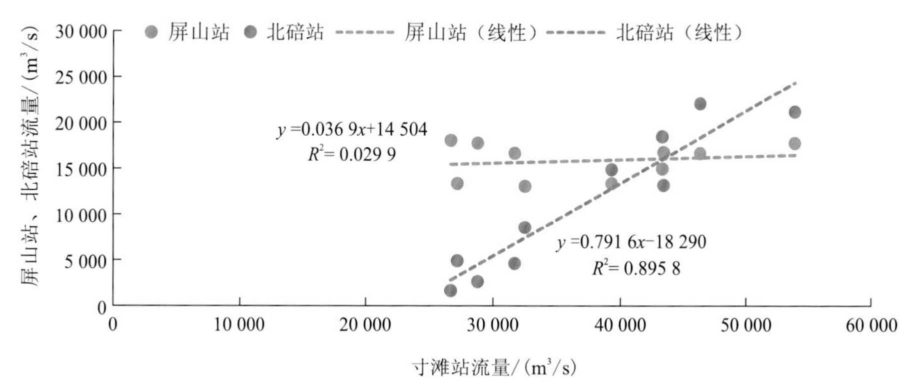


图 3.10　金沙江与嘉陵江同时发生大洪水时屏山站、北碚站与寸滩站的流量相关关系

**3）岷江与嘉陵江洪水遭遇**

通过分析岷江与嘉陵江洪水遭遇年份、发生时间、洪水量级和重现期可知，最大 3 日洪量有 32 场洪水发生了遭遇，占 52.5%，其中岷江和嘉陵江同时发生较大洪水有 12 场，占两江遭遇洪水的 37.5%。可见两江 3 日洪量遭遇概率较高，且同时发生较大洪水的概率也不低。

分析岷江与嘉陵江同时发生大洪水时高场站、北碚站与寸滩站的流量相关关系，如图 3.11 所示。两江洪水遭遇时，寸滩站最大流量为 84300 m³/s，超过 50 年一遇，相应高场站和北碚站流量分别为 23100 m³/s 和 43600 m³/s，且高场站、北碚站流量均与寸滩站流量呈现强相关关系，说明岷江和嘉陵江洪水是寸滩致洪的重要来源，尤其两江遭遇时更为显著。

综上分析可知，由于金沙江屏山站作为溪洛渡水库代表站，区间不考虑流量汇入，屏山站来水情况可直接反映溪洛渡、向家坝梯级水库可拦蓄流量，且屏山站洪水过程中涨落变幅小、持续时间长、洪量大，当寸滩洪水以金沙江来水为主时，考虑机组满发流量等需求后，溪洛渡、向家坝梯级水库可稳定拦蓄流量约 15000～25000 m³/s。

而对于岷江与嘉陵江来说，由于相应的控制性水库瀑布沟和亭子口距离河流出口控制站高场站和北碚站较远，区间有其他支流汇入，水库入库洪量仅约占相应出口控

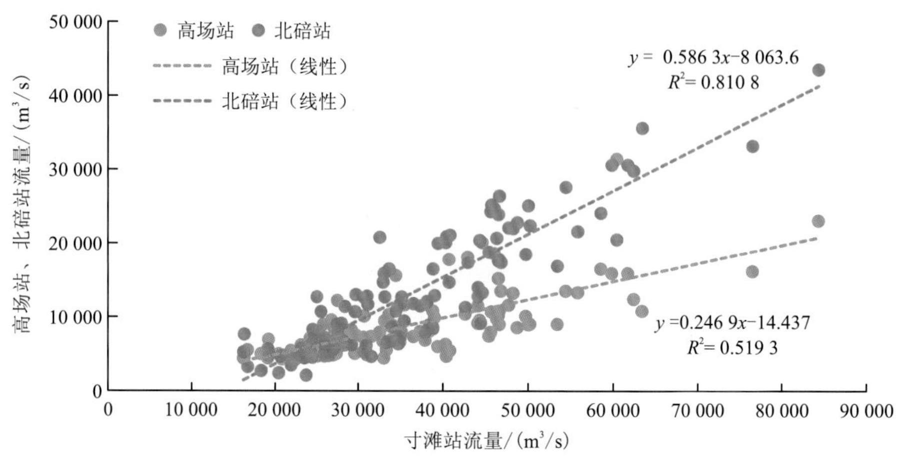


图 3.11　岷江与嘉陵江同时发生大洪水时高场站、北碚站与寸滩站的流量相关关系

制站的 30%，且岷江和嘉陵江洪水历时短、涨落速度快，考虑水电站机组满发需求，水库可拦蓄流量有限，当寸滩洪水分别以岷江或嘉陵江来水为主，且寸滩流量小于 50 000 $m^3/s$ 时，瀑布沟水库可拦蓄流量仅约 200～3 800 $m^3/s$，亭子口水库可拦蓄流量仅约 1 300～6 700 $m^3/s$，当寸滩流量大于 50 000 $m^3/s$ 时，瀑布沟水库可拦蓄流量仅约 1 800～7 400 $m^3/s$，亭子口水库可拦蓄流量仅约 3 400～11 000 $m^3/s$，若进一步考虑洪水长距离的坦化作用，瀑布沟和亭子口水库对寸滩洪水的拦蓄作用将进一步削减。

综上分析，金沙江下游溪洛渡、向家坝梯级水库在削减寸滩洪量中发挥主要的作用，瀑布沟、亭子口水库在以相应支流来水较大的洪水中发挥对寸滩洪水的削峰作用。

## 3.3　防洪联合调度方式

长江上游水库群配合三峡水库对长江中下游进行防洪调度，从补偿调度时间和补偿调度空间两方面考虑，防洪库容投入使用方式可分为两种：一是在长江中下游遭遇洪灾需三峡水库拦蓄时，长江上游水库同步拦蓄，通过减少三峡水库入库洪量来延长三峡水库对其下游城陵矶地区的补偿时间，进而达到减少长江中下游分洪量的目的；二是利用长江上游水库对三峡水库入库洪水进行适当的滞洪削峰，以降低三峡水库的回水水面线高程，尽可能避免回水淹没损失，同时荆江河段防洪标准也会得到进一步提高，为适当扩大三峡水库对城陵矶地区防洪补偿库容空间提供有利条件。

### 3.3.1　典型设计洪水选取

根据 3.2 节分析，寸滩站以上干支流洪水遭遇组合复杂，当寸滩站发生洪水时，由于洪水来源的差异，干支流水库群对不同典型的洪水拦蓄空间存在不同，拟采用整体设计洪水作为计算依据。

在寸滩站以上研究河段，根据金沙江、岷江、嘉陵江洪水遭遇特点、实测资料系列中发生大洪水情况，以及重庆市、泸州市城市防洪的需要，寸滩站设计洪水选取 1961 年、1966 年、1981 年、1982 年、1989 年、1991 年、1998 年、2010 年、2012 年 9 个实测典型洪水过程。根据寸滩站各频率设计洪量值计算各典型年 3 个时段量的放大倍比系数，频率 $P$ 分别为 1%、2%、3.33%、5%、10%和 20%，见表 3.22。

**表 3.22　寸滩站洪量典型年放大倍比系数**

| 年份 | 倍比 | $P$=1% | $P$=2% | $P$=3.33% | $P$=5% | $P$=10% | $P$=20% |
|---|---|---|---|---|---|---|---|
| 1961 | $K_{W_{1d}}$ | 1.45 | 1.36 | 1.3 | 1.24 | 1.13 | 1.02 |
| 1966 | $K_{W_{3d}}$ | 1.40 | 1.32 | 1.25 | 1.20 | 1.10 | 0.99 |
| 1981 | $K_{W_{1d}}$ | 1.07 | 1.00 | 0.95 | 0.91 | 0.83 | 0.75 |
| 1982 | $K_{W_{1d}}$ | 1.96 | 1.84 | 1.75 | 1.67 | 1.53 | 1.38 |
| 1989 | $K_{W_{1d}}$ | 1.63 | 1.53 | 1.45 | 1.39 | 1.27 | 1.14 |
| 1991 | $K_{W_{7d}}$ | 1.46 | 1.38 | 1.32 | 1.27 | 1.18 | 1.07 |
| 1998 | $K_{W_{3d}}$ | 1.51 | 1.42 | 1.35 | 1.29 | 1.18 | 1.07 |
| 2010 | $K_{W_{1d}}$ | 1.43 | 1.34 | 1.28 | 1.22 | 1.11 | 1.00 |
| 2012 | $K_{W_{1d}}$ | 1.43 | 1.34 | 1.28 | 1.22 | 1.12 | 1.01 |

此外，为检验对长江中下游大洪水的防洪作用，以螺山站作为控制站，选择 1931 年、1935 年、1954 年、1968 年、1969 年、1980 年、1983 年、1988 年、1996 年、1998 年、1999 年、2002 年 12 个典型年洪水过程，螺山站总入流典型年 30 日洪量放大倍比见表 3.23。

**表 3.23　螺山站总入流典型年 30 日洪量放大倍比**

| 年份 | 30 日洪量/亿 $m^3$ | $P$=1% | $P$=2% | $P$=3.33% |
|---|---|---|---|---|
| 1931 | 1 720 | 1.116 | 1.051 | 1.001 |
| 1935 | 1 670 | 1.149 | 1.083 | 1.031 |
| 1954 | 1 975 | 0.972 | 0.915 | 0.872 |
| 1968 | 1 508 | 1.273 | 1.199 | 1.142 |
| 1969 | 1 239 | 1.549 | 1.459 | 1.390 |
| 1980 | 1 352 | 1.419 | 1.337 | 1.274 |
| 1983 | 1 311 | 1.464 | 1.379 | 1.314 |
| 1988 | 1 418 | 1.353 | 1.275 | 1.214 |
| 1996 | 1 587 | 1.209 | 1.139 | 1.085 |
| 1998 | 1 747 | 1.098 | 1.035 | 0.986 |
| 1999 | 1 694 | 1.130 | 1.070 | 1.020 |
| 2002 | 1 300 | 1.480 | 1.390 | 1.330 |

### 3.3.2 寸滩防洪控制条件

重庆市区位于三峡水库上游，选用寸滩站作为防洪控制站，因泥沙淤积，受库区回水影响，会在一定程度上将天然河道同频率洪水位抬高，加大了重庆主城区的防洪难度，且不同坝前水位顶托影响不同。重庆主城区堤防按照 50 年一遇标准建设，目前基本已经达标，仅长江与嘉陵江汇合处附近的滨江路段标准比较低仅为 10～50 年一遇。计算时按照整体已达到 50 年一遇防洪标准考虑，对应洪峰为 83 100 $m^3/s$，若将重庆主城区的防洪能力提高至 100 年一遇，需要将 100 年一遇洪峰 88 700 $m^3/s$ 削减到 50 年一遇标准 83 100 $m^3/s$，削减洪峰差值达 5 600 $m^3/s$。

由于重庆堤防标准较高，20 年一遇洪水对应寸滩站洪峰流量为 75 300 $m^3/s$，从图 3.12 中寸滩站水位与三峡坝前水位-流量关系来看，当流量超过 75 000 $m^3/s$ 时，寸滩站水位受三峡水库坝前水位影响较小。

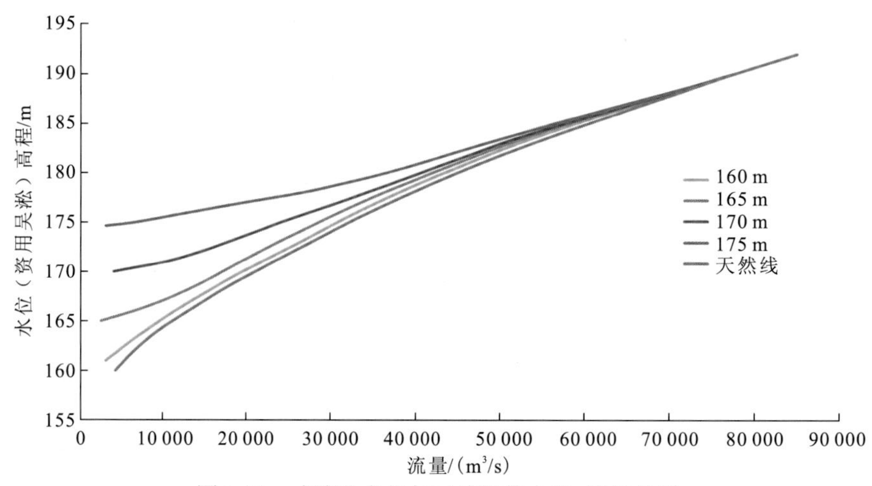


图 3.12 寸滩站水位与三峡坝前水位-流量关系

在三峡水库初步设计中，回水末端控制断面为弹子田，但从长寿区断面开始，回水线高程就已接近移民迁移线，并随着坝前水位的抬高，回水线向移民迁移线慢慢靠近，并在长寿区断面附近相交。从减少对库区淹没损失的方面考虑，表 3.24 给出了不同坝前水位对应的库区回水水面线高程即将超过库区移民迁移线对应的三峡水库入库洪水量级。

表 3.24 不同坝前水位对应的库区回水高程

| 坝前水位/m | 最大流量/（$m^3/s$） | 坝前水位/m | 最大流量/（$m^3/s$） |
|---|---|---|---|
| 145 | 72 517 | 149 | 72 358 |
| 146 | 72 486 | 150 | 72 376 |
| 147 | 72 456 | 151 | 72 169 |
| 148 | 72 389 | 152 | 72 010 |

续表

| 坝前水位/m | 最大流量/（$m^3/s$） | 水位/m | 最大流量/（$m^3/s$） |
|---|---|---|---|
| 153 | 71 607 | 162 | 61 378 |
| 154 | 70 997 | 163 | 59 419 |
| 155 | 70 264 | 164 | 57 301 |
| 156 | 69 264 | 165 | 54 963 |
| 157 | 68 336 | 166 | 52 290 |
| 158 | 67 152 | 167 | 49 256 |
| 159 | 66 016 | 168 | 45 911 |
| 160 | 64 594 | 169 | 42 146 |
| 161 | 63 087 | 170 | 38 032 |

在实时调度中，在预见期内若预报三峡水库水位即将达到上述某值，且水库入库流量（考虑长江上游水库拦蓄后）即将达到或超过相应水位，面临时段应适当加大三峡水库泄量，及时降低坝前水位，以确保水库库区安全。另外，金沙江来水是三峡水库入库洪水的基础部分，来水相应较大，因此长江上游水库对川渝河段防洪（如对宜宾按照大于 51 000 $m^3/s$ 调度等）时，实际上也起到了削减三峡水库入库洪峰（量）的作用，虽然长江上游水库分配了对不同防洪对象的防洪库容，但在实际运用中，对川渝河段的防洪和对三峡水库的防洪运用，在效果上对最下游的三峡水库有叠加作用。如三峡水库 5%洪水加上川江削峰作用后，对三峡水库防洪调度及库尾淹没影响将更有余地。

### 3.3.3 调度基本原则

《三峡水库优化调度方案》在初步设计的基础上，提出了三峡水库兼顾城陵矶地区防洪补偿调度方式，对城陵矶地区补偿库容分配、补偿流量、控制水位等做了深入研究，将水位 155 m 作为三峡水库兼顾城陵矶地区防洪向仅对荆江河段防洪补偿的转折点，防洪任务在此发生转变。

长江上游水库拦蓄，一方面可减少三峡水库入库洪量，另外一方面可对三峡水库入库洪水进行适量的滞洪削峰，降低三峡水库的回水水面线高程。在三峡水库不同的调度运行阶段，长江上游水库群配合三峡水库防洪运行目标应有所侧重。本小节分别针对三峡水库 145～155 m 兼顾城陵矶地区防洪补偿调度阶段和 155 m 以上对荆江河段防洪阶段，结合三峡水库不同的防洪任务，研究长江上游水库对干支流不同类型洪水的防洪调度方式。

**1）三峡水库兼顾城陵矶地区防洪补偿调度阶段**

三峡水库兼顾城陵矶地区防洪补偿调度阶段，长江上游水库群配合三峡水库防洪以稳定拦蓄相应干支流洪量为主，减少三峡水库入库洪量。

（1）当预报 3 日内寸滩站流量小于 55 000 m³/s，而长江中下游出现较大洪水需要三峡水库防洪调度时，长江上游水库群配合拦蓄基流。分析寸滩站与长江上游相关控制站流量相关关系可知，在寸滩站流量 55 000 m³/s 以下区域，点据分布较为分散，流量相关性较弱，难以形成稳定持续的拦蓄空间。结合《长江上游控制性水库优化调度方案编制》研究成果，金沙江、雅砻江水库群拟根据自身来水情况分级拦蓄部分流量，减少三峡水库入库洪量。

（2）当预报 3 日内寸滩站流量超过 55000 m³/s 时，长江上游水库群启动拦蓄。根据历史实测及频率设计洪水分析控制站之间流量相关关系，当寸滩站流量在 55000～75000 m³/s 时，拟定调度方式见表 3.25。

**表 3.25　三峡水库兼顾城陵矶地区防洪补偿调度阶段寸滩站流量 55 000～75 000 m³/s（单一区域来水）时，长江上游控制性水库拦蓄方式**

| 类型 | 控制站流量/（m³/s） | 相应水库入库流量/（m³/s） | 控制水库拦蓄方式 | 配合水库拦蓄方式 |
| --- | --- | --- | --- | --- |
| 金沙江单一区域为主 | 28 000～32 000 | 28 000～32 000 | 入库小于 30 000 m³/s 时，控蓄 15 000 m³/s<br>入库大于 30 000 m³/s 时，控蓄 20 000 m³/s | — |
| 岷江单一区域为主 | 14 000～36 000 | 4 200～10 800 | 控泄 2 610 m³/s（额定流量） | 金沙江梯级控蓄 2 000 m³/s、4 000 m³/s |
| 嘉陵江单一区域为主 | 20 000～35 000 | 6 000～10 000 | 控泄 1 730 m³/s（满发流量） | 金沙江梯级控蓄 2 000 m³/s、4 000 m³/s |

（3）若预报寸滩站流量为多区域洪水遭遇，相应干支流根据来水情况配合拦蓄。当干支流区域来水较大，相应梯级水库拦蓄方式按单一区域来水为主的方式运行；当干支流区域遭遇洪水不大，仅为一般洪水时，对拦蓄速率做进一步调整，见表 3.26。

**表 3.26　三峡水库兼顾城陵矶地区防洪补偿调度阶段寸滩站流量 55 000～75 000 m³/s（多区域洪水遭遇）时，长江上游控制性水库拦蓄方式**

| 类型 | 控制站流量/（m³/s） | 相应水库入库流量/（m³/s） | 控制水库拦蓄方式 | 配合水库拦蓄方式 |
| --- | --- | --- | --- | --- |
| 多区域洪水遭遇金沙江发生一般洪水 | 16 600～28 600 | 16 600～28 600 | 入库小于 20 000 m³/s 时，控蓄 6 000 m³/s<br>入库大于 20 000 m³/s 时，控蓄 10 000 m³/s | 来水较大梯级拦蓄方式参考单一区域来水为主洪水拦蓄方式 |
| 多区域洪水遭遇岷江发生一般洪水 | 12 000～22 000 | 4 800～8 800 | 控蓄 2 000 m³/s +（入库流量 −3 000 m³/s）/2 | |
| 多区域洪水遭遇嘉陵江发生一般洪水 | 16 600～28 600 | 5 000～8 500 | 控泄 1730 m³/s（满发流量） | |

（4）当预报 3 日内寸滩站流量超过 75000 m³/s（对应寸滩站洪峰频率约 20 年一遇）时，根据历史实测及频率设计洪水分析控制站之间流量相关关系，拟定调度方式见表 3.27。

**表 3.27　三峡水库兼顾城陵矶地区防洪补偿调度阶段寸滩站流量大于 75 000 m³/s（单一区域来水为主）时，长江上游控制性水库拦蓄方式**

| 类型 | 控制站流量 /（m³/s） | 相应水库入库流量 /（m³/s） | 控制水库拦蓄方式 | 配合水库拦蓄方式 |
|---|---|---|---|---|
| 金沙江单一区域为主 | 33 000～40 000 | 33 000～40 000 | 入库小于 40 000 m³/s 时，控蓄 25 000 m³/s<br>入库大于 40 000 m³/s 时，控蓄 30 000 m³/s | — |
| 岷江单一区域为主 | 17 000～48 000 | 5 000～14 400 | 控泄 2 610 m³/s（额定流量） | 金沙江梯级控蓄 8 000 m³/s、10 000 m³/s |
| 嘉陵江单一区域为主 | 20 000～35 000 | 6 000～10 000 | 控泄 1 730 m³/s（满发流量） | 金沙江梯级控蓄 8 000 m³/s、10 000 m³/s |

（5）若预报寸滩站流量为多区域洪水遭遇，寸滩站流量大于 75 000 m³/s 时，长江上游控制性水库的拦蓄方式见表 3.28。

**表 3.28　三峡水库兼顾城陵矶地区防洪补偿调度阶段寸滩站流量大于 75 000 m³/s（多区域洪水遭遇）时，长江上游控制性水库拦蓄方式**

| 类型 | 控制站流量 /（m³/s） | 相应水库入库流量 /（m³/s） | 控制水库拦蓄方式 | 配合水库拦蓄方式 |
|---|---|---|---|---|
| 多区域洪水遭遇金沙江发生一般洪水 | 16 600～28 600 | 16 600～28 600 | 入库小于 20 000 m³/s 时，控蓄 8 000 m³/s<br>入库大于 20 000 m³/s 时，控蓄 12 000 m³/s | 来水较大梯级拦蓄方式参考单一区域来水为主洪水拦蓄方式 |
| 多区域洪水遭遇岷江发生一般洪水 | 16 000～23 000 | 6 400～94 000 | 控蓄 2 000 m³/s +（入库流量 −3 000 m³/s）/2 | |
| 多区域洪水遭遇嘉陵江发生一般洪水 | 33 000～44 000 | 10 000～13 000 | 控泄 1 730 m³/s（满发流量） | |

### 2）三峡水库针对荆江河段防洪补偿调度阶段

（1）预报 3 日内寸滩站最大流量为 40 000～55 000 m³/s，洪水量级较小，长江上游水库群配合三峡水库防洪主要以拦蓄基流为主，但需结合三峡水库变动回水区水位情况，针对性地削减入库洪峰，降低三峡水库回水水面线高程。拟定调度方式见表 3.29。

**表 3.29　三峡水库对荆江河段防洪补偿调度阶段寸滩站流量 40 000～55 000 m³/s 且以单一区域来水为主时，长江上游控制性水库拦蓄方式**

| 类型 | 控制站流量 /（m³/s） | 相应水库入库流量 /（m³/s） | 控制水库拦蓄方式 | 配合水库拦蓄方式 |
|---|---|---|---|---|
| 金沙江单一区域为主 | 12 500～17 000 | 12 500～17 000 | 提前 2 日控泄 7 500 m³/s | — |
| 岷江单一区域为主 | 7 000～17 000 | 2 800～6 800 | 提前 2 日控泄 1 400 m³/s（机组过流量） | — |
| 嘉陵江单一区域为主 | 9 000～30 000 | 2 700～10 000 | 提前 2 日控泄 1 730 m³/s（满发流量） | — |

（2）若预报寸滩发生多区域洪水遭遇，防洪调度方式见表 3.30。

**表 3.30　三峡水库对荆江河段防洪补偿调度阶段寸滩站流量 40 000～55 000 $m^3/s$ 且多区域洪水遭遇时，长江上游控制性水库拦蓄方式**

| 类型 | 控制站流量/（$m^3/s$） | 相应水库入库流量/（$m^3/s$） | 控制水库拦蓄方式 | 若洪水遭遇配合水库拦蓄方式 |
|---|---|---|---|---|
| 多区域洪水遭遇金沙江来水较大 | 12 000～25 000 | 12 000～25 000 | 提前 2 日控泄 7 500 $m^3/s$ | 瀑布沟控蓄（$x$−3 000 $m^3/s$）/2，亭子口提前 2 日控泄 1 730 $m^3/s$ |
| 多区域洪水遭遇岷江来水较大 | 4 700～24 100 | 1 900～9 600 | 提前 2 日控泄 1 400 $m^3/s$（机组过流量） | 溪向提前 2 日控蓄 4 000 $m^3/s$，亭子口提前 2 日控泄 1 730 $m^3/s$ |
| 多区域洪水遭遇嘉陵江来水较大 | 9 200～33 000 | 2 800～9 900 | 提前 2 日控泄 1 730 $m^3/s$（满发流量） | 溪向提前 2 日控蓄 4 000 $m^3/s$，瀑布沟控蓄（$x$−3 000 $m^3/s$）/2 |

注：溪向为溪洛渡、向家坝简称，余同。

（3）当预报 3 日内寸滩站最大流量超过 55000 $m^3/s$ 或小于 40000 $m^3/s$ 时，长江上游水库群拦蓄方式与三峡水库兼顾城陵矶地区防洪补偿调度阶段相同。

## 3.3.4　防洪作用

### 1. 金沙江梯级拦蓄作用

金沙江梯级对不同典型年不同频率的寸滩拦蓄洪量如图 3.13 所示，不同频率寸滩洪水金沙江梯级削减寸滩洪峰统计和金沙江梯级对不同典型年洪水拦蓄后的寸滩洪峰统计分别见表 3.31 和表 3.32。由图表可见，对于 1966 年、1982 年、1991 年、1998 年等金沙江来水较大的典型年份，金沙江下游溪洛渡、向家坝梯级水库洪水拦蓄量较为显著，可将寸滩洪峰控制在 50 年一遇的防洪标准 83100 $m^3/s$ 以内。

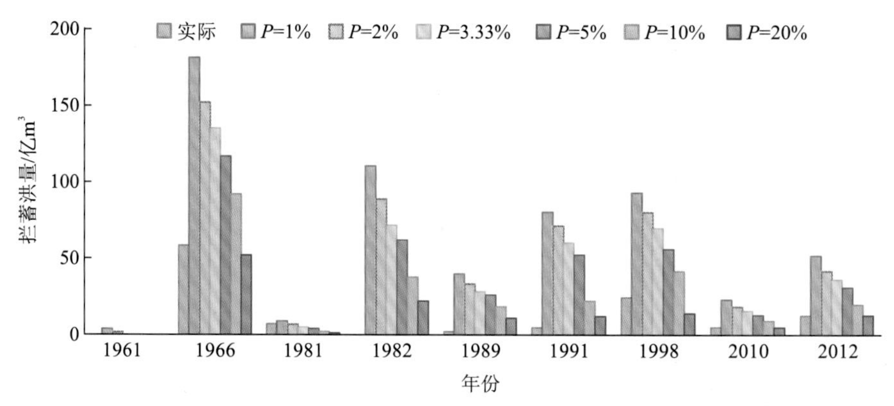


图 3.13　金沙江梯级对不同典型年不同频率的寸滩拦蓄洪量

表 3.31　不同频率寸滩洪水金沙江梯级削减寸滩洪峰统计　（单位：$m^3/s$）

| 年份 | 实际 | $P=1\%$ | $P=2\%$ | $P=3.33\%$ | $P=5\%$ | $P=10\%$ | $P=20\%$ |
|---|---|---|---|---|---|---|---|
| 1961 | 0 | 0 | 0 | 0 | 0 | 0 | 0 |
| 1966 | 7 200 | 26 600 | 23 600 | 21 500 | 17 800 | 14 000 | 7 200 |
| 1981 | 3 000 | 3 800 | 3 000 | 2 500 | 2 000 | 1 200 | 300 |
| 1982 | 0 | 18 500 | 16 800 | 15 600 | 14 700 | 12 800 | 7 400 |
| 1989 | 700 | 8 800 | 7 800 | 7 100 | 6 500 | 5 200 | 3 700 |
| 1991 | 1 800 | 16 500 | 15 400 | 14 800 | 14 400 | 9 700 | 3 700 |
| 1998 | 4 800 | 16 700 | 15 000 | 13 900 | 10 300 | 6 900 | 2 500 |
| 2010 | 2 400 | 7 200 | 6 300 | 5 700 | 5 000 | 3 900 | 2 400 |
| 2012 | 5 700 | 15 400 | 14 100 | 13 100 | 12 100 | 9 800 | 5 800 |

表 3.32　金沙江梯级对不同典型年洪水拦蓄后的寸滩洪峰统计　（单位：$m^3/s$）

| 年份 | 实际 | $P=1\%$ | $P=2\%$ | $P=3.33\%$ | $P=5\%$ | $P=10\%$ | $P=20\%$ |
|---|---|---|---|---|---|---|---|
| 1961 | 62 900 | 91 200 | 85 500 | 81 800 | 78 000 | 71 100 | 64 200 |
| 1966 | 54 500 | 59 800 | 57 800 | 55 600 | 56 200 | 53 900 | 54 100 |
| 1981 | 82 700 | 87 900 | 82 700 | 79 200 | 76 000 | 70 100 | 63 900 |
| 1982 | 46 600 | 72 800 | 68 900 | 65 900 | 63 100 | 58 500 | 56 900 |
| 1989 | 55 100 | 82 200 | 77 600 | 73 800 | 71 100 | 65 700 | 59 900 |
| 1991 | 54 300 | 65 400 | 62 000 | 59 300 | 56 800 | 56 500 | 56 300 |
| 1998 | 54 400 | 61 400 | 59 000 | 57 100 | 57 800 | 56 400 | 54 900 |
| 2010 | 61 400 | 84 100 | 79 300 | 76 100 | 72 900 | 67 000 | 61 400 |
| 2012 | 59 800 | 78 200 | 73 500 | 70 600 | 67 600 | 62 700 | 60 300 |

### 2. 岷江大渡河梯级拦蓄作用

岷江大渡河梯级按照控泄方式削峰调度，对不同典型年不同频率的寸滩拦蓄洪量如图 3.14 所示，不同频率寸滩洪水岷江大渡河梯级削减寸滩洪峰统计和岷江大渡河梯级对不同典型年洪水拦蓄后的寸滩洪峰统计分别见表 3.33 和表 3.34。由图表可见，对于 1961 年、1966 年、1991 年等岷江来水较大的典型年份，岷江大渡河梯级洪水可拦蓄量较多，对寸滩洪峰有一定程度的削减作用，受长距离洪水坦化影响，需投入大量防洪库容连续拦蓄才能达到较好的削峰效果。

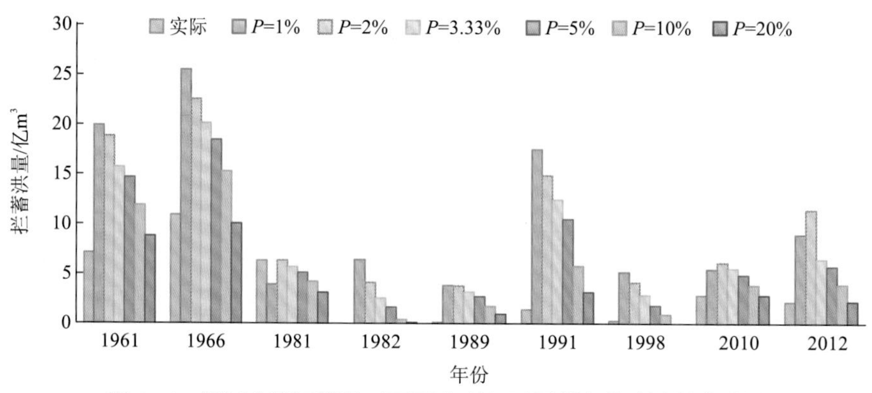


图 3.14　岷江大渡河梯级对不同典型年不同频率的寸滩拦蓄洪量

**表 3.33　不同频率寸滩洪水岷江大渡河梯级削减寸滩洪峰统计**　　（单位：$m^3/s$）

| 年份 | 实际 | $P$=1% | $P$=2% | $P$=3.33% | $P$=5% | $P$=10% | $P$=20% |
|---|---|---|---|---|---|---|---|
| 1961 | 3 500 | 10 000 | 9 100 | 8 600 | 8 100 | 6 800 | 5 000 |
| 1966 | 4 000 | 6 800 | 6 200 | 5 700 | 5 400 | 4 700 | 3 800 |
| 1981 | 2 900 | 3 200 | 2 900 | 2 600 | 2 400 | 1 900 | 1 500 |
| 1982 | 0 | 1 000 | 800 | 600 | 500 | 200 | 0 |
| 1989 | 0 | 1 500 | 1 200 | 1 000 | 900 | 600 | 300 |
| 1991 | 700 | 6 100 | 5 600 | 5 300 | 4 900 | 4 000 | 1 800 |
| 1998 | 0 | 200 | 100 | 0 | 0 | 0 | 0 |
| 2010 | 1 800 | 3 800 | 3 400 | 3 100 | 2 900 | 2 400 | 1 800 |
| 2012 | 1 900 | 5 000 | 3 900 | 4 200 | 3 900 | 3 200 | 2 000 |

**表 3.34　岷江大渡河梯级对不同典型年洪水拦蓄后的寸滩洪峰统计**　　（单位：$m^3/s$）

| 年份 | 实际 | $P$=1% | $P$=2% | $P$=3.33% | $P$=5% | $P$=10% | $P$=20% |
|---|---|---|---|---|---|---|---|
| 1961 | 59 400 | 81 200 | 76 400 | 73 200 | 69 900 | 64 300 | 59 200 |
| 1966 | 57 700 | 79 600 | 75 200 | 71 400 | 68 600 | 63 200 | 57 500 |
| 1981 | 82 800 | 88 500 | 82 800 | 79 100 | 75 600 | 69 400 | 62 700 |
| 1982 | 46 600 | 90 300 | 84 900 | 80 900 | 77 300 | 71 100 | 64 300 |
| 1989 | 55 800 | 89 500 | 84 200 | 79 900 | 76 700 | 70 300 | 63 300 |
| 1991 | 55 400 | 75800 | 71 800 | 68 800 | 66 300 | 62 200 | 58 200 |
| 1998 | 59 200 | 77 900 | 73 900 | 71 000 | 68 100 | 63 300 | 57 400 |
| 2010 | 62 000 | 87 500 | 82 200 | 78 700 | 75 000 | 68 500 | 62 000 |
| 2012 | 63 500 | 88 600 | 83 700 | 79 500 | 75 800 | 69 300 | 64 100 |

### 3. 嘉陵江梯级拦蓄作用

嘉陵江梯级按照控泄方式削峰调度，对不同典型年不同频率的寸滩拦蓄洪量如图 3.15 所示，不同频率寸滩洪水嘉陵江梯级削减寸滩洪峰统计和嘉陵江梯级对不同典型年洪水拦蓄后的寸滩洪峰统计分别见表 3.35 和表 3.36。嘉陵江梯级水库对来水较大的 1981 年洪水控泄拦蓄后，在寸滩站流量超过 55 000 $m^3/s$ 处启动嘉陵江亭子口控泄调度，持续拦蓄后对寸滩洪峰有一定程度的削减作用，1981 年 1%洪水削峰量 6 300 $m^3/s$，消耗防洪库容 13.22 亿 $m^3$，需要动用一部分亭子口非正常运用防洪库容。

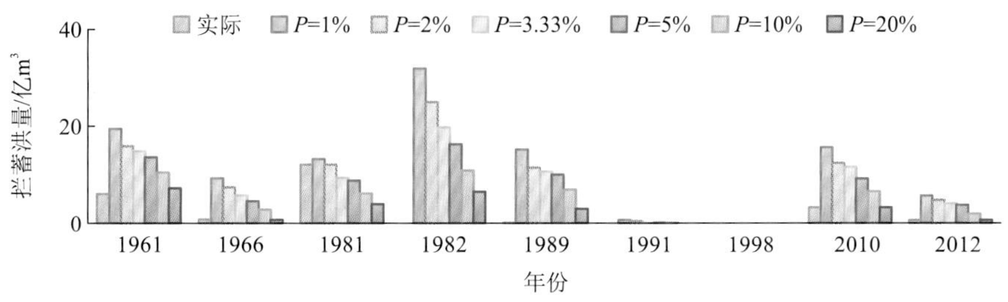


图 3.15　嘉陵江梯级对不同典型年不同频率寸滩拦蓄洪量

**表 3.35　不同频率寸滩洪水嘉陵江梯级削减寸滩洪峰统计**　（单位：$m^3/s$）

| 年份 | 实际 | $P$=1% | $P$=2% | $P$=3.33% | $P$=5% | $P$=10% | $P$=20% |
|---|---|---|---|---|---|---|---|
| 1961 | 2 300 | 7 000 | 6 400 | 6 000 | 5 700 | 4 800 | 3 300 |
| 1966 | 100 | 900 | 800 | 600 | 500 | 300 | 100 |
| 1981 | 5 800 | 6 300 | 5 800 | 5 400 | 5 100 | 4 200 | 3 000 |
| 1982 | 0 | 8 300 | 7 600 | 7 200 | 6 800 | 6 100 | 4 700 |
| 1989 | 0 | 3 000 | 2 700 | 2 400 | 2 300 | 2 000 | 1 500 |
| 1991 | 0 | 100 | 100 | 0 | 0 | 0 | 0 |
| 1998 | 0 | 0 | 0 | 0 | 0 | 0 | 0 |
| 2010 | 2 400 | 4 500 | 4 100 | 3 800 | 3 600 | 3 100 | 2 400 |
| 2012 | 500 | 2 400 | 2 100 | 2 000 | 1 800 | 1 400 | 600 |

**表 3.36　嘉陵江梯级对不同典型年洪水拦蓄后的寸滩洪峰统计**　（单位：$m^3/s$）

| 年份 | 实际 | $P$=1% | $P$=2% | $P$=3.33% | $P$=5% | $P$=10% | $P$=20% |
|---|---|---|---|---|---|---|---|
| 1961 | 60 600 | 84 200 | 79 100 | 75 800 | 72 300 | 66 300 | 60 900 |
| 1966 | 61 600 | 85 500 | 80 600 | 76 500 | 73 500 | 67 600 | 61 200 |
| 1981 | 79 900 | 85 400 | 79 900 | 76 300 | 72 900 | 67 100 | 61 200 |
| 1982 | 46 600 | 83 000 | 78 100 | 74 300 | 71 000 | 65 200 | 59 600 |
| 1989 | 55 800 | 88 000 | 82 700 | 78 500 | 75 300 | 68 900 | 62 100 |
| 1991 | 56 100 | 81 800 | 77 300 | 74 100 | 71 200 | 66 200 | 60 000 |
| 1998 | 59 200 | 78 100 | 74 000 | 71 000 | 68 100 | 63 300 | 57 400 |
| 2010 | 61 500 | 86 800 | 81 500 | 78 000 | 74 300 | 67 800 | 61 500 |
| 2012 | 64 900 | 91 200 | 85 500 | 81 700 | 77 900 | 71 100 | 65 500 |

### 4. 1954 年洪水防洪效果

基于拟定的洪水拦蓄策略，对 1954 年实际洪水进行调度推演计算。以溪洛渡、向家坝水库为出口控制的金沙江、雅砻江水库群共拦蓄洪量约 156.81 亿 $m^3$（2017 年成库水平下防洪库容约 98.31 亿 $m^3$），以瀑布沟水库为代表的岷江大渡河水库群共拦蓄洪量约 16.41 亿 $m^3$（2017 年成库水平下防洪库容约 12.67 亿 $m^3$），以亭子口水库为代表的嘉陵江梯级水库群共拦蓄洪量约 9.62 亿 $m^3$（2017 年成库水平下防洪库容约 20.22 亿 $m^3$），见表 3.37。在长江上游水库群的配合拦蓄下，削减寸滩洪峰 6000 $m^3/s$，三峡水库最大出库流量削减 11300 $m^3/s$，且三峡水库入库洪量显著减少，三峡水库拦蓄洪量 103.71 亿 $m^3$，最高调洪水位 161.73 m。

**表 3.37　长江上游水库群对 1954 年拦蓄洪量统计**　（单位：亿 $m^3$）

| 水库群 | 拦蓄洪量 | 防洪库容 | |
|---|---|---|---|
| | | 2017 年成库水平 | 2030 年成库水平 |
| 金沙江、雅砻江水库群 | 156.81 | 98.31 | 197.71 |
| 岷江大渡河水库群 | 16.41 | 12.67 | 19.30 |
| 嘉陵江水库群 | 9.62 | 20.22 | 20.22 |
| 总计 | 182.84 | 131.20 | 237.23 |

注：与 2017 年成库水平相比，2030 年成库水平新增金沙江下游乌东德、白鹤滩，雅砻江两河口、大渡河双江口水库，防洪库容分别为 24.4 亿 $m^3$、75 亿 $m^3$、20 亿 $m^3$、6.63 亿 $m^3$。

溪洛渡、向家坝水库在稳定拦蓄基流的基础上，针对寸滩洪水适时进行分级削峰调度，瀑布沟、亭子口水库针对寸滩洪峰发挥了较好的削峰作用，以三峡水库为核心的水库群拦蓄洪量共计约 286.55 亿 $m^3$，在此防洪作用下，经计算长江中游超额洪量 335 亿 $m^3$（基于 1990～2006 年实测资料修订的水位-流量关系及河段槽蓄能力），其中城陵矶地区 279 亿 $m^3$，武汉地区 35 亿 $m^3$，湖口地区 33 亿 $m^3$。与《三峡水库优化调度方案》和长江上游 21 库常规联合调度运行相比（不同水位-流量关系及水库群运用方案下 1954 年实际洪水超额洪量对比见表 3.38），长江中游超额洪量进一步减少，减轻了长江中游地区的防洪压力。

**表 3.38　不同水位-流量关系及水库群运用方案下 1954 年实际洪水超额洪量对比**（单位：亿 $m^3$）

| | 长江流域综合规划阶段水位-流量关系 | | 基于 1990～2006 年实测资料修订的水位-流量关系及河段槽蓄能力 | | |
|---|---|---|---|---|---|
| 长江中下游 | 三峡水库运用前 | 三峡水库初设阶段调度方案 | 三峡水库优化调度方案 | 常规联合调度方案 | 本书调度策略 |
| 荆江河段 | 54 | 0 | 0 | 0 | 0 |
| 城陵矶地区 | 320 | 280 | 305 | 279 | 270 |
| 武汉地区 | 68 | 68 | 56 | 35 | 35 |
| 湖口地区 | 50 | 50 | 40 | 33 | 30 |
| 总计 | 492 | 398 | 401 | 347 | 335 |

# 第4章

# 水库群联合调度对城陵矶及武汉地区防洪作用

长江中下游洪水组成复杂，对中下游来水大，三峡水库在保证遇特大洪水时荆江河段防洪安全前提下，有必要也有条件对城陵矶地区进行补偿调度，减少城陵矶地区的分洪量、提高三峡水库的防洪作用。武汉地区地处长江中游，承接长江上游、洞庭湖和汉江的全部来水，是长江经济带中部城市群的核心。武汉地区的防洪与上游荆江、城陵矶等地区的防洪密切相关，其防洪依靠长江流域的整体防洪体系来解决。

本章重点是分析长江上游水库群配合三峡水库对城陵矶地区和武汉地区防洪作用，主要内容包括在长江上游水库群配合三峡水库联合调度模式下细化对城陵矶地区的防洪作用，探讨对城陵矶地区防洪补偿库容进一步扩大的可行性，并针对武汉地区防洪需求，提出长江上游水库群配合三峡水库联合对武汉附近地区的防洪调度措施。

# 4.1 采用的模型和条件

## 4.1.1 中游洪水演进数学模型

长江中游洪水演进采用大湖演进模型。大湖演进模型为水文学模型，主要用于长江中下游各主要站水位、流量及超额洪量的计算，已成功地应用于历次《长江中下游防洪规划方案》的分析和比较。

**1）基本方程构建**

水流连续和运动（简化）方程：

$$I_1 + I_2 - O_1 + \frac{2V_1}{\Delta t} = O_2 + \frac{2V_2}{\Delta t} \tag{4.1}$$

$$V = f(O, I, Z_{下}) \tag{4.2}$$

式中：$I_1$、$I_2$分别为时段初、时段末的河段总入流；$O_1$、$O_2$分别为时段初、时段末的河段总出流；$V_1$、$V_2$分别为时段初、时段末的槽蓄；$\Delta t$为计算时段；$Z_{下}$为河段下断面水位。

**2）洪水演进范围**

大湖演进模型计算范围为长江中游宜昌至湖口段，长955 km，区间流域面积68万$km^2$。长江中游河段水系概况如下。

宜昌至沙市、新厂河段区间南有清江、北有沮漳河注入长江。长江南岸有松滋河、虎渡河、藕池河、调弦河（于1958年冬封堵，大水时按两省协议扒口分洪）分泄长江洪水入南岸洞庭湖，洞庭湖除汇有长江分泄的洪水外，还蓄纳湘江、资江、沅江、澧水四水，经湖泊调蓄后于岳阳在城陵矶同长江洪水汇合。城陵矶至汉口河段南有陆水、北有汉江注入长江，汉口至八里江河段区间北有倒水、举水、巴水、浠水等支流，南有富水汇入长江，长江南岸并有赣江、抚河、信江、饶河、修水五河来水经鄱阳湖调蓄后于湖口汇入长江。

长江中游河段干流河段比降平缓，干支流汇入点分散，江湖串通，互相顶托，水系繁复，江湖关系复杂。

**3）计算河段分段**

根据长江中游河湖分布、水文观测和水道地形测量资料条件，历年防洪规划和防汛需提供防洪控制代表站水位、流量的要求，将长江中游宜昌至湖口河段分为宜昌—沙市、沙市—城陵矶（包括洞庭湖）、城陵矶—汉口、汉口—湖口（包括鄱阳湖）等四个河段。

**4）区间洪水处理**

洪水演进河段宜昌至湖口之间支流众多，包括清江、沮漳河、湘江、资江、沅江、澧水、陆水、汉江、赣江、抚河、信江、饶河、修水，以及汉口至湖口长江北岸府环河、湿水、倒水、举水、巴水、浠水、蕲河、富水，上述支流均有流量控制站，在计算各支流河口入长江流量时，将实测流量按控制面积比放大至河口。此外，宜昌至湖口河段尚有三个未控区间，即宜昌和长阳（清江控制站）至枝城区间、洞庭湖四水尾闾和三口控制站至城陵矶区间、鄱阳湖五河尾闾控制站至湖口区间，上述三个区间入流过程采用降雨及部分径流资料经水文学方法计算得出。

**5）计算方法**

宜昌至湖口河段（包括洞庭湖、鄱阳湖）洪水演进按宜昌—沙市、沙市—城陵矶（包括洞庭湖）、城陵矶—汉口、汉口—湖口（包括鄱阳湖）四个河段逐段演算。计算方法在分析各河段江、湖水流变化的基础上，采用考虑以河段下游支流顶托、河段出口断面水位及涨落率为参数的出流与槽蓄关系法（槽蓄曲线采用 1998 年实测河道地形资料量算），通过回水顶托和水量平衡，考虑河段之间的相互联系和影响，进行四个河段的逐日差分联解。

**6）模型率定及验证**

大湖演进模型的计算精度除与河段的选取、方程的合理简化、资料的采用等有关外，还取决于工作曲线拟定的准确度。根据三峡工程蓄水运用以来长江中游河段槽蓄、控制站水位-流量关系变化等资料，修订 20 世纪 90 年代拟定的各相关工作曲线，分别利用 1996 年和 1983 年实测洪水进行模型率定和验证，计算结果与实测的水位过程相位吻合良好，峰值较接近，表明长江中下游大湖演进数学模型可用于防洪方案的分析比较和拟定。

### 4.1.2　城陵矶地区防洪控制条件

（1）按保证水位控制时，结合主要控制站泄洪能力分析可知，三峡水库调洪计算采用的荆江河段安全泄量，考虑一般情况下取沙市站 44.50 m、城陵矶站 33.95 m 水位时的相应泄量 56 700 $m^3/s$。在防洪特别需要的情况下采用沙市站 45.00 m、城陵矶站 34.40 m 水位时的相应泄量 60 600 $m^3/s$。三峡水库对城陵矶地区补偿调洪计算采用的螺山站泄量，三峡工程蓄水运用后，螺山站水位-流量关系总体变化不大，且随着三峡水库运行，长江中下游河道冲刷，泄流能力会有所增大。当城陵矶站水位 34.40 m 时，螺山站泄量考虑实测流量中顶托影响因素，实际过流能力按约 60 000 $m^3/s$ 计。

（2）按警戒水位控制时，城陵矶站在警戒水位 32.50 m 时，对应沙市站警戒水位 43.00 m 的沙市站流量约为 42 200 $m^3/s$。考虑到长江中游地区来水组成复杂、水情多变，同时区间来水的不确定性，为稳妥安全起见应在警戒水位以下留有一定的水位空间。为留有安全裕度，在考虑下游沙市站水位、城陵矶站水位不超警戒水位时，一般取沙市站流量不大于 42 000 $m^3/s$、城陵矶站流量不大于 49 000 $m^3/s$（文小浩 等，2022）。

### 4.1.3 三峡水库库区回水计算模型

库区回水计算模型可计算库区沿程水位壅高情况。库区水流形态受入库洪水和坝址下泄量变化的影响，属于非恒定流范畴，可通过圣维南方程组求解，严格推求不同时间库区沿程各断面的水位变化。为进行水库回水计算，通常可采用入库洪水过程线为其上边界条件，采用由调度方式规定的坝前水位和泄量过程，或水位与泄量关系为其下边界条件，并取调洪开始时的入库流量与坝址泄量相等，即以库区沿程处于恒定流状态下的流量及水位作为初始条件，求出整个洪水过程中水库库区的流态，然后连接各断面的最高水位，即是所求洪水标准的水库回水线。

河道坝上游的回水曲线一般为恒定渐变流水面线，河道水面曲线计算的基本方程式如下：

$$z_1+\frac{a_1v_1^2}{2g}=z_2+\frac{a_2v_2^2}{2g}+h_f+h_j \tag{4.3}$$

稍加整理即为

$$\Delta z=z_1-z_2=-\left(\frac{a_1v_1^2}{2g}-\frac{a_2v_2^2}{2g}\right)+h_f+h_j=\Delta h_v+h_f+h_j \tag{4.4}$$

式中：$z_1$、$z_2$ 分别为上游断面和下游断面的水面高程或水位；$\frac{a_1v_1^2}{2g}$、$\frac{a_2v_2^2}{2g}$ 分别为上游断面和下游断面的流速水头；$v$ 为断面平均流速；$\Delta h_v$ 为流速水头之差；$a_1$、$a_2$ 分别为动能修正系数；$h_f$、$h_j$ 分别为此河段水流的沿程水头损失和局部水头损失；$v_1$、$v_2$ 分别为河段上、下断面的流速；$g$ 为重力加速度。

简化计算法：将库区水流状态近似假定为渐变恒定流，通过推求各种极限条件的同时水面线，取它们的包线作为所求回水线的近似解。由于恒定流不考虑流速对时间的变化率，所以圣维南方程组中的动力方程可简化为有限差形式。若局部损失相对较小，则可进一步简化成下式：

$$\Delta z=Z_{上}-Z_{下}=\frac{n^2Q^2}{K^2}\Delta L \tag{4.5}$$

式中：$Z_{上}$、$Z_{下}$分别为河段上、下断面水位；$n$、$Q$、$K$ 分别为河段上、下断面的粗糙系数、流量、断面特征模数的平均值；$\Delta L$ 为上、下断面间河段距离。

具体计算可采用试算法。如已知 $n$、$Q$、$Z_{下}$、$\Delta L$ 及断面特性，可先假定一个 $z'$值，求出 $K$，然后由式（4.3）求得相应的 $Z_{上}$。若 $z'=Z_{上}$，则原假定的 $z'$即为所求的 $Z_{上}$。否则需重新假定并重复上述计算，以求出下一河段的 $Z_{上}$，作为上一河段的 $Z_{下}$。自下而上逐河段计算，即可求得整个库区的回水线。

计算重点主要包括：①河段划分。要求河段比较顺直，并以上、下两断面水力要素能代表河段情况为原则。当沿程水力特性变化不大时，河段取长些，反之则取短些。

②粗糙系数选择。通常根据河道上、下游断面的水位、流量反推出粗糙系数，并与实测或经验粗糙系数数据对照分析选定。水库淤积后的粗糙系数，由于河床质细化应略小于建库以前，可通过试验或其他已建水库的观测资料综合分析选定。

影响水库回水计算成果和精度的主要因素是：河道断面特性值 $K$，沿程粗糙系数 $n$，河段流量 $Q$，以及上、下断面间河段距离 $\Delta L$。要使这些因素正确就要合理布设断面，提高测量精度，应用计算机划分主边槽，深入细致地分析沿程粗糙系数 $n$。

三峡水库库区回水的计算，根据三峡库区回水计算的设计成果，从三峡水库坝前演算至距坝 685 km 的朱沱站，整个河道被划分为 140 个断面。干流流量断面分别选用三峡出库、清溪场站、寸滩站、朱沱站四个控制点的流量，库区有乌江和嘉陵江两个流量较大的支流，分别用北碚站、武隆站的流量数据，如图 4.1 所示。

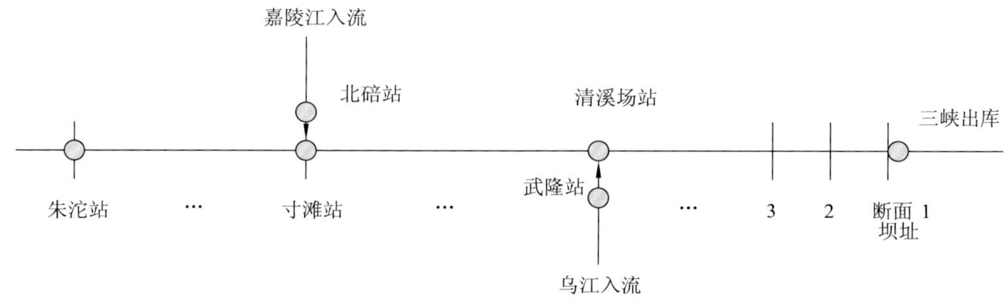


图 4.1　三峡库区回水计算示意图

根据所选用的方法和数据处理，构建三峡库区回水计算模型的输入数据和输出数据结构如图 4.2 所示。

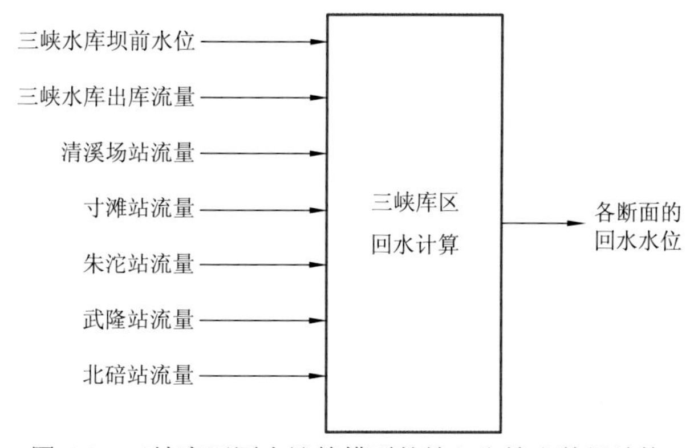


图 4.2　三峡库区回水计算模型的输入和输出数据结构

对应于不同的三峡水库来水，针对不同的出库过程，可以得到各断面不同的库区回水。回水淹没从发生到发展是有一定过程的，结合多次计算发现，回水淹没一般开始发生在长寿区断面附近，而后慢慢发展直至淹没到其他断面，为此，可将长寿区处是否淹没作为库区回水淹没的判断条件。当然，库区回水控制断面末端为弹子田，是要确保回水安全的，否则会影响到长江上游重庆市的防洪安全。

## 4.2　水库群联合调度对城陵矶地区防洪作用

以往研究水库群配合三峡水库对城陵矶地区防洪的调度运行方式侧重于规划层面，主要采用 1931 年、1935 年、1954 年、1968 年、1969 年、1980 年、1983 年、1988 年、1996 年、1998 年 10 个典型年洪水，所选典型年洪水以长江中下游大洪水主要发生期 7～8 月为主；在洪水地区组成上，既包括全江性大洪水如 1954 年、1998 年，也有长江中下游为主或长江上游来水较丰的典型年洪水；在峰型方面，多为复峰型和双峰型，一次洪水过程历时长，也选择了历时稍短的单峰型洪水，比较全面地反映长江中下游洪水特性及出现规律。以城陵矶站不超保证水位 34.40 m 进行控制，分析提出了三峡水库对城陵矶地区防洪补偿调度方案。

但以往的研究未针对不同的实际来水过程进行深入研究，距离防洪实时调度的可操作性具有进一步研究的空间，即可否综合考虑长江上游来水情势、长江下游区间来水过程，深入挖掘三峡水库对城陵矶地区防洪库容预留空间，扩大三峡水库对一般洪水的防洪作用，探讨是否可按照城陵矶站不超过警戒水位进行中小洪水调度，进一步拓展对城陵矶地区防洪补偿效益。因此，本书拟在以往的研究基础上，进一步开展对实际洪水类型的识别和判断，深化长江上游水库群配合作用下的三峡水库对城陵矶地区的防洪调度方式，最大限度地发挥联合防洪调度效益。

### 4.2.1　145～158 m 内对城陵矶地区防洪补偿调度方式细化研究

《三峡水库优化调度方案》在初步设计研究的基础上，研究了三峡水库兼顾城陵矶地区防洪补偿调度方式，提出将三峡工程的 221.5 亿 $m^3$ 防洪库容自下而上划分为 3 个部分：①防洪库容 56.5 亿 $m^3$（155 m 以下库容）既用作对城陵矶地区防洪补偿也用于对荆江河段防洪补偿调节；②预留库容 125.8 亿 $m^3$（155～171 m）仅用作对荆江河段防洪补偿调节；③预留库容 39.2 亿 $m^3$（171～175 m）用作对荆江河段特大洪水进行调节，其中将相应于第一部分防洪库容蓄满的库水位 155 m 称为“对城陵矶地区防洪补偿控制水位”。为进一步减少城陵矶地区的分洪量，尽可能提高三峡工程防洪作用，在溪洛渡、向家坝水库配合作用下，三峡水库对城陵矶地区防洪补偿控制水位可从 155 m 提高到 158 m，但此时有一定的库区淹没风险，可否降低库区淹没风险，并进一步抬高对城陵矶地区防洪补偿控制水位，以延长对城陵矶地区防洪补偿时间，也是对城陵矶地区防洪作用的体现。因此，本章尝试对长江上游水库分级拦蓄方式进行优化，以扩大对标准洪水的防洪作用。

对城陵矶地区补偿调度是考虑三峡水库下游来水较大，为了在保证遇特大洪水时荆江河段防洪安全前提下，尽可能提高三峡工程对一般洪水的防洪作用，减少城陵矶地区的分洪量。

调整方式的基本思路描述如下：沙市站及城陵矶站低于警戒水位时，按照不超过警戒水位进行控制，进行中小洪水调度；三峡水库达到风险转移控制水位或者沙市站及城陵矶站高于警戒水位时，按照不超过保证水位进行控制，进行对城陵矶地区防洪补偿调度。

风险转移控制水位：三峡水库对中小洪水调度和城陵矶地区防洪补偿调度的防洪库容协调控制水位，即三峡水库对城陵矶地区防洪补偿调度按照不超过警戒水位和不超过保证水位之间的防洪库容协调控制水位。

以下主要针对当三峡水库水位低于"对城陵矶地区防洪补偿控制水位"时，水库当日泄量的计算方式进行如下优化调整。

（1）当三峡水库水位低于"对城陵矶地区防洪补偿控制水位"时，水库当日泄量做如下计算处理。

① 当三峡水库在风险转移控制水位以下时：

当日荆江河段防洪补偿的允许泄量及第三日城陵矶地区防洪补偿的允许泄量二者中的小值（在一般情况下，城陵矶地区防洪补偿的允许泄量均小于荆江河段防洪补偿的允许泄量），按照不超过沙市站和城陵矶站警戒水位进行控制。

$q_1 = 42\,000\ \mathrm{m^3/s} - q_{\text{当日宜昌—枝城区间流量}}$，$q_2 = 49\,000\ \mathrm{m^3/s} - q_{\text{第三日宜昌—枝城区间流量}}$，实际下泄量 $q = \min(q_1, q_2)$，但若 $q < 30\,000\ \mathrm{m^3/s}$，则取为 $30\,000\ \mathrm{m^3/s}$。

② 当三峡水库在风险转移控制水位与对城陵矶地区防洪补偿控制水位之间时：

当日荆江河段防洪补偿的允许泄量及第三日城陵矶地区防洪补偿的允许泄量二者中的小值（在一般情况下，城陵矶地区防洪补偿的允许泄量均小于荆江河段防洪补偿的允许泄量）。按照不超过沙市站和城陵矶站保证水位进行控制。

$q_1 = 56\,700\ \mathrm{m^3/s} - q_{\text{当日宜昌—枝城区间流量}}$，$q_2 = 60\,000\ \mathrm{m^3/s} - q_{\text{第三日宜昌—枝城区间流量}}$，实际下泄量 $q = \min(q_1, q_2)$，但若 $q < 30\,000\ \mathrm{m^3/s}$，则取为 $30\,000\ \mathrm{m^3/s}$。

（2）三峡水库对城陵矶地区防洪补偿调度的控制水位，按两种情况考虑：①三峡水库单独运用 155 m；②考虑长江上游配合三峡水库运用 158 m。

（3）当三峡水库水位高于"对城陵矶地区防洪补偿控制水位"时，维持《三峡水库优化调度方案》的调度方式。

本章对城陵矶地区防洪作用研究的前提是与《三峡水库优化调度方案》《以三峡水库为核心的长江干支流控制性水库群综合调度研究》《金沙江溪洛渡、向家坝水库与三峡水库联合调度研究》中三峡水库防洪调度方式一致，这样研究结果均不会影响对荆江河段防洪标准，也不会增加三峡库区回水淹没风险。其区别在于细化对城陵矶地区防洪补偿调度库容的使用空间，推动实时洪水条件时三峡水库对城陵矶地区防洪补偿精细调度。

长江上游水库投入后配合拦蓄洪水，可削减三峡入库洪峰和洪量，从而使三峡水库调洪时超过回水水面线高程的概率下降，荆江河段防洪标准进一步提高，对城陵矶地区防洪补偿库容的约束条件放松。

选用不同的风险转移控制水位，分别为 145 m、147 m、148 m、149 m、150 m、151 m、152 m、153 m、154 m、155 m、158 m，对应的三峡水库多年调度期内（1954～2014 年 6 月 10 日～9 月 10 日）的多年平均最高调洪水位、水位超过 155 m 年数、枝城站流量超过 42 000 $\mathrm{m^3/s}$ 的洪量、枝城站流量超过 56 700 $\mathrm{m^3/s}$ 的洪量、城陵矶站流量超过 49 000 $\mathrm{m^3/s}$ 的洪量、城陵矶站流量超过 60 000 $\mathrm{m^3/s}$ 的洪量、库区回水淹没年数、多年平均发电量、多年平均弃水量的情况见表 4.1。

表 4.1　不同风险转移控制水位的防洪影响分析（考虑长江上游水库群）

| 序号 | 控制水位/m | 年均最高水位/m | 水位超158 m年数 | 水位超158 m年份 | 年均沙市站超过警戒洪量/亿 $m^3$ | 年均沙市站超过保证洪量/亿 $m^3$ | 年均城陵矶站超过警戒洪量/亿 $m^3$ | 年均城陵矶站超过保证洪量/亿 $m^3$ | 回水淹没年数 | 年均发电量/亿 kW·h |
|---|---|---|---|---|---|---|---|---|---|---|
| c1 | 145 | 147.65 | 3 | 1954、1998、2002 | 47.42 | 0 | 78.08 | 4.82 | 1 | 355.02 |
| c2 | 147 | 148.74 | 3 | 1954、1998、2002 | 46.84 | 0 | 76.57 | 4.98 | 1 | 355.05 |
| c3 | 148 | 149.20 | 3 | 1954、1998、2002 | 43.46 | 0 | 73.17 | 5.26 | 1 | 355.34 |
| c4 | 149 | 149.62 | 3 | 1954、1998、2002 | 40.64 | 0 | 70.09 | 5.45 | 1 | 355.58 |
| c5 | 150 | 149.97 | 3 | 1954、1998、2002 | 36.71 | 0 | 66.13 | 5.57 | 1 | 355.89 |
| c6 | 151 | 150.35 | 3 | 1954、1998、2002 | 32.46 | 0 | 62.30 | 6.08 | 1 | 356.28 |
| c7 | 152 | 150.60 | 4 | 1954、1998、1999、2002 | 28.95 | 0 | 58.95 | 6.18 | 1 | 356.55 |
| c8 | 153 | 150.80 | 4 | 1954、1998、1999、2002 | 26.21 | 0 | 56.61 | 6.78 | 1 | 356.87 |
| c9 | 154 | 150.96 | 5 | 1954、1968、1998、1999、2002 | 24.54 | 0 | 54.89 | 7.14 | 1 | 357.02 |
| c10 | 155 | 151.18 | 5 | 1954、1968、1998、1999、2002 | 22.80 | 0 | 53.17 | 7.65 | 1 | 357.17 |
| c11 | 158 | 151.41 | 10 | 1954、1958、1966、1968、1981、1982、1993、1998、1999、2002 | 19.62 | 0 | 49.30 | 9.96 | 1 | 357.52 |

考虑到长江上游水库群、不同风险转移控制水位，对应不同风险转移控制水位的各年的最高水位、沙市站超过 42 000 $m^3/s$ 洪量、城陵矶站超过 49 000 $m^3/s$ 洪量、城陵矶站超过 60 000 $m^3/s$ 洪量的情况，分别如图 4.3～图 4.6 所示。

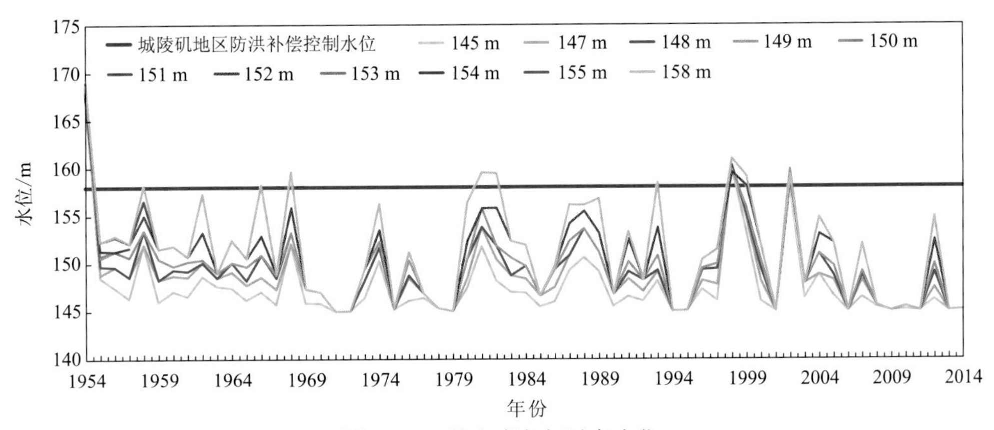


图 4.3　三峡水库各年最高水位

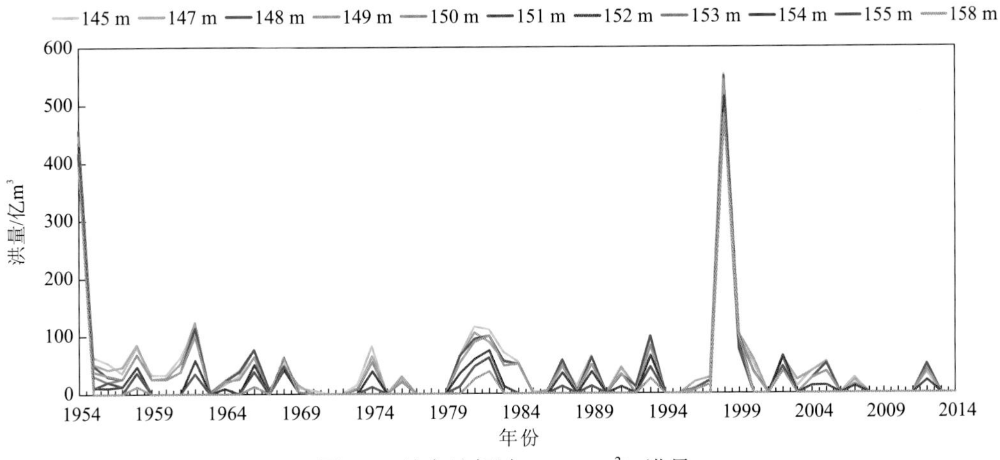


图 4.4　沙市站超过 42 000 $m^3/s$ 洪量

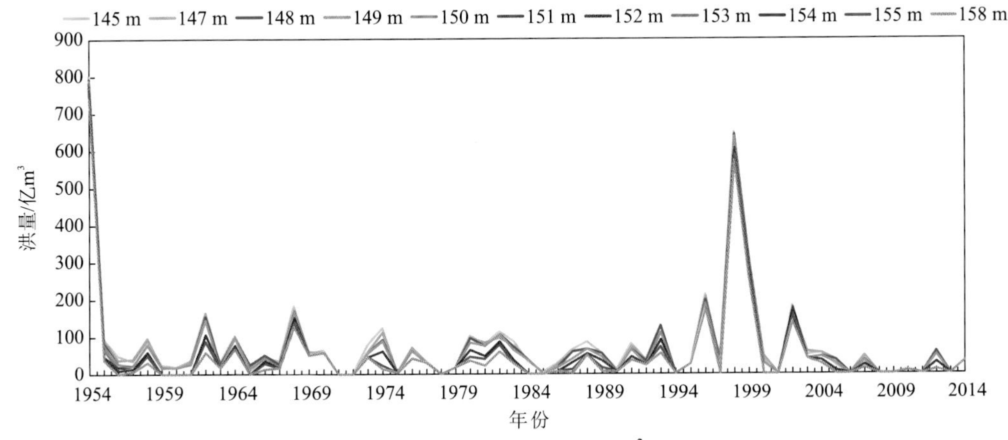


图 4.5　城陵矶站超过 49 000 $m^3/s$ 洪量

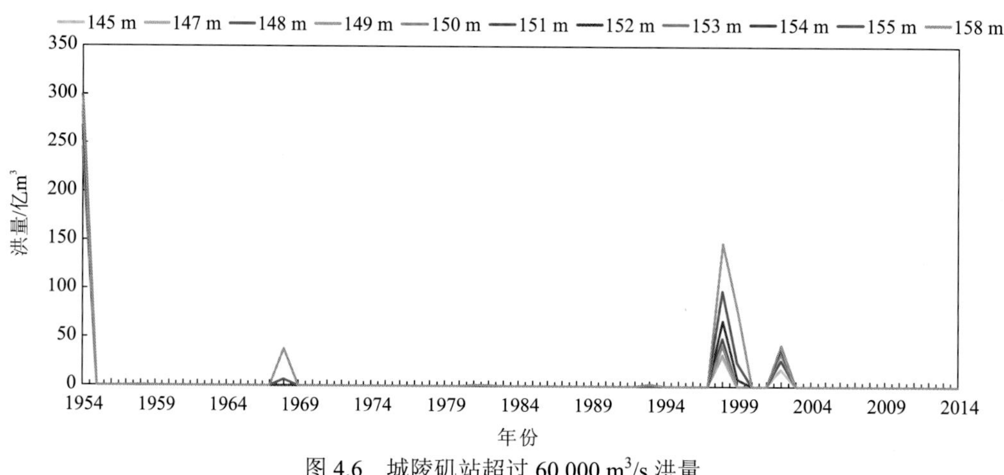

图 4.6 城陵矶站超过 60 000 m³/s 洪量

在长江上游水库群的配合作用下，考虑长江上游金沙江中游、雅砻江、岷江大渡河、嘉陵江、乌江等梯级水库后，从三峡水库 145 m 开始拦蓄后同步拦蓄，可有效减少进入三峡水库的入库洪量，一方面可延长三峡水库对荆江河段防洪补偿调度的时间，另一方面提高了三峡水库对后续洪水的拦蓄能力，提高了对荆江河段的防洪能力。

由表 4.1 可知，城陵矶地区防洪按照从超过警戒到超过保证的风险转移控制水位可拟定在 151 m，但在实际调度过程中需要总结经验、分类评价，在调度过程中实时滚动预报，尽量提高预报精度，并逐步修正预报误差对调度带来的影响，可以针对不同水情、区间来水情势和控制站水位情况，适当调整这一风险转移控制水位，以使对城陵矶地区防洪作用具有更好的容错性和操作性。

由上述分析结果可知，在调度运用过程中可先按照沙市站、城陵矶站不超过警戒水位进行中小洪水调度，达到设定的风险转移控制水位后按照沙市站、城陵矶站不超过保证水位进行对城陵矶地区防洪补偿调度，以达到对长江中下游减压、减灾的目的，提高了对城陵矶地区的防洪能力。

在长江上游水库群配合三峡水库联合调度模式下，三峡水库风险转移控制水位一般可在 151 m，且在考虑长江上游水库群来水情势和长江中下游防洪形势的基础上，若长江上游水库来水不大且中下游水位不高、区间来水不大时，可相机进一步抬高该控制水位，以充分发挥长江上游水库群配合三峡水库联合调度对一般洪水的防洪作用。

以 1954～2014 年汛期开展计算，统计了在长江上游水库群配合三峡水库联合调度模式下，选取不同风险转移控制水位时，长江中下游沙市站和城陵矶站超过警戒水位、超过保证的天数见表 4.2。

**表 4.2　长江上游水库群配合三峡水库联合调度时不同风险转移控制水位的超过警戒水位、超过保证天数**

| 风险转移控制水位/m | 沙市站超过警戒水位天数/d | 沙市站超过保证天数/d | 城陵矶站超过警戒水位天数/d | 城陵矶站超过保证天数/d |
|---|---|---|---|---|
| 145 | 381 | 0 | 625 | 34 |
| 147 | 297 | 0 | 558 | 39 |
| 148 | 265 | 0 | 538 | 39 |
| 149 | 247 | 0 | 519 | 41 |
| 150 | 221 | 0 | 494 | 41 |
| 151 | 193 | 0 | 467 | 42 |
| 152 | 172 | 0 | 445 | 46 |
| 153 | 154 | 0 | 428 | 49 |
| 154 | 141 | 0 | 416 | 52 |
| 155 | 131 | 0 | 403 | 54 |
| 158 | 95 | 0 | 368 | 87 |

由表 4.2 分析可知，金沙江中游、雅砻江、岷江大渡河、嘉陵江、乌江等梯级水库均与三峡水库同步拦蓄，在三峡水库启动拦蓄时就开始以拦蓄基流的方式配合拦蓄，减少三峡水库入库流量，来延长三峡水库对其下游城陵矶地区的补偿时间，进而增加三峡水库在水位抬升前期对一般洪水的拦蓄能力，有效降低长江中下游超过警戒水位的洪量和减少超过警戒水位的天数，从而达到减少长江中下游分洪量的目的。

本章提出的风险转移控制水位的实质是中小洪水调度与防洪补偿调度的转换。由表 4.1 可知：针对不同的风险转移控制水位，为保证整个调洪过程调洪高水位不超过 158 m，1954 年、1998 年、2002 年共 3 年三峡库水位在 145 m 时就需要实施对城陵矶地区防洪补偿调度；1999 年三峡库水位在 152 m 时就需要实施对城陵矶地区防洪补偿调度；1968 年三峡库水位在 154 m 时就需要实施对城陵矶地区防洪补偿调度；1958 年、1966 年、1981 年、1982 年、1993 年三峡库水位在 154 m 时就需要实施对城陵矶地区防洪补偿调度。

本章采用 1954～2014 年长系列汛期实际洪水，长系列实测洪水有以下洪水典型，见表 4.3。

**表 4.3　1954～2014 年长系列洪水典型**

| 洪水类型 | 控制站 | 典型年份 |
|---|---|---|
| 长江中下游洪水 | 螺山站、汉口站 | 1954、1968、1969、1980、1983、1988、1996、1998、1999、2002 |
| 川渝河段洪水 | 李庄站、寸滩站 | 1961、1966、1981、1982、1991、1998、2010 |
| 嘉陵江中下游洪水 | 南充站、北碚站 | 1956、1973、1981 |
| 乌江中下游洪水 | 思南站、沙沱站、彭水站、武隆站 | 1963、1964、1991 |

可见，针对长江中下游大洪水类型时，比如 1954 年、1998 年、2002 年、1999 年、1968 年，需要尽早识别来水情势和长江中下游水位过程，进行水库群联合防洪调度，确保长江流域防洪安全。

而 1958 年洪水为三峡水库汛末来水，峰高量大，1966 年为金沙江大水典型年，1981 年为嘉陵江大水典型年，1982 年洪水为长江上游区间偏大洪水典型年，1993 年为金沙江流域较大洪水年，针对这些年份的洪水，需要对洪水组成做出判断，随着洪水的形成和发展，在水文预报中出现以上洪水的相似征兆时，要提早做好预判，在中小洪水调度过程中相机调整，转入防洪调度。

## 4.2.2 城陵矶地区防洪补偿控制水位进一步提高的可行性

本章前述研究都是在长江上游水库群配合三峡水库联合调度模式下细化对城陵矶地区的防洪作用，对城陵矶地区防洪补偿调度控制水位空间深入挖掘，在减轻水库下游防洪压力的基础上，寻找水库群调度按照不超过警戒水位的洪水资源利用与不超过保证水位的防洪安全之间的平衡点，尽可能提高三峡工程对一般洪水的防洪作用，减少城陵矶地区的分洪量。

根据洪水来源和组成，可将现阶段长江上游 21 座水库群按照其防洪区域和防洪对象，划分为 1 个核心（三峡水库）、2 个骨干（溪洛渡水库、向家坝水库）和 5 个群组（金沙江中游群、雅砻江群、岷江群、嘉陵江群、乌江群）（金兴平，2017）。其中 5 个群组均与三峡水库同步拦蓄，在三峡水库启动拦蓄时以拦蓄基流的方式配合拦蓄，减少三峡水库入库流量，来延长三峡水库对其下游城陵矶地区的补偿时间；骨干水库群（溪洛渡、向家坝水库）对三峡水库入库洪水进行适当的滞洪削峰，降低三峡水库回水水面线高程，进一步提高荆江河段防洪标准，从而来抬高三峡水库对城陵矶地区防洪补偿控制水位。

在不改变长江上游 5 个群组配合三峡水库拦蓄方式的基础上，本书在相关研究的基础上开展溪洛渡、向家坝骨干水库拦蓄方式研究，来进一步抬高三峡水库对城陵矶地区防洪补偿控制水位的可行性及其风险分析，以扩大对城陵矶地区防洪作用。从侧面来看，抬高对城陵矶地区防洪补偿控制水位，可进一步延长长江上游水库配合三峡水库联合调度对城陵矶地区的防洪补偿时间，无论是对于骨干水库群还是 5 个群组来说，都会在一定程度上扩大对城陵矶地区防洪作用。

**1）溪洛渡、向家坝水库基本拦蓄方式**

三峡坝址以上洪水，其暴雨主要来源可分为岷江区、嘉陵江区、屏山至寸滩区间、寸滩至宜昌区间等地区。由于长江上游水系众多，水情复杂，各年发生暴雨的区域不固定，洪水来源和组成相差很大，再考虑到区间洪流演进时的坦化作用，很难保证采用峰量同频率控制放大后的长江上游各支流典型洪水过程演进至宜昌是否仍满足相应频率要求，水文方面很难合理确定长江上游各干支流相应设计洪水过程，但通过分析金沙江洪水占宜昌的比重及实测洪水过程流量分布规律，可用于拟定金沙江梯级的拦蓄速率。

金沙江以上地区来水比较稳定，年际变化较小，是宜昌洪水的基础来源，除 1981 年

7日洪量占宜昌站比例为20.5%外，其余典型年多年平均7日、15日和30日洪量占宜昌站的比例接近30%，但由于1981年典型宜昌洪峰量级比较大，所以虽然屏山站所占比例较小，但洪峰值也在11316 $m^3/s$以上。另外，在三峡水库初步设计所选用的典型实测洪水系列中，一般三峡水库下游（荆江）成灾时，金沙江屏山站流量均在10000 $m^3/s$以上，而当宜昌站流量达到55000 $m^3/s$时，金沙江屏山站的流量则分布在12600～22800 $m^3/s$，而当宜昌站流量达到60000 $m^3/s$以上时，金沙江屏山站的流量则分布在15800～22800 $m^3/s$。

长江上游水库群配合三峡水库对其长江中下游进行防洪调度，防洪库容投入使用方式主要有两种：一是在长江中下游遭遇洪灾需要三峡水库拦蓄时，水库同步拦蓄，通过减少三峡水库入库洪水来延长三峡水库对长江下游城陵矶地区的补偿时间，进而达到减少其下游分洪量的目的；二是利用长江上游水库群对三峡水库入库洪水进行适当的滞洪削峰，降低三峡水库的回水水面线高程，同时荆江河段防洪标准也会得到进一步提高，为适当扩大三峡水库兼顾城陵矶地区防洪库容提供了有利条件。

考虑到洪水经长江上游溪洛渡、向家坝水库调蓄，下泄至宜昌大约具有2天的时间，当长江上游水库群与三峡水库同步拦蓄时，受其下游成灾时段不连续的影响，防洪库容利用效率不高。而随着近年来水文预报技术的发展，目前长江上游1～3天预见期预报精度可满足三峡水库防洪调度的要求，结合预报技术，利用长江上游水库削峰，创造扩大三峡水库兼顾城陵矶地区防洪库容条件无疑更能有效地增加长江中下游防洪效益。因此，溪洛渡水库、向家坝水库防洪库容投入使用方式一般采用第二种方式。

按照"大水多拦、小水少拦"的原则，设定当三峡水库水位在对城陵矶地区防洪补偿控制水位及以上时，溪洛渡、向家坝水库按三峡水库2日预报来水流量，以分级拦蓄的方式配合三峡水库对长江中下游进行防洪补偿调度，具体拦蓄方式如下。

（1）当预报2日后枝城站流量将超过56700 $m^3/s$时，金沙江溪洛渡、向家坝水库拦蓄速率为2 000 $m^3/s$；

（2）当预报2日后枝城站流量将超过56 700 $m^3/s$、三峡水库入库流量超过55 000 $m^3/s$时，金沙江溪洛渡、向家坝水库拦蓄速率为4 000 $m^3/s$；

（3）当预报2日后枝城站流量将超过56 700 $m^3/s$、三峡水库入库流量超过60 000 $m^3/s$时，金沙江溪洛渡、向家坝水库拦蓄速率为6 000 $m^3/s$；

（4）当预报2日后枝城站流量将超过56 700 $m^3/s$、三峡水库入库流量超过70 000 $m^3/s$时，金沙江溪洛渡、向家坝水库拦蓄速率为10 000 $m^3/s$。由于金沙江以上来水流量占宜昌比重比较稳定，所以以三峡水库入库流量作为上游水库拦蓄速率的分级标识，反映了"大水多拦、小水少拦"的原则，具有一定的合理性。

在上述拦蓄方式制定的基础上，进一步根据流量分布规律来优化溪洛渡、向家坝水库配合三峡水库的拦蓄方式，在减轻库区移民淹没影响、保证荆江河段100年一遇防洪标准的前提下扩大三峡水库对城陵矶地区防洪补偿库容，从而扩大对城陵矶地区防洪作用。

**2）溪洛渡、向家坝水库加大拦蓄方式**

（1）寸滩站与屏山站流量相关关系。根据寸滩站洪水样本分类，若寸滩洪水仅以金沙江单一区域来水为主时，洪水拦蓄空间见表4.4。

**表 4.4　金沙江梯级水库在不同量级的寸滩洪水下的流量拦蓄空间**

**（金沙江单一区域来水）**　（单位：$m^3/s$）

| 寸滩站流量 | 金沙江屏山站流量 | 梯级可拦蓄流量 |
|---|---|---|
| 50 000～≤55 000 | 23 300～32 000 | 15 800～24 500 |
| 55 000～≤60 000 | 25 000～35 000 | 17 500～27 500 |
| 60 000～≤65 000 | 27 000～37 000 | 19 500～29 500 |
| 65 000～≤70 000 | 30 000～38 000 | 22 500～30 500 |
| >70 000 | 32 000～40 000 | 24 500～32 500 |

分析多区域洪水遭遇时金沙江来水较大的洪水样本中屏山站与寸滩站的流量相关关系，若寸滩洪水由多区域洪水遭遇形成且金沙江来水较大时，洪水拦蓄空间见表 4.5。

**表 4.5　金沙江梯级水库在不同量级的寸滩洪水下的流量拦蓄空间**

**（多区域洪水遭遇时金沙江来水较大）**　（单位：$m^3/s$）

| 寸滩站流量 | 金沙江屏山站流量 | 梯级可拦蓄流量 |
|---|---|---|
| 50 000～≤55 000 | 24 000～31 000 | 16 500～23 500 |
| 55 000～≤60 000 | 25 000～32 000 | 17 500～24 500 |
| 60 000～≤65 000 | 28 000～35 000 | 20 500～27 500 |
| 65 000～≤70 000 | 31 500～37 000 | 24 000～29 500 |
| >70 000 | 32 500～41 500 | 25 000～34 000 |

从表 4.4 和表 4.5 可知，无论是金沙江单一区域来水，还是多区域洪水遭遇时金沙江来水较大时，寸滩站流量在 50 000～≤55 000 $m^3/s$、55 000～≤60 000 $m^3/s$、60 000～≤65 000 $m^3/s$、65 000～≤70 000 $m^3/s$、>70 000 $m^3/s$ 时，梯级可拦蓄流量上、下浮动变化不大。

（2）宜昌站与寸滩站流量相关关系。寸滩站集水面积为 86 万 $km^2$，占宜昌站集水面积的 86.1%，且根据多年水量统计，寸滩站 7 日、15 日、30 日多年平均水量占宜昌站比重达 80%以上，见表 4.6，由此可见寸滩站控制着宜昌大部分来水。

**表 4.6　宜昌站 7 日、15 日和 30 日洪量组成洪量**

| 河名 | 站名 | 7 日洪量 | | 15 日洪量 | | 30 日洪量 | |
|---|---|---|---|---|---|---|---|
| | | 多年平均水量/亿 $m^3$ | 占宜昌站/% | 多年平均水量/亿 $m^3$ | 占宜昌站/% | 多年平均水量/亿 $m^3$ | 占宜昌站/% |
| 长江 | 寸滩站 | 219.3 | 82.5 | 409.8 | 81.4 | 736.2 | 81.8 |
| 乌江 | 武隆站 | 24.5 | 9.2 | 51.7 | 10.3 | 97.4 | 10.8 |
| 寸滩—宜昌 | 两站区间 | 21.9 | 8.3 | 42.1 | 8.3 | 66.7 | 7.4 |
| 长江 | 宜昌站 | 265.7 | 100.0 | 503.6 | 100.0 | 900.3 | 100.0 |

表4.7分别统计了寸滩站与宜昌站前10位年最大日平均流量系列，从表4.7中可以看出，在宜昌站前10位大洪水中，有6个年份寸滩站和宜昌站出现洪峰日期都是相应的，是同属于年最大的一次洪水所造成的，而且寸滩站流量均大于宜昌站流量，说明宜昌较大洪峰多来自寸滩，其他4年宜昌、寸滩两站的年份不相同，虽然寸滩以上来水不大，但由于寸滩—宜昌区间发生大洪水，从而进入前10。

**表4.7　寸滩站、宜昌站年最大日平均流量系列前10位统计表**

| 序号 | 寸滩站流量/（$m^3/s$） | 出现日期（年-月-日） | 宜昌站流量/（$m^3/s$） | 出现日期（年-月-日） |
|---|---|---|---|---|
| 1 | 84 300 | 1981-7-16 | 71 100 | 1896-9-4 |
| 2 | 83 100 | 1905-5-11 | 69 500 | 1981-7-19 |
| 3 | 76 400 | 1898-8-6 | 67 500 | 1945-9-6 |
| 4 | 76 400 | 1921-7-14 | 66 100 | 1954-8-6 |
| 5 | 73 300 | 1892-7-13 | 64 800 | 1931-7-17 |
| 6 | 71 700 | 1945-9-3 | 64 600 | 1892-7-15 |
| 7 | 71 500 | 1920-7-22 | 64 600 | 1931-8-10 |
| 8 | 71 000 | 1937-7-18 | 64 400 | 1905-8-14 |
| 9 | 69 800 | 1903-8-2 | 63 000 | 1922-8-12 |
| 10 | 68 600 | 1936-8-4 | 62 300 | 1936-8-7 |

从以上分析可知，寸滩站与宜昌站洪水的正向关联性较好，由于荆江河段集水面积与宜昌集水面积相近（相差3%），依次类推，所以寸滩洪水与宜昌洪水、枝城洪水关联性均较好。且从长系列典型洪水系列中发现，一般在三峡水库下游（荆江河段）成灾时，金沙江屏山站流量均在10000 $m^3/s$以上。

（3）宜昌站流量级别分布规律。本次针对拦蓄方式的优化，主要是更好地解决坝址20年一遇设计洪水的库区回水淹没问题和坝址100年一遇设计洪水的荆江河段防洪标准问题。当然在实际防洪调度中，也要保证溪洛渡、向家坝水库有水可拦。

由图4.7可知，宜昌站20年一遇洪水流量分布为55000～≤60000 $m^3/s$区间占比相对较多，而流量分布为60000～≤65000 $m^3/s$、65000～≤70000 $m^3/s$、>70000 $m^3/s$区间占比也不容忽视，需要溪洛渡、向家坝水库进行有效的拦蓄，以减轻三峡库区回水淹没风险，减少三峡下泄流量。

还有，进行坝址设计洪水1954年、1981年、1982年、1998年20年一遇设计洪水的排频分析，分布情况见图4.8。宜昌站100年一遇洪水流量分布为55000～≤75000 $m^3/s$区间占比相比20年一遇洪水基本相当，而流量分布为>75000 $m^3/s$区间占比也不容忽视，需要溪洛渡、向家坝水库进行有效的加大拦蓄，以降低三峡水库调洪高水位，以保证荆江河段遇100年一遇洪水不分洪在可控范围内。

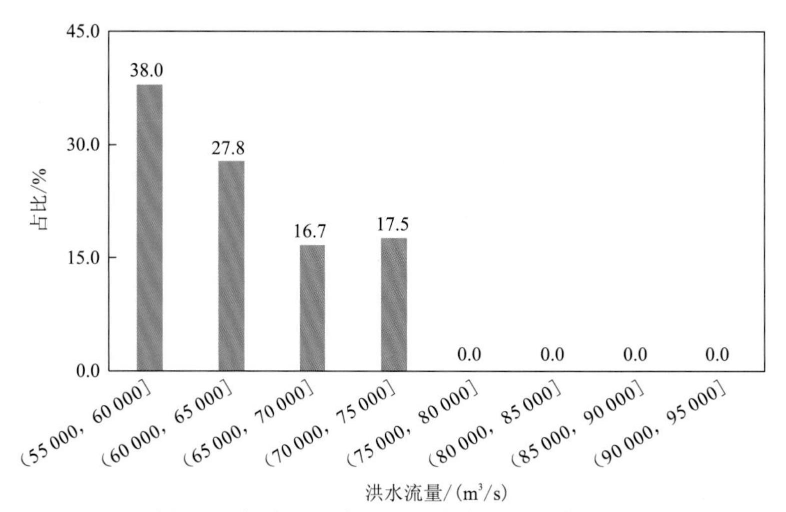


图 4.7　宜昌站 20 年一遇洪水流量分布情况图

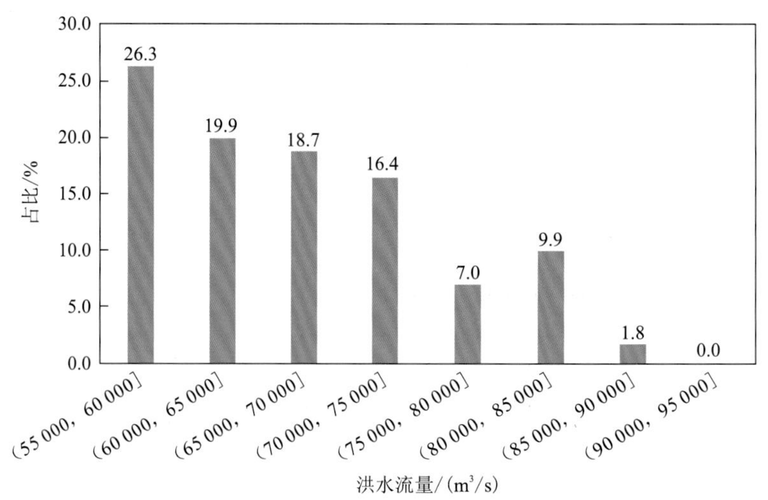


图 4.8　宜昌站 100 年一遇洪水流量分布情况图

（4）溪洛渡、向家坝水库加大拦蓄方式。在上述不同站点流量相关关系分析和宜昌站不同类型洪水流量级别分析的基础上，优化溪洛渡、向家坝水库拦蓄方式时，主要考虑以下几个方面：①枝城站流量、宜昌站流量、寸滩站流量、屏山站流量具有一定的相关性，根据上述流量相关关系，并结合表 4.6 和表 4.7 的梯级水库可拦蓄流量，确定枝城站流量超过 56 700 $m^3/s$ 且宜昌站流量不同分布级别时的梯级水库可拦蓄流量范围，按梯级可拦蓄的最大流量 25 000～34 000 $m^3/s$ 进行分级控制，以充分利用溪洛渡、向家坝水库配合三峡水库的拦洪错峰作用。这样，对三峡水库入库流量在 75 000 $m^3/s$ 以上的来水多拦蓄，控制流量为 25 000 $m^3/s$。然后对三峡水库入库流量 75 000 $m^3/s$ 以下的来水采用逐级拦蓄，按流量 5 000 $m^3/s$ 递减。②为了提升溪洛渡、向家坝水库的削峰能力，对宜昌站流量在 60 000 $m^3/s$ 以上进行流量 5 000 $m^3/s$ 一档的细分，以更好地识别洪水发生过程和细化溪洛渡、向家坝水库拦蓄作用，实现“大水多拦、小水少拦”，以充分利用为长江中下游预留的 40.93 亿 $m^3$ 防洪库容。

最后，仍以分级拦蓄的方式配合三峡水库对长江中下游进行防洪补偿调度，考虑到汛期不影响发电和经济合理地使用水库防洪库容，根据流量分布规律和梯级水库可拦蓄流量规律分析，通过比较多组拦蓄流量方案，优化的拦蓄方式具体如下：①当预报 2 日后枝城站流量将超过 56700 $m^3/s$、三峡水库入库流量超过 60000 $m^3/s$ 时，金沙江溪洛渡、向家坝水库拦蓄速率为 10000 $m^3/s$；②当预报 2 日后枝城站流量将超过 56700 $m^3/s$、三峡水库入库流量超过 65000 $m^3/s$ 时，金沙江溪洛渡、向家坝水库拦蓄速率为 15000 $m^3/s$；③当预报 2 日后枝城站流量将超过 56700 $m^3/s$、三峡水库入库流量超过 70000 $m^3/s$ 时，金沙江溪洛渡、向家坝水库拦蓄速率为 20000 $m^3/s$；④当预报 2 日后枝城站流量将超过 56 700 $m^3/s$、三峡水库入库流量超过 75000 $m^3/s$ 时，金沙江溪洛渡、向家坝水库拦蓄速率为 25000 $m^3/s$。

相比于基本拦蓄方案，本小节加大的拦蓄方案异同点表现为：① 拦蓄启动方式在三峡水库入库流量为 60000 $m^3/s$ 以上时，尽量对洪峰流量进行拦蓄，以保证溪洛渡、向家坝库容的利用率；②在三峡水库入库流量为 60000～65000 $m^3/s$ 时，溪洛渡、向家坝水库拦蓄速率为 10 000 $m^3/s$，即刻达到之前拦蓄方式的最大拦蓄流量；③在三峡水库入库流量在 65 000～70 000 $m^3/s$ 时，加大拦蓄至拦蓄速率为 15 000 $m^3/s$，为后续 70 000 $m^3/s$ 以上洪水保留一定的拦蓄能力；④在三峡水库入库流量为 70 000～75 000 $m^3/s$ 时，进一步加大拦蓄至拦蓄速率为 20 000 $m^3/s$；⑤在三峡水库入库流量为 75000 $m^3/s$ 以上时，进一步加大拦蓄至拦蓄速率为 25000 $m^3/s$，达到上述分析得到的梯级可拦蓄最大流量。

此外，针对 1954 年、1998 年实际洪水调度，长江上游水库群防洪库容剩余较多，是否可以在 158 m 以上进一步实施对城陵矶地区防洪调度值得研究，以更好地应用水库群防洪能力，进一步减少长江中下游分洪量。

考虑溪洛渡、向家坝水库配合运用，三峡水库对城陵矶地区补偿调度控制水位为 156～162 m，每隔 1 m 分别结合长江上游水库的拦蓄方式，做相应的调洪演算与库区回水推算，三峡水库不同起调水位遇坝址 5%频率设计洪水时回水成果表见表 4.8。

**表 4.8　三峡水库不同起调水位遇坝址 5%频率设计洪水时回水成果表（基本拦蓄方式）**

| 断面名称 | 距坝里程/km | 移民迁移线/m | 计算方案回水水位/m | | | | | | |
|---|---|---|---|---|---|---|---|---|---|
| | | | 156 m 起调 | 157 m 起调 | 158 m 起调 | 159 m 起调 | 160 m 起调 | 161 m 起调 | 162 m 起调 |
| 令牌丘 | 507.86 | 177.00 | 174.50 | 174.80 | 175.20 | 175.50 | 175.80 | 176.20 | 176.60 |
| 石沱 | 514.41 | 177.00 | 175.80 | 176.00 | 176.30 | 176.60 | 176.90 | 177.30 | 177.60 |
| 周家院子 | 518.20 | 177.30 | 176.40 | 176.60 | 176.90 | 177.20 | 177.40 | 177.80 | 178.10 |
| 瓦罐 | 522.76 | 177.40 | 177.00 | 177.20 | 177.50 | 177.70 | 178.00 | 178.30 | 178.60 |
| 长寿区 | 527.00 | 177.60 | 177.60 | 177.80 | 178.00 | 178.30 | 178.50 | 178.80 | 179.10 |
| 杨家湾 | 544.70 | 180.30 | 179.90 | 180.00 | 180.20 | 180.40 | 180.60 | 180.90 | 181.10 |
| 木洞 | 565.70 | 183.50 | 182.80 | 182.90 | 183.10 | 183.20 | 183.40 | 183.60 | 183.80 |
| 温家沱 | 570.00 | 184.20 | 183.50 | 183.60 | 183.70 | 183.90 | 184.00 | 184.20 | 184.40 |
| 大塘坎 | 573.90 | 184.90 | 184.20 | 184.30 | 184.40 | 184.60 | 184.70 | 184.80 | 185.00 |
| 弹子田 | 579.60 | 186.00 | 185.30 | 185.40 | 185.50 | 185.60 | 185.80 | 185.90 | 186.10 |

根据前面提出的溪洛渡、向家坝水库配合三峡水库加大拦蓄方式，三峡水库不同起调水位遇坝址 5%频率设计洪水时回水成果表见表 4.9。

**表 4.9　三峡水库不同起调水位遇坝址 5%频率设计洪水时回水成果表（加大拦蓄方式）**

| 断面名称 | 距坝里程/km | 移民迁移线/m | 计算方案回水水位/m | | | | | | |
|---|---|---|---|---|---|---|---|---|---|
| | | | 156 m 起调 | 157 m 起调 | 158 m 起调 | 159 m 起调 | 160 m 起调 | 161 m 起调 | 162 m 起调 |
| 令牌丘 | 507.86 | 177.00 | 173.14 | 173.49 | 173.86 | 174.24 | 174.60 | 175.03 | 175.46 |
| 石沱 | 514.41 | 177.00 | 174.32 | 174.63 | 174.96 | 175.30 | 175.63 | 176.01 | 176.41 |
| 周家院子 | 518.20 | 177.30 | 174.86 | 175.16 | 175.47 | 175.80 | 176.10 | 176.47 | 176.85 |
| 瓦罐 | 522.76 | 177.40 | 175.45 | 175.73 | 176.03 | 176.34 | 176.63 | 176.98 | 177.34 |
| 长寿区 | 527.00 | 177.60 | 175.98 | 176.26 | 176.54 | 176.84 | 177.12 | 177.45 | 177.80 |
| 杨家湾 | 544.70 | 180.30 | 178.20 | 178.41 | 178.64 | 178.87 | 179.10 | 179.37 | 179.66 |
| 木洞 | 565.70 | 183.50 | 181.05 | 181.21 | 181.39 | 181.57 | 181.75 | 181.96 | 182.19 |
| 温家沱 | 570.00 | 184.20 | 181.67 | 181.83 | 182.00 | 182.17 | 182.34 | 182.54 | 182.76 |
| 大塘坎 | 573.90 | 184.90 | 182.35 | 182.50 | 182.66 | 182.82 | 182.98 | 183.18 | 183.39 |
| 弹子田 | 579.60 | 186.00 | 183.42 | 183.56 | 183.71 | 183.85 | 184.00 | 184.18 | 184.37 |

由表 4.9 可知，在 161 m 及以下水位起调时，遇坝址 20 年一遇洪水，回水均于移民迁移线末端弹子田断面以下灭尖，且各区间回水水位也均在移民迁移线以下。而从 162 m 水位起调时，遇坝址 20 年一遇洪水，回水均于移民迁移线末端弹子田断面以下灭尖，仅在长寿区附近高出 0.2 m。

实际调度中，按照不高于库区移民迁移线的要求，结合提出的溪洛渡、向家坝水库配合三峡水库调度方式，三峡水库对城陵矶地区防洪补偿控制水位可抬升至 158～161 m。若结合实际回水水面高程超过后相应工程措施适当处理，可进一步抬升至 162 m，仅在长寿区附近高出 0.2 m。

三峡工程建成后，可使荆江地区防洪标准由 10 年一遇提高到 100 年一遇。虽然长江上游建库后，流域对遭遇大洪水调蓄能力提高，但如果抬高对城陵矶地区防洪补偿控制水位、扩大对城陵矶地区防洪调度库容，会在一定程度上压缩三峡水库对荆江河段防护预留的防洪库容空间。因此，在考虑长江上游溪洛渡、向家坝水库配合三峡水库对荆江河段防洪调度中，要选取不同三峡水库对城陵矶地区防洪补偿控制水位，并作为计算起调水位，对坝址 100 年一遇洪水进行调洪。

三峡水库坝址洪水典型年共有 4 年。由于各种洪水典型，长江上游地区的洪水地区组成及洪水过程特征不同，入库洪水过程在库区内的沿程分配也不同，同一频率洪水对库区回水淹没的影响具有差异性，例如：1954 年、1998 年洪水为全流域大洪水，表现为寸滩以上洪水并不突出，三峡区域间和宜昌以下洪水区域，且洪水过程表现为多峰型，洪峰不高，但长时段洪量特大；1981 年、1982 年洪水为区域性洪水，其中 1981 年洪水主要来自寸滩以上，属于上游区间偏大型洪水，寸滩—宜昌区间洪水比较小，洪水历时较短，1982 年洪水主要来自寸滩以上，寸滩—宜昌区间洪水较小，三峡区间洪水较突出，属于长江上游区间偏大型洪水。

表 4.10～表 4.12 分别给出了三种计算情况的起调水位和拦蓄方式，来对坝址 100 年一遇洪水进行调洪：①依据《三峡水库优化调度方案》，三峡水库对城陵矶地区防洪补偿控制水位为 155 m；②依据金沙江溪洛渡、向家坝水库与三峡水库联合调度研究，考虑了 157～161 m 5 个不同三峡水库对城陵矶地区防洪补偿控制水位，并推荐在长江上游水库群配合运用下，三峡水库对城陵矶地区防洪补偿控制水位为 158 m；③依据溪洛渡、向家坝水库加大拦蓄方式，考虑了 157～163 m 7 个不同三峡水库对城陵矶地区防洪补偿控制水位，并与上述①、②两种情况进行分析比较。

**表 4.10　三峡水库对城陵矶站控制水位 155 m 时遇 1%频率洪水最高调洪水位**

| 典型年 | 最高调洪水位/m |
| --- | --- |
| 1954 | 170.27 |
| 1981 | 168.51 |
| 1982 | 173.11 |
| 1998 | 169.25 |

**表 4.11　溪洛渡、向家坝水库配合三峡水库不同起调水位遇 1%频率设计洪水调洪成果（三库联调成果）**

| 典型年 | 最高调洪水位/m | | | | |
| --- | --- | --- | --- | --- | --- |
| | 157 m 起调 | 158 m 起调 | 159 m 起调 | 160 m 起调 | 161 m 起调 |
| 1954 | 168.2 | 169.0 | 169.8 | 170.2 | 170.9 |
| 1981 | 165.5 | 166.3 | 167.1 | 167.9 | 168.8 |
| 1982 | 170.1 | 171.0 | 171.5 | 172.1 | 172.9 |
| 1998 | 166.4 | 167.2 | 168.0 | 168.8 | 169.6 |

**表 4.12　溪洛渡、向家坝水库配合三峡水库不同起调水位遇 1%频率设计洪水调洪成果（加大拦蓄方式）**

| 典型年 | 最高调洪水位/m | | | | | | |
| --- | --- | --- | --- | --- | --- | --- | --- |
| | 157 m 起调 | 158 m 起调 | 159 m 起调 | 160 m 起调 | 161 m 起调 | 162 m 起调 | 163 m 起调 |
| 1954 | 167.25 | 168.02 | 168.80 | 169.57 | 170.40 | 171.02 | 171.15 |
| 1981 | 165.39 | 166.16 | 166.94 | 167.71 | 168.59 | 169.46 | 170.30 |
| 1982 | 170.34 | 171.02 | 171.04 | 171.06 | 171.43 | 171.23 | 171.49 |
| 1998 | 166.61 | 167.39 | 168.17 | 168.94 | 169.82 | 170.61 | 171.04 |

由表 4.11 与表 4.12 可知：本次提出的加大拦蓄方式对应的调洪成果在 1954 年、1981 年 1%洪水时，均低于基本拦蓄方式；在 1998 年 1%洪水时，略高于基本拦蓄方式，但也不高于 171 m。特别地，除 1982 年典型年以外，对于起调典型年，在起调水位为 161 m 以下时，各起调水位对应的最高调洪水位均低于 171 m。因此，不同起调水位可在一定程度上降低对荆江河段防洪风险，是一种有效的在大洪水时长江上游水库群联合调度对荆江河段调度的风险对策措施。

1982 年洪水为长江上游区间偏大型洪水，且具有两个洪峰过程（图 4.9），三峡水库来水量在短期预报期（1～3 d）内激增至 80000 $m^3/s$ 左右，对于这样的来水态势，三峡水库会提前启用对荆江河段防洪补偿调度方式。本次计算为不考虑先后进行的对城陵矶、荆江河段两种补偿调度方式重叠的拦蓄量，实际上，对于发生洪水过程，水库一般在兼顾城陵矶地区防洪调度期间，同时也可拦蓄一定的荆江河段超额流量；且本次调洪并未考虑三峡泄水过程，如果在 1982 年第一个波峰过后三峡预泄一定水量来降低库水位，可在迎接第二个洪峰时适当降低三峡调洪高水位。而且，本次在长江上游水库群配合三峡水库联合调度过程中，仅是考虑溪洛渡、向家坝水库配合三峡水库在荆江河段防洪补偿阶段调洪，如果其他上游水库在对城陵矶地区防洪补偿阶段后尚有防洪库容，可在本阶段继续拦蓄来减少三峡入库洪量，对降低三峡水库水位具有积极作用。

总之，综合考虑防洪调度技术、长江上游干支流建库，长江下游泄洪能力提高、堤防加高加固等有利因素，流域对洪水的调蓄能力在现有基础上会更强，在长江上游水库群配合作用下，为保证从 158 m 水位甚至是 161 m 水位起调，三峡水库对荆江河段遇 100 年一遇不分洪是在可控范围内，总体风险不大。

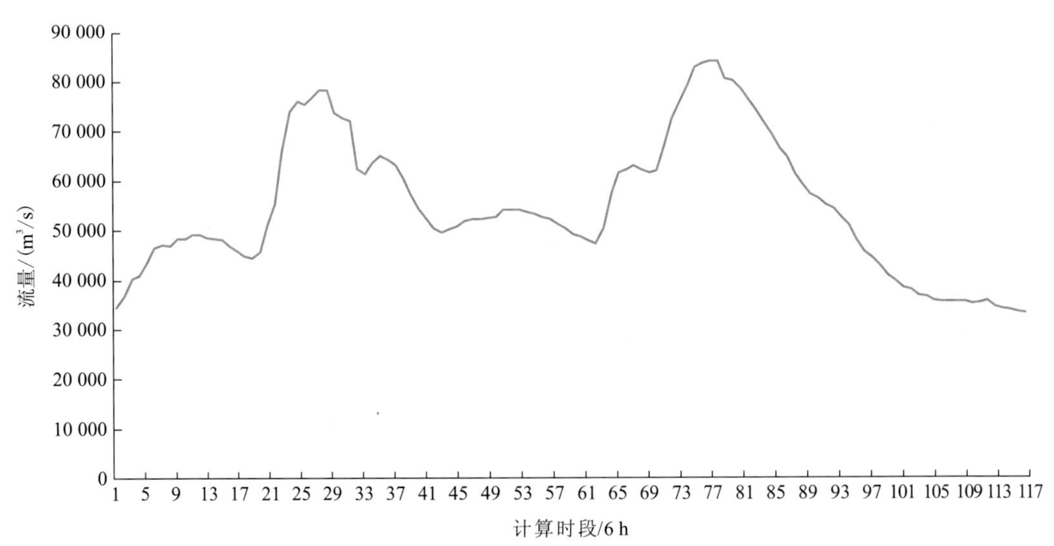

图 4.9　1982 年典型坝址 100 年一遇设计洪水过程

### 4.2.3　158 m 以上进一步细分防洪库容空间运用方式

针对长江上游型洪水，如果能提高对城陵矶地区防洪补偿控制水位到 161 m，此时能使得中小洪水调度的空间变大，不致使得调洪高水位超过 161 m，能够提高对城陵矶地区的防洪作用。而针对长江中下游型洪水或者全流域型洪水，还需要进一步探讨在对城陵矶地区防洪补偿控制水位的基础上，进一步对城陵矶地区防洪补偿调度的可能性，以减少城陵矶地区分洪量，扩大对城陵矶地区防洪作用。

为此，本小节从另一个角度对长江中下游型洪水 1954 年、1998 年大洪水开展研究，即研究 158 m 以上水位继续对城陵矶地区防洪补偿调度的方式及风险。

根据长江上游水库群配合三峡水库联合调度方式，在三峡水库水位为 158 m 后转入对荆江河段防洪调度时，甚至 1954 年、1998 年长江上游水库群都有较大的剩余防洪库容（表 4.13），可进一步配合三峡水库对长江中下游防洪调度。而此时如果城陵矶地区来水较大，防洪形势依然较为严峻，且结合来水预报，预判后续不会发生坝址 100 年一遇洪水甚至特大洪水的前提下，有可能也有条件在 158 m 以上水位继续对城陵矶实施防洪补偿调度。

**表 4.13　长江上游水库群配合三峡水库联调转入对荆江河段防洪补偿调度时剩余防洪库容**

| 实际年 | 金沙江中游梯级水库/亿 $m^3$ | 溪洛渡、向家坝水库/亿 $m^3$ | 雅砻江梯级水库/亿 $m^3$ | 岷江梯级水库/亿 $m^3$ | 嘉陵江梯级水库/亿 $m^3$ | 乌江梯级水库/亿 $m^3$ | 三峡水库/亿 $m^3$ | 三峡水库水位/m |
|---|---|---|---|---|---|---|---|---|
| 1954 | 7.52 | 53.92 | 13.74 | 6.67 | 16.25 | 8.25 | 106.3 | 158.11 |
| 1998 | 2.53 | 52.08 | 8.31 | 5.21 | 12.58 | 8.25 | 144.6 | 158.05 |

**1）三峡水库水位 158 m 以上防洪库容空间运用方式**

首先，考虑不同的入库流量级别，并考虑相应一定的拦蓄能力，通过数据枚举和空间检索，确定了长寿区开始淹没时的坝前库水位（LA）和库区回水末端控制断面弹子田开始淹没时的坝前库水位（LB），见表 4.14。

**表 4.14　不同入库流量对应的库水位极值**

| 三峡水库入库/（$m^3$/s） | 三峡水库出库/（$m^3$/s） | 长寿区断面开始淹没 | | 弹子田断面开始淹没 | |
|---|---|---|---|---|---|
| | | 库水位（LA）/m | 对应库容/亿 $m^3$ | 库水位（LB）/m | 对应库容/亿 $m^3$ |
| 40 000 | 40 000 | 172.18 | 365.36 | 175.00 | 393.00 |
| 45 000 | 45 000 | 170.41 | 348.02 | 175.00 | 393.00 |
| 50 000 | 45 000 | 168.62 | 331.91 | 175.00 | 393.00 |
| 55 000 | 50 000 | 165.92 | 308.26 | 173.50 | 378.30 |
| 60 000 | 50 000 | 162.92 | 284.31 | 169.84 | 342.60 |
| 65 000 | 55 000 | 158.08 | 248.94 | 163.96 | 292.25 |

库区回水模型计算规律如下。

（1）入库流量相同，出库流量越小，对应的 LA、LB 越高。表明：考虑到长江中下游区间来水过程，一般出库流量都会小于拟定的出库流量值，故 LA、LB 还能抬高，确保防洪安全。

（2）入库流量相同，LA、LB 越低，对应的出库流量越高。表明：在调洪过程中，为使得水库水位降低，需要增大一定的出库流量，面临库区防洪安全与其下游防洪安全决策的问题。

特别地，按照防洪对象重要层次，将库区防洪控制条件优先排序为：库区弹子田>库区长寿区，其中后者可保证库区不受淹没，而前者已出现库区淹没情况，需要在库区防洪安全和长江中下游防洪安全之间作出权衡和决策。

（1）如果选择确保库区防洪安全，即按照 LA、LB 进行控制，会使得城陵矶站流量出现超过 60 000 $m^3/s$ 的情况，这是满足这一决策条件的，但不能使得荆江河段流量出现超过 56 700 $m^3/s$ 的情况。若荆江河段出现超过保证水位情况，需要对荆江河段不超过保证水位进行控制；

（2）如果选择确保长江中下游防洪安全，即按不超过沙市站和城陵矶站保证水位进行控制，取当日荆江河段补偿的允许泄量及第三日城陵矶地区补偿的允许泄量二者中的较小值。

为此，将三峡水库防洪库容细分为如下情况，如图 4.10 所示，其中 145 m 为防洪限制水位，151 m 为中小洪水转换为对城陵矶地区防洪补偿的风险转移控制水位，155 m

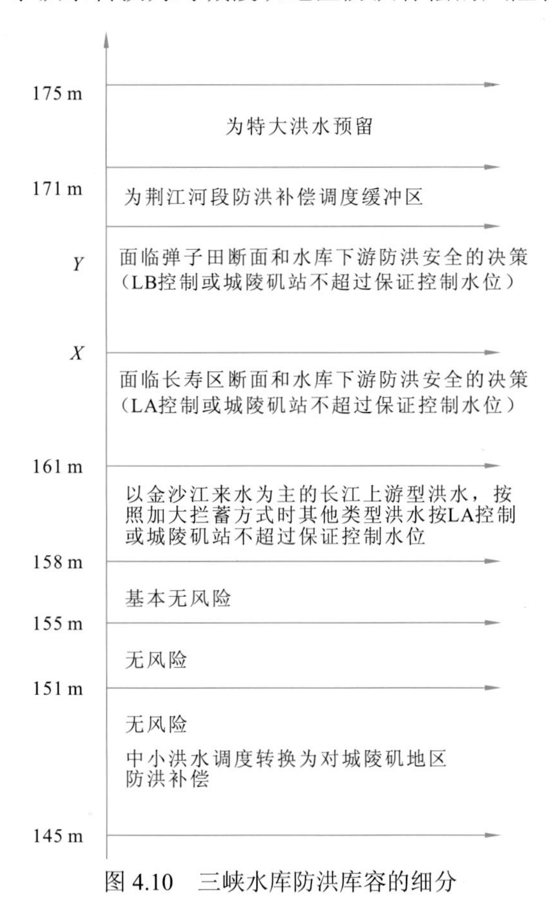


图 4.10　三峡水库防洪库容的细分

为对城陵矶地区防洪补偿控制水位，158 m 为考虑长江上游水库群配合运用对城陵矶地区防洪补偿控制水位，161 m 为上游型来水为主时加大拦蓄方式所确定的对城陵矶地区防洪补偿控制水位，*X* 为 LA 控制水位（面临库区长寿区断面和其下游防洪安全的决策），*Y* 为 LB 控制水位（面临库区回水末端弹子田和长江下游防洪安全的决策），171 m 为对荆江河段防洪补偿控制水位，175 m 为防洪高水位。

需要说明的是，按照防洪对象重要层次，将长江中下游和库区防洪控制条件优先排序为：荆江河段>>【回水末端弹子田>>城陵矶>>库区长寿区】，荆江河段的防洪安全是放在首位的，对于城陵矶地区与弹子田、长寿区的优先级别需人为主观决策设定，而弹子田防洪安全是优先于长寿区的。同时，这里 *X*、*Y* 是可以动态调整的，需要防洪专家根据实际情况进行主观决策设定。而在 158 m～*X* 内，需要专家结合防洪形势和损失情况，主观决策设定控制条件，即选取库区长寿区 LA 水位控制或者其下游城陵矶站超过保证水位控制，这一选择过程是动态的、交叉的。在长寿区附近回水淹没损失达到一定数量时，弹子田处有淹没风险，将要在弹子田面临回水淹没风险和长江中下游防洪风险中进行决策，为此，*X*～*Y* 内选定面临弹子田断面和其下游防洪安全的决策，即选取回水末端弹子田 LB 水位控制或者下游城陵矶站超过保证水位控制，这一选择过程也是动态的、交叉的。在 *Y*～171 m 预留一定防洪库容，作为荆江河段防洪补偿调度缓冲区，以考虑预报误差因素，减小预报误差对防洪调度的不利影响，使得本次细化防洪库容运用方式对预报误差具有更好的容错性。

基于图 4.10 的三峡水库防洪库容安排，制定了本次三峡水库防洪库容细分后的防洪调度方式，给出了各阶段计算前提条件和调度方式。

（1）145～155 m 阶段。

前提条件：库区无淹没风险。

调度方式：执行对城陵矶地区防洪补偿调度方式。

（2）155～158 m 阶段。

前提条件：考虑长江上游群水库配合运用后，对城陵矶地区防洪补偿控制水位可由 155 m 抬高到 158 m，库区实地统计基本无洪灾损失，风险可控。

调度方式：执行对城陵矶地区防洪补偿调度方式。

（3）158～161 m 阶段。

前提条件：①针对以金沙江来水为主的长江上游型洪水，根据提出的加大拦蓄方式，对城陵矶地区防洪补偿控制水位可提高到 161 m，在库区没有回水淹没风险；②对于其他类型洪水（长江上游型以嘉陵江或岷江来水为主洪水，长江下游型/全流域型洪水等），根据 LA，入库流量在 62 000 $m^3/s$ 以下时库区都无淹没风险。若入库流量为 62 000 $m^3/s$ 以上时，会超出 LA，长寿区附近有一定的淹没风险，风险不大；但即便库水位到 161 m，也不会超过 LB，可保证移民迁移线末端弹子田不被淹没。

调度方式：①对以金沙江来水为主的长江上游型洪水，根据提出的溪洛渡、向家坝水库加大拦蓄方式，对城陵矶地区防洪补偿控制水位可提高到 161 m，执行对城陵矶地区防洪补偿调度方式，并按照 LA 进行控制，确保长寿区不被淹没；②对长江上游型以嘉陵江或岷江来水为主洪水以及长江下游型/全流域型洪水，并按照 LA 控制或按城陵矶站不超过保证水位进行控制。

（4）161 m～$X$阶段。

前提条件：结合来水情况，以保证库区长寿区不被淹或下游城陵矶站不超过保证水位为原则，通过多种方案调洪演算对比来确定$X$的值，以保证长寿区不被淹没。可初步设置水位为 163 m、164 m，甚至为 166 m、167 m，根据调洪演算情况决策确定。

调度方式：①若选取库区长寿区断面回水不被淹没为调度目标。a.如果预报三日内最大入库流量$Q$呈上涨趋势，那么 LA 呈减小趋势，此时库区淹没风险会增加，需要适当加大出库流量，以确保不因拦蓄洪水太少而超过 LA；b.如果预报三日内最大入库流量$Q$呈减少趋势，那么 LA 呈增大趋势，此时库区淹没风险会降低，可维持出库流量或者减少出库流量。② 若选取下游城陵矶站不超过保证水位为调度目标，则执行对城陵矶地区防洪补偿调度方式。

（5）$X$～$Y$阶段。

前提条件：在此阶段库区长寿区已经有一定淹没了，弹子田处于面临淹没的风险。为此，库区控制条件选取 LB 进行控制，三峡水库下游控制条件仍为城陵矶站不超过保证水位。

调度方式：①若选取库区弹子田回水不被淹没为调度目标。a.如果预报三日内最大入库流量$Q$呈上涨趋势，那么 LB 降低，此时库区淹没风险增大，需要加大出库降低库水位，以减低库区回水淹没风险。但加大出库会增加三峡水库下游泄量，三峡水库下游的防洪风险也会增加；b.如果预报三日内最大入库流量$Q$呈下降趋势，那么 LB 增加，此时库区淹没风险降低。此时维持之前下泄流量即可，或者减少拦蓄，减轻下游防洪压力。②若选取三峡水库下游城陵矶站不超过保证水位为调度目标，则执行对城陵矶地区防洪补偿调度方式。

（6）$Y$～171 m 阶段。

前提条件：当库水位高于$Y$时，库水位已经达到一定的高水位，此时重点针对荆江河段进行防洪。

调度方式：当三峡水库水位高于 $Y$ 而低于“对荆江河段防洪补偿控制水位”时，三峡水库当日下泄量等于当日荆江河段补偿的允许泄量，即 $q=56\,700\ \mathrm{m^3/s}-q_{\text{当日宜昌—枝城区间流量}}$。

（7）171～175 m 阶段。

当库水位高于 171 m 时，水库当日下泄量为 $q=80\,000\ \mathrm{m^3/s}-q_{\text{当日宜昌—枝城区间流量}}$，但不大于当日实际入库流量（此时荆江河段采取分蓄洪措施，控制沙市站水位不高于 45.0 m）。

**2）针对 1954 年洪水的防洪库容空间细分运用计算分析**

专家决策过程是机动的、相机的，须根据长江上游来水态势、长江中下游来水情势，以及库区防洪安全、长江中下游防洪安全进行科学有效的判断和筹划，进而在不同防洪库容区间内选取控制条件，包括沙市站不超过保证水位控制条件、城陵矶站不超过保证水位控制条件、长寿区不被淹没控制水位 LA、弹子田不被淹没控制水位 LB 等。不同的控制条件选取策略将会有不同的调度效果，这是与实际防洪调度实践相符合的。

（1）以长江中下游防洪安全为主的防洪决策。

在做防洪调度决策时，如果看重长江中下游防洪安全，那么城陵矶地区防洪次序要优先于库区长寿区断面，当然荆江河段防洪安全是第一位的，为刚性需求；而回水末端弹子田是整个库区回水安全的重要指标，一般来说其优先级别高于城陵矶。

因此，本章选取控制条件优先次序为【荆江河段>>回水末端弹子田>>城陵矶地区>>库区长寿区】，在158 m以上防洪库容继续对城陵矶地区进行防洪补偿调度。

这里$X$的值根据实际情况进行相机选取，在158 m～$X$内选择城陵矶地区和库区长寿区控制条件的优先次序，达到$X$后，在$X$～$Y$之内选择城陵矶地区和库区弹子田控制条件的优先次序（一般是回水末端弹子田>>城陵矶地区）。$Y$的值选取为161～166 m，选取原因如下：①对于$X$来说，当对城陵矶地区防洪补偿控制水位为158 m时，在1954年8月3日库水位已经超过相应的LA，此时库水位在161 m左右，长寿区有一定的淹没损失。因此本次选取$X$=161 m，在后期重点关注城陵矶地区防洪控制条件和弹子田回水LB控制水位。②对于$Y$来说，从161～166 m设置不同的水位。在表4.15中，当$Y$=158 m时，为采用常规联合防洪调度方式。

**表4.15　考虑长江中下游防洪安全为主的1954年调度情况**

| $Y$ | 调洪高水位/m | 荆江河段超过保证洪量/亿 $m^3$ | 城陵矶站超过保证洪量/亿 $m^3$ | 长寿区开始被淹没 | | 弹子田被淹没 | |
|---|---|---|---|---|---|---|---|
| | | | | 日期 | 库水位/m | 日期 | 库水位/m |
| 158 | 163.52 | 0 | 335.76 | 8月3日 | 161.19 | — | — |
| 161 | 166.78 | 0 | 315.27 | 8月3日 | 163.88 | — | — |
| 162 | 167.65 | 0 | 307.63 | 8月2日 | 163.84 | — | — |
| 163 | 168.52 | 0 | 299.99 | 8月2日 | 163.84 | — | — |
| 164 | 169.39 | 0 | 292.35 | 8月2日 | 165.74 | — | — |
| 165 | 170.24 | 0 | 284.71 | 8月2日 | 166.61 | 8月4日 | 167.97 |
| 166 | 171.00 | 1.27 | 277.22 | 8月2日 | 167.61 | 8月3日 | 168.51 |

通过表4.15中7种方案对比可知，针对1954年实际洪水，为保证荆江河段不分洪、弹子田不被淹没，在水位158 m以上继续实施对城陵矶地区防洪补偿调度时，建议决策时采用$Y$=164 m，此时三峡水库调洪高水位为169.39 m。如果$Y$=165 m，在1954年8月3日时的库水位为167.51 m，基本接近此时的弹子田控制水位167.65 m。特别地，长寿区开始被淹没时库水位已经高于$Y$，开始实施对荆江河段防洪补偿调度，这是符合优先次序选取【荆江河段>>回水末端弹子田>>城陵矶地区>>库区长寿区】的决策结果。

当然，1954年来水较为特别，在158 m以上继续对城陵矶地区进行防洪补偿调度时，不会发生库区被淹的情况，更多的是对后期洪水的准确预报，以在开始时对荆江河段进行防洪补偿调度时尽可能地降低三峡水库调洪高水位和库区回水淹没损失。

为了凸显不同防洪决策对应的不同结果，本次还增加了其他典型洪水，选取以长江中下游防洪安全为主或以库区防洪安全为主时的防洪决策进行分析。

（2）以库区防洪安全为主的防洪决策。

当以库区防洪安全为主时，选取控制条件优先次序为【荆江河段>>回水末端弹子田>>库区长寿区>>城陵矶地区】，在 158 m 以上防洪库容继续对城陵矶地区进行防洪补偿调度，但需要按照荆江河段控制条件、回水末端弹子田控制水位 LB、库区长寿区控制水位 LA 进行协调控制，尽可能地降低库水位，减少库区回水淹没。

这里仍然选取 $X$=161 m，$Y$ 选取为 161～166 m，研究发现，计算结果与表 4.15 中结果完全一致，其根本原因是：在 158 m 以上继续对城陵矶地区进行防洪补偿调度阶段，不会出现库区回水淹没；而至关重要的是在后期结合中长期来水预报，适时对荆江河段防洪补偿调度，以保证荆江河段防洪安全，此时库区长寿区附近断面会有 10 天左右的回水淹没，但在损失可接受范围内确保荆江河段不分洪，是放在首位的。

**3）158 m 以上防洪库容空间细分运用的防洪效果分析**

在考虑长江上游水库群剩余防洪库容可进一步进行拦蓄和有效的水文预报前提下，基于前面的三峡库水位 158 m 以上防洪库容空间细分运用方式和对 1954 年实际洪水的计算分析研究，本次针对 1954 年实际洪水进行了防洪效果计算分析，结合长江中游洪水演进数学模型，基于 20 世纪 90 年代后实测资料修订水位-流量关系及河段槽蓄能力，本次计算统计了不同时期及水库群不同运用方案下 1954 年洪水长江中下游分洪量，见表 4.16。

**表 4.16　不同时期及水库群不同运用方案下 1954 年洪水长江中下游分洪量**

| 运用方案 | 三峡水库调洪高水位/m | 荆江河段/亿 m$^3$ | 城陵矶地区/亿 m$^3$ | 武汉地区/亿 m$^3$ | 湖口地区/亿 m$^3$ | 总计/亿 m$^3$ |
|---|---|---|---|---|---|---|
| 三峡水库运行前 | — | 15 | 448 | 44 | 40 | 547 |
| 三峡单库优化调度 | 167.56 | 0 | 305 | 56 | 40 | 401 |
| 水库群联合调度 | 163.52 | 0 | 279 | 35 | 33 | 347 |
| 本书细化运用 | 169.39 | 0 | 243 | 30 | 25 | 298 |

可见，通过 158 m 以上防洪库容空间细分运用，继续对城陵矶地区实施补偿调度，关注长江中下游和库区防洪安全，可在长江上游水库群配合三峡水库联合调度模式下，进一步减少长江中下游分洪量 49 亿 m$^3$，防洪效果明显，这对流域防洪安全是比较有利的，但前提条件是风险可控。

当然，本次只是针对 1954 年实际洪水进行调度方式的计算研究，在实际调度过程中，各种因素会更为复杂，尚需结合精确的中长短期水文预报、科学的防洪调度决策进行相机权衡，以在充分利用长江上游水库群预留防洪库容的基础上，最大限度地保证流域防洪安全。

# 4.3　水库群联合调度对武汉地区防洪作用

根据三峡初步设计报告，三峡水库对武汉地区的防洪调度要求为：①遇100年一遇以上特大洪水，特别是类似1870年洪水，可避免因荆江大堤溃决造成荆江洪水直逼武汉，使汉口站水位难以控制而造成严重洪水威胁的局面；②遇大洪水年，由于减少了城陵矶地区分蓄洪区运用机会，加上汉江丹江口水库及当地的分蓄洪区联合运用，可使汉口水位得到更有效的控制；③三峡水库和长江中下游平原分蓄洪区联合运用，可使长江防洪系统应对洪水调蓄超额洪水的能力大幅提升，从而提高了武汉市防洪调度的灵活性，对武汉市防洪更有保障。

可见，三峡水库调蓄提高了对荆江河段、城陵矶地区洪水控制的能力，武汉地区以上控制洪水的能力除了原有的分蓄洪区容量外，增加了三峡水库的防洪库容221.5亿$m^3$，无疑将大大提高武汉地区防洪调度的灵活性（邹强 等，2018b）。

## 4.3.1　对武汉地区防洪调度方式

以往研究主要是考虑荆江河段、城陵矶地区的防洪控制条件、来水情势等，针对三峡水库对荆江河段和城陵矶地区进行防洪补偿调度，通过三峡水库拦蓄减少水库下泄流量，进而减少汇入长江中下游的洪量，并计算得到武汉地区超额洪量，进而比较对武汉地区防洪的积极作用。

考虑到洪水传播和防洪调度效果，防洪作用是直接作用于荆江河段和城陵矶地区的，但这样对三峡水库下游汉口站和湖口站也会减少洪量汇入，产生间接的、积极的防洪效益。为此，本小节试图在三峡水库对城陵矶地区防洪补偿调度方式的基础上，挖掘在城陵矶地区防洪补偿库容中实施兼顾对武汉地区防洪的调度方式，探讨对武汉地区的直接防洪作用分析。

本小节重点研究长江上游水库群配合作用下三峡水库兼顾对武汉地区防洪调度方式，研究的前提是不降低对荆江河段和城陵矶地区防洪标准，不影响对荆江河段和城陵矶地区防洪作用。

首先对汉口总入流处理。螺山—汉口区间主要有汉江、陆水、金水（已建闸控制）等支流加入，螺山—汉口区间水量计算以陆水加汉江为宜。计算时考虑汉江丹江口水库调蓄水量的还原，汉口总入流计算公式如下：

$$Q_{\text{汉口总入流}}=Q_{\text{螺山总入流}(t-1)}+Q_{\text{皇庄}(t-1)}+Q_{\text{螺山一汉口区间}(t-1)}+Q_{\text{丹江口蓄变量}(t-3)}$$

在三峡水库对城陵矶地区防洪补偿调度方式中，尝试兼顾对武汉地区不分洪进行控制，相应最大流量为71 600 $m^3/s$。结合以上叙述，考虑《三峡水库优化调度方案》对荆江河段和城陵矶地区防洪调度方式，在三峡水库对城陵矶地区防洪补偿调度的基础上加入对武汉地区防洪补偿调度方式，即当三峡水库水位低于对城陵矶地区防洪补偿控制水位时，水库当日泄量为：当日荆江河段防洪补偿的允许泄量、第三日城陵矶地区防洪补偿的允许泄量及第三日武汉地区防洪补偿的允许泄量三者中的最小值（在一般情况下，城陵矶补偿的允许泄量均小于荆江河段补偿的允许泄量，因此主要还是比较城陵矶地区补偿的允许泄量与武汉地区补偿的允许泄量的小值）。

$q_1=56\,700\ \text{m}^3/\text{s}-q_{\text{当日宜昌—枝城区间流量}}$，$q_2=60\,000\ \text{m}^3/\text{s}-q_{\text{第三日宜昌—城陵矶区间流量}}$，$q_3=71\,600\ \text{m}^3/\text{s}-q_{\text{第三日宜昌—汉口区间流量}}$，实际下泄量 $q=\min(q_1, q_2, q_3)$，但当 $q<30\,000\ \text{m}^3/\text{s}$ 时，则取为 $30\,000\ \text{m}^3/\text{s}$。

特别的，宜昌站到汉口站的传播时间大致为 4 天，而 $q_3$ 选择第三日宜昌—汉口区间流量，其目的是考虑三峡水库 3 天的有效预见期，同时三峡下泄流量传播到武汉会发生河道坦化，应对武汉地区防洪补偿调度提前一天进行操作。

## 4.3.2 对武汉地区防洪作用分析

考虑长江上游水库群调蓄作用，三峡水库对城陵矶地区防洪补偿控制水位为 158 m，分为“对城陵矶地区防洪”和“兼顾对武汉地区防洪”两种方式，比较 10 场典型年洪水（$P=1\%$、$P=2\%$、$P=3.33\%$）时，三峡水库调洪最高水位差值，计算结果见表 4.17。有以下分析结论：1%洪水时，三峡水库调洪最高水位平均差仅为 0.02 m；2%洪水时，三峡水库调洪最高水位平均差仅为 0.01 m；3.33%洪水时，三峡水库调洪最高水位平均差仅为 0.02 m。可见，根据长江上游水库群配合三峡水库对武汉地区防洪作用分析可知，将武汉地区防洪控制条件加入到对城陵矶地区防洪补偿调度方式中，直接的防洪作用与城陵矶地区防洪补偿后对武汉地区间接的防洪作用基本相当，加上三峡水库对武汉地区防洪补偿调度控制条件作用后，不会进一步扩大三峡水库防洪作用。

表 4.17 考虑长江上游水库群配合的三峡水库兼顾对武汉地区防洪补偿调度效果比较（以汉口为整体的设计洪水）

| 调度方式 | 典型年 | 三峡水库调洪最高水位/m | | |
|---|---|---|---|---|
| | | $P=1\%$ | $P=2\%$ | $P=3.33\%$ |
| 对城陵矶地区防洪 | 1931 | 162.11 | 160.39 | 159.87 |
| | 1935 | 167.76 | 165.04 | 163.33 |
| | 1954 | 160.46 | 159.10 | 158.11 |
| | 1968 | 167.10 | 162.60 | 160.77 |
| | 1969 | 165.89 | 163.21 | 159.97 |
| | 1980 | 167.03 | 162.97 | 161.66 |
| | 1983 | 171.00 | 169.27 | 165.94 |
| | 1988 | 162.08 | 159.18 | 158.00 |
| | 1996 | 158.00 | 158.00 | 158.00 |
| | 1998 | 169.49 | 162.58 | 161.30 |
| | 平均 | 165.11 | 162.23 | 160.69 |

续表

| 调度方式 | 典型年 | 三峡水库调洪最高水位/m | | |
|---|---|---|---|---|
| | | $P=1\%$ | $P=2\%$ | $P=3.33\%$ |
| 对城陵矶地区防洪，兼顾对武汉地区防洪 | 1931 | 162.11 | 160.39 | 159.87 |
| | 1935 | 167.76 | 165.04 | 163.33 |
| | 1954 | 160.46 | 159.10 | 158.11 |
| | 1968 | 167.10 | 162.60 | 160.77 |
| | 1969 | 165.89 | 163.21 | 159.97 |
| | 1980 | 167.20 | 163.05 | 161.91 |
| | 1983 | 171.00 | 169.27 | 165.94 |
| | 1988 | 162.08 | 159.18 | 158.00 |
| | 1996 | 158.00 | 158.00 | 158.00 |
| | 1998 | 169.49 | 162.58 | 161.30 |
| | 平均 | 165.11 | 162.24 | 160.72 |
| 对比结果 | 1931 | 0.00 | 0.00 | 0.00 |
| | 1935 | 0.00 | 0.00 | 0.00 |
| | 1954 | 0.00 | 0.00 | 0.00 |
| | 1968 | 0.00 | 0.00 | 0.00 |
| | 1969 | 0.00 | 0.00 | 0.00 |
| | 1980 | 0.16 | 0.08 | 0.25 |
| | 1983 | 0.00 | 0.00 | 0.00 |
| | 1988 | 0.00 | 0.00 | 0.00 |
| | 1996 | 0.00 | 0.00 | 0.00 |
| | 1998 | 0.00 | 0.00 | 0.00 |
| | 平均 | 0.02 | 0.01 | 0.02 |

### 4.3.3　对武汉地区防洪补偿调度效果分析

由表 4.17 可知，对于“对城陵矶地区防洪”和“兼顾对武汉地区防洪”两种方式，三峡水库调洪高水位的差别主要集中在 1980 年不同频率洪水的计算结果中，表明 1980 年兼顾对武汉地区防洪补偿控制条件还是起到了一定的防洪作用，以下将重点针对 1980 年洪水进行比较分析。

首先，通过错时叠加分别得到荆江河段、城陵矶地区、武汉地区合成流量过程，如

图 4.11 所示，并给出了荆江河段合成流量大于 56 700 $m^3/s$、城陵矶地区合成流量大于 60 000 $m^3/s$、武汉地区合成流量大于 71 600 $m^3/s$ 的情况，见表 4.18，并给出了对相应调度方式中对三峡水库下泄流量的控制。可见：

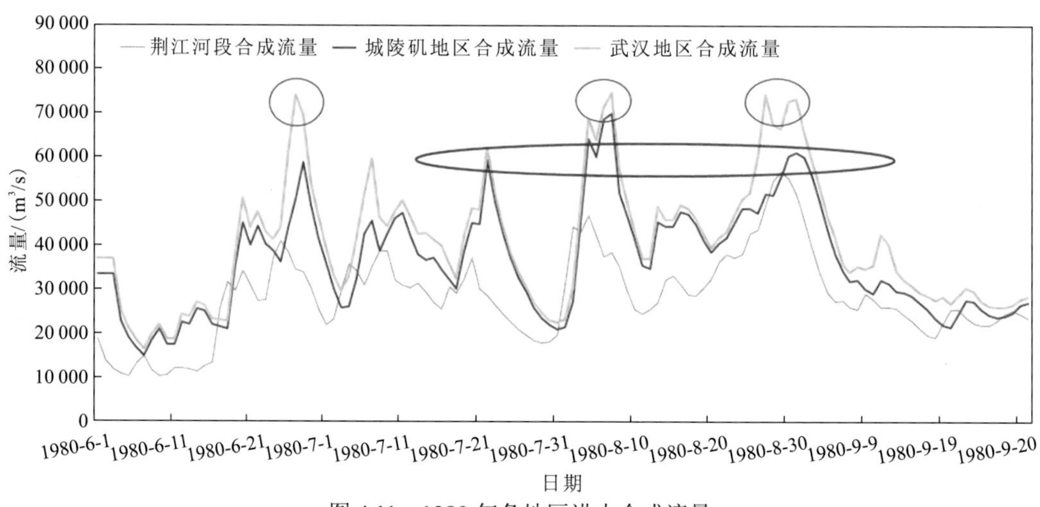


图 4.11　1980 年各地区洪水合成流量

**表 4.18　各防洪对象超过相应控制流量的日期及合成流量统计情况**

| 地区 | 日期 | 合成流量/（$m^3/s$） | 须调整三峡水库下泄值/（$m^3/s$） |
|---|---|---|---|
| 荆江河段 | 8 月 29 日 | 56 867 | 167 |
| 城陵矶地区 | 8 月 4 日 | 64 263 | 4 263 |
| | 8 月 5 日 | 60 201 | 201 |
| | 8 月 6 日 | 68 812 | 8 812 |
| | 8 月 7 日 | 70 079 | 10 079 |
| | 8 月 30 日 | 60 372 | 372 |
| | 8 月 31 日 | 61 235 | 1 235 |
| | 9 月 1 日 | 60 210 | 210 |
| 武汉地区 | 6 月 27 日 | 74 186 | 2 586 |
| | 8 月 6 日 | 71 681 | 81 |
| | 8 月 7 日 | 74 514 | 2 914 |
| | 8 月 27 日 | 74 368 | 2 768 |
| | 8 月 30 日 | 72 951 | 1 351 |
| | 8 月 31 日 | 73 469 | 1 869 |

（1）从合成流量来看，1980 年汛期防洪形势较为平和，超过相应流量控制条件的日期不多，且城陵矶地区和武汉地区超过相应 60 000 $m^3/s$ 和 71 600 $m^3/s$ 的日期也基本一致，

对城陵矶地区防洪补偿调度时，减少三峡水库下泄流量来控制城陵矶地区合成流量，也会自然减少武汉地区合成流量。

（2）同时，从合成流量对调度方式的影响来看，主要是以对城陵矶地区防洪补偿控制条件为主。

以上两条结论均与前述研究相一致。当然，1980 年 6 月底这一段日期内（6 月 26 日～6 月 29 日），城陵矶地区合成流量平均值在 50590 $m^3/s$，城陵矶地区防洪需求不大；而武汉地区此段时间内合成流量平均值在 54320 $m^3/s$ 左右，特别是在 6 月 27 日武汉地区合成流量为 74186 $m^3/s$，防洪形势较为紧张，需要长江上游水库群对武汉地区实施防洪补偿调度。如果此时丹江口水库也相机减少汇入武汉地区的下泄流量，也会对武汉地区防洪起到一定积极作用。

根据以上分析，本次对 1980 年调度过程实施了兼顾对武汉地区防洪调度调洪计算，计算结果见表 4.19 和图 4.12～图 4.13。可见，在长江上游水库群配合三峡水库对城陵矶地区防洪且兼顾对武汉地区防洪调度时，相比长江上游水库群配合三峡水库对城陵矶地区防洪，可减少武汉地区河段流量超 71600 $m^3/s$ 的洪量为 6.02 亿 $m^3$，对武汉地区防洪产生较好的积极作用。

**表 4.19 1980 年兼顾对武汉地区防洪调度调洪结果**

| 项目 | 城陵矶地区天然超过保证洪量/亿 $m^3$ | 武汉地区天然超过保证洪量/亿 $m^3$ | 长江上游水库防洪使用库容/亿 $m^3$ | 三峡水库调洪高水位/m | 长江中下游分洪量/亿 $m^3$ |
|---|---|---|---|---|---|
| 对城陵矶地区防洪 | 0.41 | 6.02 | 21.8 | 148.76 | 0 |
| 兼顾对武汉地区防洪 | 0.41 | 0 | 24.0 | 149.83 | 0 |
| 差值 | 0 | −6.02 | 2.2 | 1.07 | 0 |

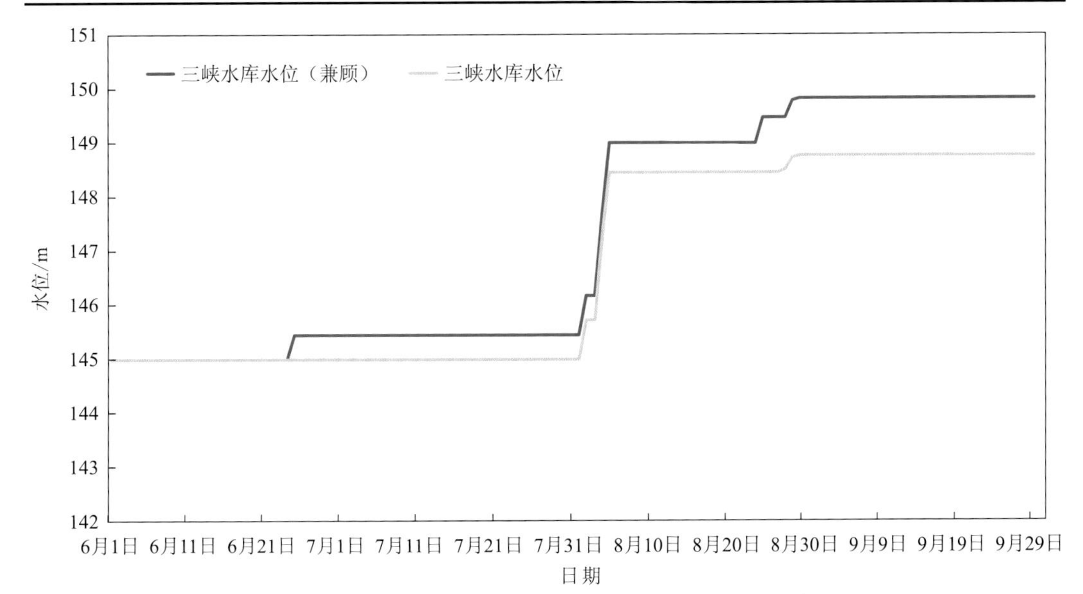


图 4.12 1980 年两种防洪调度方式的三峡水库水位过程

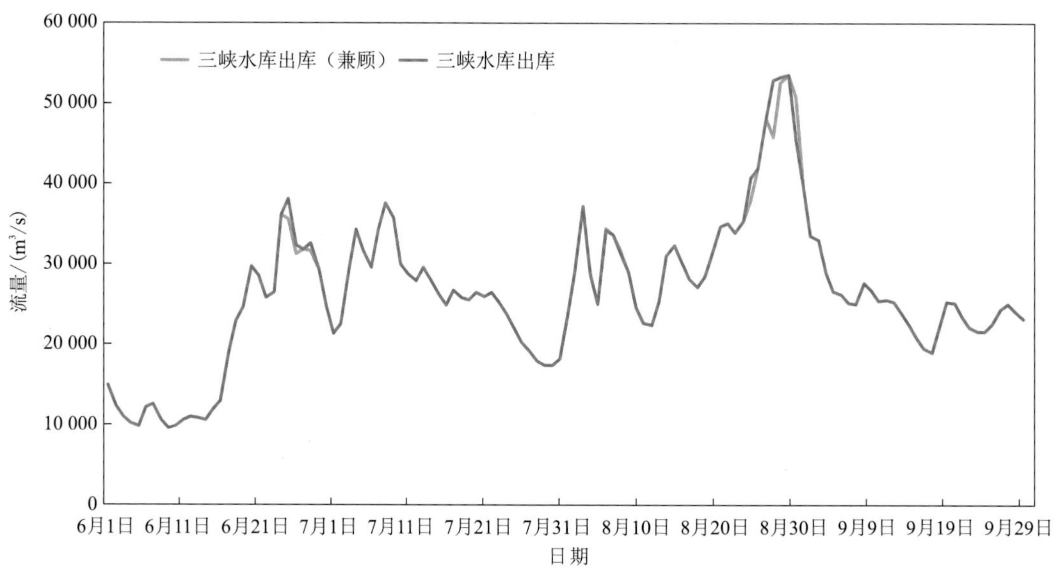


图 4.13　1980 年两种防洪调度方式的三峡水库出库流量过程

最后，为了细致地比较两种防洪调度方式（即“对城陵矶地区防洪”和“兼顾对武汉地区防洪”），本次利用长江中游洪水演进模型，计算比较了对长江中下游水位过程的影响，如图 4.14～图 4.15 所示，可最大限度降低城陵矶站和汉口站水位，分别降低 0.18 m 和 0.14 m。可见，在实际调度过程中，加入对武汉地区防洪控制条件，虽然不会大幅度改变长江中下游分洪量，但对降低长江中下游水位是有利的。

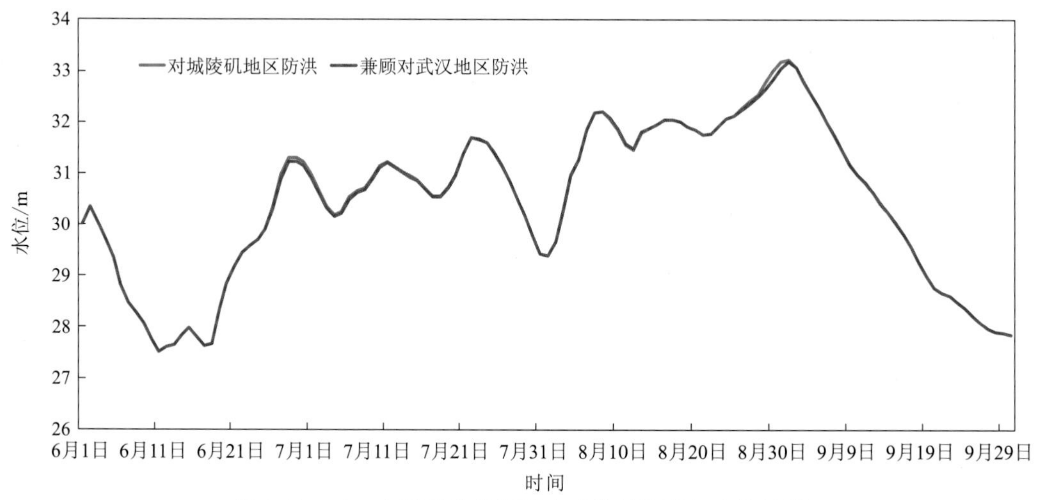


图 4.14　1980 年两种防洪调度方式的城陵矶站水位过程

需要说明的是，由于 1980 年洪水并不是非常大，所以运用两种防洪调度方式时，长江中下游均无分洪量。

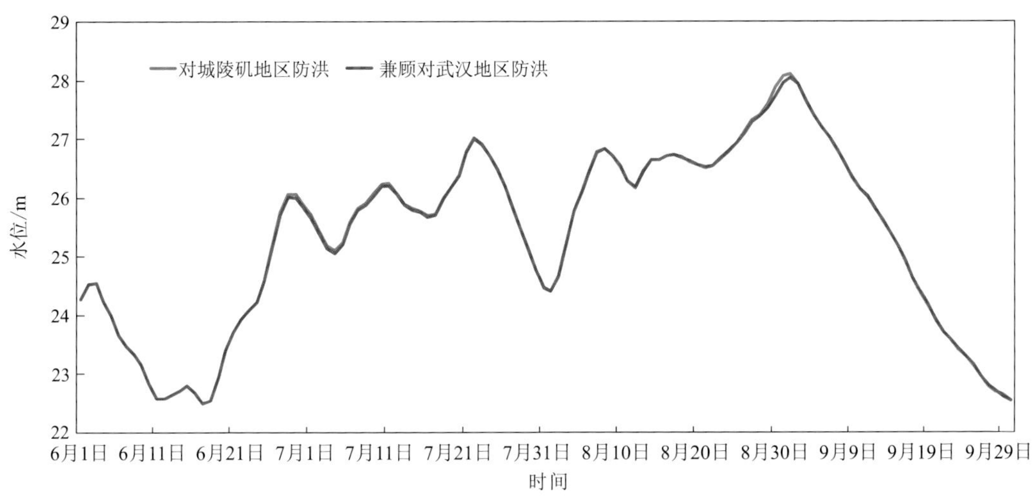


图 4.15 1980 年两种防洪调度方式的汉口站水位过程

## 4.3.4 对武汉地区防洪调度效益分析

**1）10 场典型年实际洪水计算分析**

由 4.3.3 小节可知，总体来看，将武汉地区防洪控制条件加入到对城陵矶地区防洪补偿调度方式中，并且加入三峡水库对武汉地区防洪补偿调度控制条件作用后不会进一步扩大三峡水库防洪作用。为此，考虑到防洪调度的时效性和可操作性，目前调度方式仍然基于对城陵矶地区防洪补偿调度方式，采用以螺山为整体设计洪水，并在长江上游水库群配合三峡水库联合调度的基础上做有效改进。

以下是采用 10 场典型年实际洪水计算时的城陵矶站和汉口站的水位过程，其中情况①天然情况为不考虑长江上游水库群调度作用和长江中下游分洪的计算情况，同时也考虑了长江中下游分洪与不分洪两种情况，分别记为情况②和情况③，沙市站、城陵矶站、汉口站和湖口站的分洪控制水位分别为 45 m、34.4 m、29.5 m 和 22.5 m。

由 10 场典型年实际洪水来水计算表明，在长江上游水库群配合三峡水库对城陵矶地区进行防洪补偿调度时，1931 年、1935 年、1954 年和 1998 年实际来水时，长江中下游有超额洪量，其他 6 个年份长江中下游基本无超额洪量。长江上游水库群配合三峡水库联合调度下长江中下游分洪量统计见表 4.20。

**表 4.20 长江上游水库群配合三峡水库联合调度下长江中下游分洪量统计**

**（实际洪水，以螺山为整体设计洪水）** （单位：亿 $m^3$）

| 年份 | 荆江河段 | 城陵矶地区 | 武汉地区 | 湖口地区 | 总量 |
|---|---|---|---|---|---|
| 1931 | 0 | 117 | 0 | 0 | 117 |
| 1935 | 0 | 88 | 25 | 0 | 113 |
| 1954 | 0 | 279 | 35 | 33 | 347 |
| 1968 | 0 | 0 | 0 | 0 | 0 |

续表

| 年份 | 荆江河段 | 城陵矶地区 | 武汉地区 | 湖口地区 | 总量 |
|---|---|---|---|---|---|
| 1969 | 0 | 0 | 0 | 0 | 0 |
| 1980 | 0 | 0 | 0 | 0 | 0 |
| 1983 | 0 | 0 | 0 | 0 | 0 |
| 1988 | 0 | 0 | 0 | 0 | 0 |
| 1996 | 0 | 0 | 0 | 0 | 0 |
| 1998 | 0 | 18 | 0 | 0 | 18 |

对于长江中下游有超额洪量和长江中下游无超额洪量时，以下分别统计了情况①～情况③时城陵矶站和汉口站的最高水位、超过保证水位时间、超过警戒水位时间和两站水位相差值及其相关系数，见表 4.21 和表 4.22。

**表 4.21　10 场典型年实际洪水统计成果（长江中下游有超额洪量）**

| 年份 | 计算情况 | 控制站 | 最高水位/m | 超过保证水位时间 | 两站水位相差值/m | 两站水位相关系数 |
|---|---|---|---|---|---|---|
| 1931 | 天然 | 城陵矶站 | 36.70 | 7 月 26 日～8 月 2 日<br>8 月 10 日～8 月 22 日 | 5.11（平均）<br>5.61（最大）<br>4.10（最小） | 0.990 |
| | | 汉口站 | 31.39 | 7 月 29 日～7 月 30 日<br>8 月 11 日～8 月 20 日 | | |
| | 联调-不分洪 | 城陵矶站 | 36.06 | 8 月 11 日～8 月 21 日 | 5.05（平均）<br>5.48（最大）<br>4.09（最小） | 0.989 |
| | | 汉口站 | 30.86 | 8 月 12 日～8 月 19 日 | | |
| | 联调-分洪 | 城陵矶站 | 34.40 | 8 月 11 日～8 月 16 日 | 5.04（平均）<br>5.48（最大）<br>4.09（最小） | 0.987 |
| | | 汉口站 | 29.30 | — | | |
| 1935 | 天然 | 城陵矶站 | 37.37 | 7 月 5 日～7 月 14 日 | 5.21（平均）<br>6.41（最大）<br>4.07（最小） | 0.980 |
| | | 汉口站 | 31.90 | 7 月 6 日～7 月 15 日 | | |
| | 联调-不分洪 | 城陵矶站 | 35.78 | 7 月 7 日～7 月 13 日 | 5.18（平均）<br>6.41（最大）<br>4.07（最小） | 0.977 |
| | | 汉口站 | 30.76 | 7 月 8 日～7 月 13 日 | | |
| | 联调-分洪 | 城陵矶站 | 34.40 | 7 月 7 日～7 月 10 日 | 5.19（平均）<br>6.41（最大）<br>4.10（最小） | 0.975 |
| | | 汉口站 | 29.50 | 7 月 10 日～7 月 12 日 | | |
| 1954 | 天然 | 城陵矶站 | 37.55 | 7 月 5 日～7 月 10 日<br>7 月 14 日～7 月 18 日<br>7 月 23 日～8 月 19 日 | 4.97（平均）<br>5.75（最大）<br>4.38（最小） | 0.996 |
| | | 汉口站 | 32.36 | 7 月 15 日～7 月 19 日<br>7 月 23 日～8 月 17 日 | | |
| | 联调-不分洪 | 城陵矶站 | 36.84 | 7 月 26 日～8 月 16 日 | 5.02（平均）<br>5.75（最大）<br>4.32（最小） | 0.995 |
| | | 汉口站 | 31.80 | 7 月 27 日～8 月 16 日 | | |
| | 联调-分洪 | 城陵矶站 | 34.40 | 7 月 26 日～8 月 13 日 | 4.94（平均）<br>5.75（最大）<br>4.34（最小） | 0.994 |
| | | 汉口站 | 29.50 | 7 月 23 日～7 月 31 日<br>8 月 6 日～8 月 12 日 | | |

续表

| 年份 | 计算情况 | 控制站 | 最高水位/m | 超过保证水位时间 | 两站水位相差值/m | 两站水位相关系数 |
|---|---|---|---|---|---|---|
| 1998 | 天然 | 城陵矶站 | 35.77 | 7 月 24 日～8 月 24 日 | 5.90（平均）<br>6.77（最大）<br>5.07（最小） | 0.998 |
| | | 汉口站 | 30.51 | 7 月 25 日～7 月 28 日、<br>8 月 1 日、<br>8 月 8 日～8 月 23 日 | | |
| | 联调-不分洪 | 城陵矶站 | 34.51 | 8 月 18 日～8 月 21 日 | 5.28（平均）<br>5.88（最大）<br>5.08（最小） | 0.998 |
| | | 汉口站 | 29.31 | — | | |
| | 联调-分洪 | 城陵矶站 | 34.40 | 8 月 18 日～8 月 19 日 | 5.28（平均）<br>5.88（最大）<br>5.09（最小） | 0.998 |
| | | 汉口站 | 29.24 | — | | |

**表 4.22　10 场典型年实际洪水统计成果（长江中下游无超额洪量）**

| 年份 | 计算情况 | 控制站 | 最高水位/m | 超过保证水位时间 | 超过警戒水位时间 | 两站水位相差值 | 两站水位相关系数 |
|---|---|---|---|---|---|---|---|
| 1968 | 天然 | 城陵矶站 | 34.90 | 7 月 19 日～7 月 25 日 | 7 月 8 日～7 月 29 日 | 5.36（平均）<br>5.85（最大）<br>4.80（最小） | 0.993 |
| | | 汉口站 | 29.82 | 7 月 19 日～7 月 21 日 | 7 月 10 日～7 月 30 日 | | |
| | 联调 | 城陵矶站 | 33.94 | — | 7 月 10 日～7 月 28 日 | 5.35（平均）<br>5.85（最大）<br>4.65（最小） | 0.992 |
| | | 汉口站 | 28.97 | — | 7 月 12 日～7 月 28 日 | | |
| 1969 | 天然 | 城陵矶站 | 34.28 | — | 7 月 14 日～7 月 25 日 | 5.43（平均）<br>6.36（最大）<br>4.39（最小） | 0.992 |
| | | 汉口站 | 28.81 | — | 7 月 13 日～7 月 25 日 | | |
| | 联调 | 城陵矶站 | 33.99 | — | 7 月 14 日～7 月 25 日 | 5.42（平均）<br>6.36（最大）<br>4.39（最小） | 0.991 |
| | | 汉口站 | 28.55 | — | 7 月 14 日～7 月 24 日 | | |
| 1980 | 天然 | 城陵矶站 | 33.34 | — | 8 月 7 日～8 月 9 日<br>8 月 28 日～9 月 5 日 | 5.12（平均）<br>5.83（最大）<br>4.57（最小） | 0.988 |
| | | 汉口站 | 28.20 | — | 8 月 27 日～9 月 5 日 | | |
| | 联调 | 城陵矶站 | 33.25 | — | 8 月 28 日～9 月 4 日 | 5.11（平均）<br>5.83（最大）<br>4.57（最小） | 0.989 |
| | | 汉口站 | 28.12 | — | 8 月 27 日～9 月 4 日 | | |
| 1983 | 天然 | 城陵矶站 | 33.58 | — | 7 月 8 日～7 月 22 日 | 4.95（平均）<br>5.75（最大）<br>4.09（最小） | 0.979 |
| | | 汉口站 | 28.40 | — | 7 月 5 日～7 月 27 日 | | |
| | 联调 | 城陵矶站 | 33.28 | — | 7 月 8 日～7 月 12 日<br>7 月 15 日～7 月 21 日 | 4.94（平均）<br>5.75（最大）<br>4.07（最小） | 0.978 |
| | | 汉口站 | 28.27 | — | 7 月 5 日～7 月 27 日 | | |
| 1988 | 天然 | 城陵矶站 | 34.10 | — | 9 月 6 日～9 月 22 日 | 5.42（平均）<br>5.87（最大）<br>4.90（最小） | 0.994 |
| | | 汉口站 | 28.70 | — | 9 月 7 日～9 月 22 日 | | |
| | 联调 | 城陵矶站 | 33.62 | — | 9 月 6 日～9 月 22 日 | 5.41（平均）<br>5.87（最大）<br>4.90（最小） | 0.994 |
| | | 汉口站 | 28.32 | — | 9 月 9 日～9 月 21 日 | | |

续表

<table>
<tr><th>年份</th><th>计算情况</th><th>控制站</th><th>最高水位/m</th><th>超过保证水位时间</th><th>超过警戒水位时间</th><th>两站水位相差值</th><th>两站水位相关系数</th></tr>
<tr><td rowspan="4">1996</td><td rowspan="2">天然</td><td>城陵矶站</td><td>35.19</td><td>7月18日～7月25日</td><td>7月12日～8月10日</td><td rowspan="2">5.36（平均）<br>5.85（最大）<br>4.80（最小）</td><td rowspan="2">0.991</td></tr>
<tr><td>汉口站</td><td>29.84</td><td>7月18日～7月22日</td><td>7月11日～8月11日</td></tr>
<tr><td rowspan="2">联调</td><td>城陵矶站</td><td>34.40</td><td>7月22日</td><td>7月13日～8月1日<br>8月4日～8月10日</td><td rowspan="2">5.35（平均）<br>5.85（最大）<br>4.65（最小）</td><td rowspan="2">0.991</td></tr>
<tr><td>汉口站</td><td>29.22</td><td>—</td><td>7月12日～8月1日<br>8月4日～8月11日</td></tr>
</table>

分析表明，各种计算情况下两站超过保证水位时间大致相同，基本相隔时间不长，且两站水位相关系数均在 0.975 以上，呈现出相同的波形过程，这也是江湖连通下长江中下游河网水位分布的特征。还有，两站水位相差的平均值在 4.97～5.90 m，而两站警戒水位为 32.50 m 和 27.30 m、保证水位为 34.40 m 和 29.73 m（模型计算中选定汉口站分洪控制水位 29.50 m）的相差在 5.00 m 和 4.67 m（4.9 m），在制定防洪减灾决策措施时，通过统筹防洪形势和实际需要来设定防洪安全水位。

因此，对武汉地区的防洪作用，还是要基于长江上游水库群配合三峡水库联合调度对城陵矶地区的防洪作用，通过对长江上游水库群加大拦蓄和提前拦蓄，能减轻长江中下游的防洪压力，降低城陵矶站和汉口站的水位，这对武汉地区防洪是非常有益的。

进一步，在长江上游水库群配合三峡水库联合调度下，针对 1931 年、1935 年、1954 年和 1998 年，三峡水库调洪最高水位分别为 160.32 m、163.65 m、163.52 m 和 159.70 m；针对 1968 年、1969 年、1980 年、1983 年、1988 年、1996 年，三峡水库调洪最高水位分别为 157.45 m、148.81 m、148.76 m、149.24 m、149.19 m、153.73 m。

可见，对于长江中下游有超额洪量、水位超过保证水位的 1931 年、1935 年、1954 年和 1998 年，在长江上游水库群配合作用下，加大三峡水库拦蓄量，在确保水位不超过 171 m 时能使荆江河段不分洪，也可以降低城陵矶站和汉口站水位，但在这种情况下确保防洪风险值得密切关注和重点研究；而针对 1968 年、1969 年、1980 年、1983 年、1988 年、1996 年，此时长江中下游基本无超额洪量，城陵矶站和汉口站水位不超过保证水位，甚至汉口汛期大量时间不超过警戒水位，如果加大三峡水库拦蓄作用，减少三峡水库下泄流量，三峡水库水位也不会超过 158 m 或 162 m，此时会降低汉口站水位，甚至使得汉口站水位不超过警戒水位，这对武汉地区防洪安全是极其有利的。后续将针对以上分析，试图研究增大三峡水库拦蓄作用的调度方式及其防洪效益。

**2）10 场典型年 3.33%洪水计算分析**

以上是在长江上游水库群配合三峡水库联合调度模式下，基于 10 场典型年实际洪水的分析计算，以下采用各典型年洪水放大倍比，分析 3.33%洪水时城陵矶站和汉口站的水位过程。

由 10 场典型年 3.33%整体设计洪水计算表明，在长江上游水库群配合三峡水库对城陵矶进行防洪补偿调度时，10 个年份均已分洪，长江上游水库群配合三峡水库联合调度长江中下游分洪量见表 4.23。

**表 4.23　长江上游水库群配合三峡水库联合调度长江中下游分洪量**（单位：亿 $m^3$）

| 年份 | 荆江河段 | 城陵矶地区 | 武汉地区 | 湖口地区 | 总量 |
|---|---|---|---|---|---|
| 1931 | 0 | 108 | 0 | 0 | 108 |
| 1935 | 0 | 91 | 25 | 0 | 116 |
| 1954 | 0 | 90 | 15 | 0 | 105 |
| 1968 | 0 | 101 | 9 | 0 | 110 |
| 1969 | 0 | 207 | 24 | 7 | 238 |
| 1980 | 0 | 21 | 0 | 0 | 21 |
| 1983 | 0 | 62 | 22 | 88 | 172 |
| 1988 | 0 | 76 | 0 | 0 | 76 |
| 1996 | 0 | 31 | 16 | 0 | 47 |
| 1998 | 0 | 33 | 18 | 0 | 51 |

计算结果表明，长江中下游 10 场典型年 3.33%洪水时，在长江上游水库群配合三峡水库联合调度作用下，长江中下游均有超额洪量，城陵矶站水位均超过保证水位 34.40 m，而此时如果汉口站有超额洪量，汉口站水位也超过了 29.50 m。还有，城陵矶站和汉口站水位是整体同步的，且城陵矶站水位和汉口站水位的相关系数达到 98%以上，基本呈现同样的波形。如果此时增大三峡水库拦蓄作用，会减少城陵矶地区超额洪量、降低城陵矶站水位，也会相应地降低汉口站水位，这对武汉地区防洪也是有利的。

显然，对于 10 场典型年洪水的 2%和 1%设计洪水，长江中下游防洪压力更大，城陵矶站和汉口站都将出现超额洪量，此时应密切关注城陵矶地区防洪需求，这对确保长江中下游防洪安全是非常重要的，此时减轻城陵矶地区防洪压力，也能够减轻武汉地区防洪压力。

**3）进一步增大长江上游水库群拦蓄能力**

根据 10 场典型年实际洪水的分洪量计算可知，对于 1968 年、1969 年、1980 年、1983 年、1988 年、1996 年洪水，长江中下游荆江河段、城陵矶地区、武汉地区和湖口地区不分洪；而对于 1931 年、1935 年、1954 年、1998 年洪水，长江中下游出现了超额洪量。对于武汉地区而言，1935 年和 1954 年有 25 亿 $m^3$ 和 35 亿 $m^3$ 的分洪量。以下讨论对 1954 年洪水，进一步增大长江上游水库群拦蓄能力，对武汉地区起到一定的防洪作用。

对于 1954 年，长江上游水库群配合三峡水库联合调度下，武汉地区于 7 月 23 日开始分洪（以 29.50 m 作为分洪控制水位），而城陵矶地区于 3 天后，即 7 月 26 日开始分洪（以 34.40 m 作为分洪控制水位）。如果在武汉地区开始分洪时，增大长江上游水库群拦蓄能力，通过三峡水库调蓄控制下泄流量，其中 7 月 23 日三峡水库水位为 158.11 m，在风险可控的前提下减少下泄流量，可以在一定程度上减少长江中下游分洪量和降低长江中下游水位，对武汉地区防洪是有利的。

当然，加大拦蓄在实时调度中是可以操作的。这是由于根据《以三峡为核心的水库群建成后典型洪水调度推演》研究报告，遇 1954 年洪水，在长江上游水库群配合三峡水库联合调度作用下，7 月 23 日基本上是 1954 年第二场洪水拦蓄结束、第三场洪水拦蓄启动的时期，此时长江上游梯级水库在保证自身防洪库容预留需求的前提下，已累计拦蓄洪量 35.16 亿 $m^3$，显著减少三峡入库洪量。长江上游水库群剩余防洪库容为 106.3 亿 $m^3$，其中金沙江中游梯级水库、溪洛渡及向家坝水库、雅砻江梯级水库、岷江梯级水库、嘉陵江梯级水库、乌江梯级水库分别剩余防洪库容 7.52 亿 $m^3$、53.92 亿 $m^3$、13.74 亿 $m^3$、6.67 亿 $m^3$、16.2 亿 $m^3$、8.25 亿 $m^3$。同时，三峡水库目前调洪高水位为 158.11 m，已累计拦蓄 77.65 亿 $m^3$，其中兼顾城陵矶地区防洪消耗库容约 76.9 亿 $m^3$，已开始实施对荆江河段防洪补偿调度，且剩余防洪库容 143.65 亿 $m^3$，对荆江河段洪水具有较大的抗洪能力。此时长江上游水库群预留防洪库容较多，可在防洪安全的前提下加大拦蓄。

以下考虑增大长江上游水库群拦蓄能力，三峡水库下泄流量分别减少 2 000 $m^3/s$ 和 5 000 $m^3/s$，分析对中下游城陵矶地区和武汉地区的防洪作用。

以下是增大长江上游水库群拦蓄能力时的城陵矶站和汉口站水位过程，以及水位过程统计结果表，分别见图 4.16、图 4.17 和表 4.24。

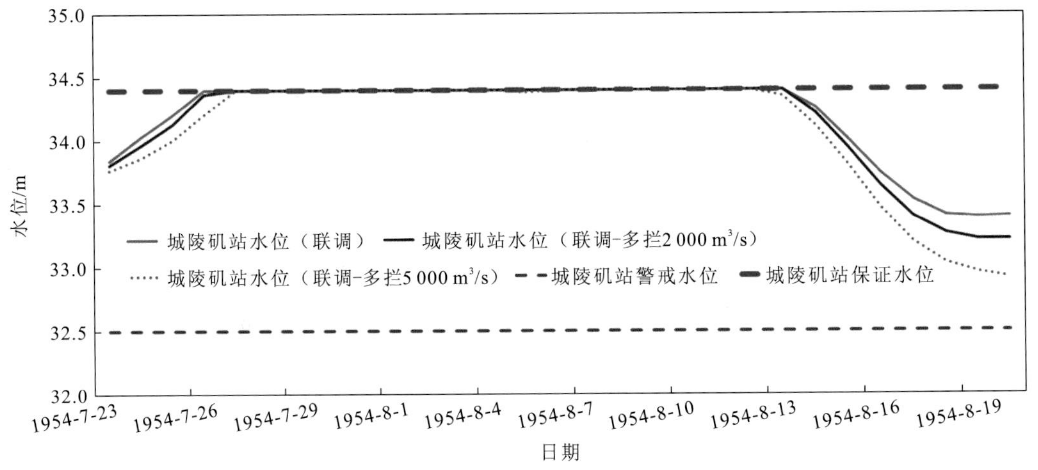


图 4.16　增大长江上游水库群拦蓄能力时的城陵矶站水位过程（1954 年）

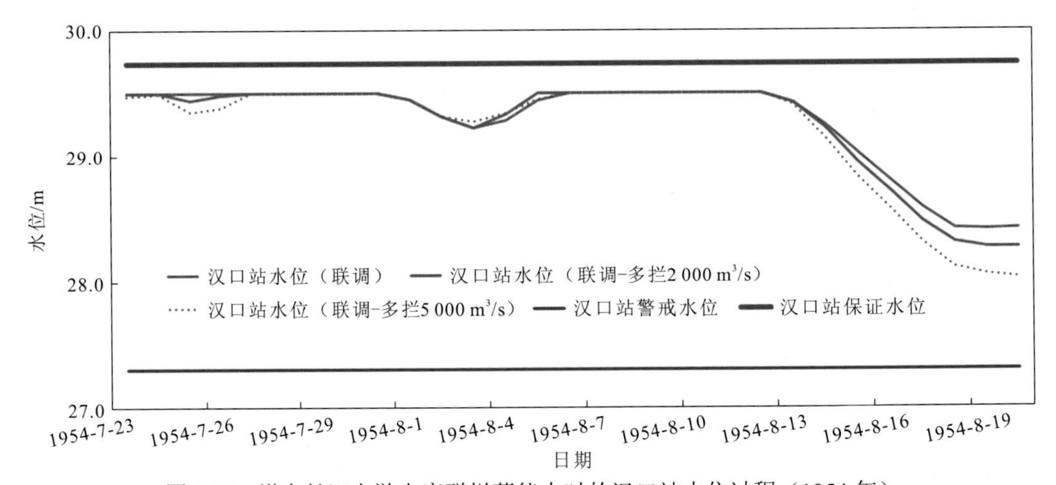


图 4.17　增大长江上游水库群拦蓄能力时的汉口站水位过程（1954 年）

表 4.24　长江上游水库群加大拦蓄能力时的水位过程统计　（单位：m）

| 日期 | 长江上游水库群联调 | | 长江上游水库群联调（多拦蓄 2 000 m³/s） | | | | 长江上游水库群联调（多拦蓄 5 000 m³/s） | | | |
|---|---|---|---|---|---|---|---|---|---|---|
| | 城陵矶站 | 汉口站 | 城陵矶站 | 汉口站 | 城陵矶站水位降低 | 汉口站水位降低 | 城陵矶站 | 汉口站 | 城陵矶站水位降低 | 汉口站水位降低 |
| 7 月 23 日 | 33.84 | 29.50 | 33.81 | 29.50 | −0.03 | 0 | 33.77 | 29.47 | −0.07 | −0.03 |
| 7 月 24 日 | 34.03 | 29.50 | 33.97 | 29.50 | −0.06 | 0 | 33.87 | 29.49 | −0.16 | −0.01 |
| 7 月 25 日 | 34.21 | 29.50 | 34.13 | 29.44 | −0.08 | −0.06 | 34.01 | 29.35 | −0.20 | −0.15 |
| 7 月 26 日 | 34.40 | 29.50 | 34.37 | 29.48 | −0.03 | −0.02 | 34.21 | 29.38 | −0.19 | −0.12 |
| 7 月 27 日 | 34.40 | 29.50 | 34.40 | 29.50 | 0 | 0 | 34.40 | 29.50 | 0 | 0 |
| 7 月 28 日 | 34.40 | 29.50 | 34.40 | 29.50 | 0 | 0 | 34.40 | 29.50 | 0 | 0 |
| 7 月 29 日 | 34.40 | 29.50 | 34.40 | 29.50 | 0 | 0 | 34.40 | 29.50 | 0 | 0 |
| 7 月 30 日 | 34.40 | 29.50 | 34.40 | 29.50 | 0 | 0 | 34.40 | 29.50 | 0 | 0 |
| 7 月 31 日 | 34.40 | 29.50 | 34.40 | 29.50 | 0 | 0 | 34.40 | 29.50 | 0 | 0 |
| 8 月 1 日 | 34.40 | 29.45 | 34.40 | 29.45 | 0 | 0 | 34.40 | 29.45 | 0 | 0 |
| 8 月 2 日 | 34.40 | 29.31 | 34.40 | 29.31 | 0 | 0 | 34.40 | 29.31 | 0 | 0 |
| 8 月 3 日 | 34.40 | 29.22 | 34.40 | 29.22 | 0 | 0 | 34.40 | 29.27 | 0 | 0.05 |
| 8 月 4 日 | 34.40 | 29.28 | 34.40 | 29.33 | 0 | 0.05 | 34.40 | 29.34 | 0 | 0.06 |
| 8 月 5 日 | 34.40 | 29.44 | 34.40 | 29.50 | 0 | 0.06 | 34.38 | 29.45 | −0.02 | 0.01 |
| 8 月 6 日 | 34.40 | 29.50 | 34.40 | 29.50 | 0 | 0 | 34.40 | 29.50 | 0 | 0 |
| 8 月 7 日 | 34.40 | 29.50 | 34.40 | 29.50 | 0 | 0 | 34.40 | 29.50 | 0 | 0 |
| 8 月 8 日 | 34.40 | 29.50 | 34.40 | 29.50 | 0 | 0 | 34.40 | 29.50 | 0 | 0 |
| 8 月 9 日 | 34.40 | 29.50 | 34.40 | 29.50 | 0 | 0 | 34.40 | 29.50 | 0 | 0 |
| 8 月 10 日 | 34.40 | 29.50 | 34.40 | 29.50 | 0 | 0 | 34.40 | 29.50 | 0 | 0 |
| 8 月 11 日 | 34.40 | 29.50 | 34.40 | 29.50 | 0 | 0 | 34.40 | 29.50 | 0 | 0 |
| 8 月 12 日 | 34.40 | 29.50 | 34.40 | 29.50 | 0 | 0 | 34.40 | 29.50 | 0 | 0 |
| 8 月 13 日 | 34.40 | 29.42 | 34.40 | 29.42 | 0 | 0 | 34.35 | 29.41 | −0.05 | −0.01 |
| 8 月 14 日 | 34.26 | 29.25 | 34.22 | 29.22 | −0.04 | −0.03 | 34.12 | 29.14 | −0.14 | −0.11 |
| 8 月 15 日 | 34.01 | 29.02 | 33.94 | 28.95 | −0.07 | −0.07 | 33.81 | 28.83 | −0.20 | −0.19 |
| 8 月 16 日 | 33.74 | 28.80 | 33.64 | 28.72 | −0.10 | −0.08 | 33.47 | 28.58 | −0.27 | −0.22 |
| 8 月 17 日 | 33.53 | 28.59 | 33.40 | 28.48 | −0.13 | −0.11 | 33.20 | 28.31 | −0.33 | −0.28 |
| 8 月 18 日 | 33.41 | 28.42 | 33.27 | 28.31 | −0.14 | −0.11 | 33.03 | 28.11 | −0.38 | −0.31 |
| 8 月 19 日 | 33.39 | 28.41 | 33.22 | 28.27 | −0.17 | −0.14 | 32.96 | 28.05 | −0.43 | −0.36 |
| 8 月 20 日 | 33.40 | 28.42 | 33.22 | 28.27 | −0.18 | −0.15 | 32.92 | 28.03 | −0.48 | −0.39 |

由图 4.16～图 4.17 和表 4.24 所知，长江上游水库群多拦蓄 2000 $m^3/s$ 时，7 月 23 日～8 月 20 日这段时期内，汉口站分洪天数由 16 天减少为 12 天，城陵矶站分洪天数由 19 天减少为 18 天，且水位也呈现一定程度的降低，能够减少长江中下游洪灾损失。

当然，如果仅仅是三峡水库在对荆江河段防洪补偿调度过程中多拦蓄 2000 $m^3/s$，如图 4.18 所示，8 月 20 日时三峡水库水位为 169.44 m，尚未超过 171 m，而根据水文情势分析可知，8 月 20 日以后流域来水处于退水态势，可后期在确保安全的前提下缓慢降低水位。进一步，若此时长江上游水库群配合三峡水库在对荆江河段防洪补偿调度过程中多拦蓄 2000 $m^3/s$，这样三峡水库水位会相比 169.44 m 有所降低，可降低一定的防洪风险。

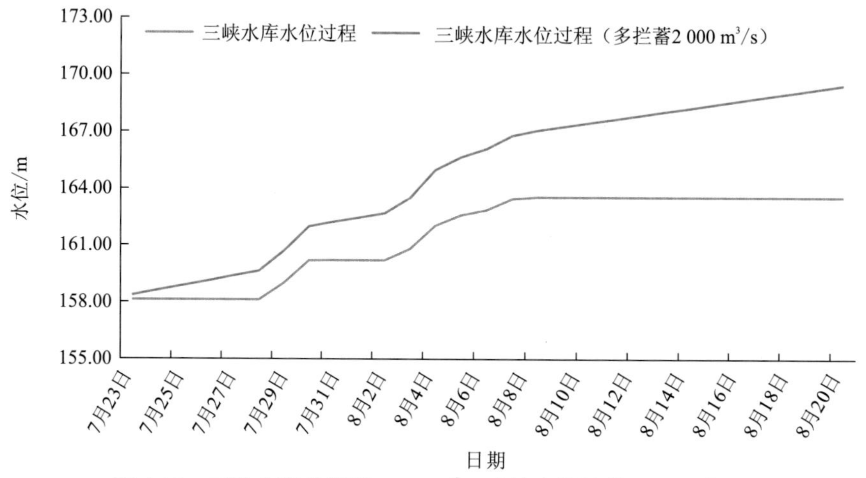

图 4.18　三峡水库多拦蓄 2 000 $m^3/s$ 时的水位过程（1954 年）

进一步，当长江上游水库多拦蓄 5000 $m^3/s$ 时，7 月 23 日～8 月 20 这段时期内，汉口站分洪天数由 16 天减少为 12 天，城陵矶站分洪天数由 19 天减少为 16 天，且水位也呈现一定程度的降低，减少长江中下游洪灾损失，相比多拦蓄 2000 $m^3/s$ 时水位降低得更多，但也需关注长江上游水库群调度过程，相机控制各水库水位，不会过于抬高三峡水库水位和长江上游干支流水位及加重长江上游水库群防洪风险。

**4）长江上游水库群配合三峡水库对武汉地区防洪作用阐述**

三峡水库控制了长江上游全部来水，具有防洪库容 221.5 亿 $m^3$，且长江上游水库群配合三峡水库对长江中下游进行防洪调度，具有很大的防洪效益，对武汉地区的防洪作用主要包括：

（1）避免荆江大堤溃决直奔武汉的风险。由于三峡工程可控制 1 000 年一遇以下洪水枝城站流量不超过 80 000 $m^3/s$，从而使得可能造成荆江大堤溃决的 1788 年、1860 年、1870 年那样的洪水，通过长江上游水库群配合三峡水库调控后，枝城站流量控制在 80000 $m^3/s$ 以下，配合长江中下游分蓄洪区的运用，可使得沙市站水位仍控制在 45.0 m，从而避免了荆江大堤溃口，也就不会出现荆江河段洪水不经下荆江、洞庭湖调蓄而直奔武汉的严重局面，这一巨大的作用对武汉地区防洪作用至关重要。

三峡水库可控制武汉以上约2/3的长江洪水来量，且武汉地区的防洪与荆江大堤安全有直接关联。三峡水库防洪调度以确保荆江河段防洪安全为主要原则，当然荆江河段两岸的直接防洪效益最为显著，但保荆江大堤的同时也解除了大堤溃决对武汉地区的威胁；而且经三峡水库拦蓄后通过荆江河段下泄的洪水减少，从而进入武汉河段的水量也将减少，汉口站最高防洪安全水位出现概率减少，防洪调度灵活性增加，实际防洪标准得以提高，防洪效益是明显的。同样的道理，三峡水库对长江下游地区的防洪也是有利的。

（2）减少了长江中下游分洪量，为控制汉口站水位创造了有利条件。由于长江上游水库群配合三峡水库适时拦蓄了超额洪量，从而减少了长江中下游地区的分洪量，也就为汉口站水位控制在保证水位29.73 m以下创造了有利条件。经过计算，对于10场典型年实际洪水，1931年、1935年、1954年和1998年实际来水时，长江中下游有超额洪量，1968年、1969年、1980年、1983年、1988年、1996年其他共6个年份长江中下游基本无超额洪量，且均在长江上游水库群配合三峡水库联合调度作用下，显著减少了长江中下游超额洪量。

特别对于1954年，三峡工程运用前，长江中下游超额洪量547亿$m^3$，其中荆江河段15亿$m^3$，城陵矶地区448亿$m^3$，武汉地区44亿$m^3$，湖口地区40亿$m^3$，而在长江上游水库群配合三峡水库联合调度后，长江中下游超额洪量347亿$m^3$，其中荆江河段无分洪量，城陵矶地区279亿$m^3$，武汉地区35亿$m^3$，湖口地区33亿$m^3$，相比而言，针对1954年减少了约200亿$m^3$的超额洪量，其中城陵矶地区和武汉地区分别减少了169亿$m^3$和9亿$m^3$。这样为控制城陵矶站水位创造了良好的条件，又可避免洪湖蓄滞洪区大量蓄洪而产生“下吞下吐”的恶劣情况，对有效控制汉口站水位为29.73 m以下十分有利。且根据《长江防御洪水方案》中对武汉河段的防御洪水安排，在蓄滞洪区配合运用下，控制汉口站水位不超过29.73 m的防洪措施非常可靠。

当然，这里只是减少了武汉地区9亿$m^3$的超额洪量，是否就可以理解成减少的分洪量有限而认为三峡水库对武汉地区没有防洪作用了呢？这一问题要从长江中下游整体防洪角度来分析考虑。众所周知，长江中下游防洪治理的方针是“蓄泄兼筹，以泄为主”，其实质是在保证堤防安全的基础上尽量利用河道的泄水能力将洪水泄走。而武汉地区的堤防建设经过全面加固，防御29.73 m以下水位是可靠的，应当尽量充分利用河道的泄洪能力。对于1954年洪水的具体情况，由于超额洪量太大，即使长江上游水库群配合三峡水库联合调度尽量拦洪后，城陵矶站以上及武汉地区再加大洪量，这样做的结果是三峡水库加大分洪，其下面还未充分利用河道泄洪能力，这在防洪规划与防汛调度上是不合理的。而武汉地区的防洪是长江中下游整体防洪中的重要一环，为了控制汉口站汛期水位，所有的分洪区都是有机地结合在一起而整体运用的，长江上游水库群配合三峡水库联合调度，能减少城陵矶地区的分洪量（169亿$m^3$），也对武汉地区的防洪起了作用，由于三峡防洪库容有限，在城陵矶地区还要分洪的情况下，从规划上是不能用加大三峡水库的分洪量的办法来减少武汉地区的分洪量的。

（3）提高了武汉地区的防洪能力。武汉地区的防洪标准直接取决于武汉地区以上控制超额洪水的能力，依靠堤防可防御 20～30 年一遇洪水，考虑河段上游及武汉地区蓄滞洪区的运用，武汉地区的防洪标准可达到整体防御 1954 年洪水的标准（其最大 30 日洪量约为 200 年一遇）。

目前汉口站保证水位为 29.73 m，这是 1954 年实际达到的最高水位，也是目前城市防洪建设的控制水位。三峡水库建成后，汉口站防洪最高水位维持不变，这是根据长江中下游“蓄泄兼筹、以泄为主”的总原则确定的，即因为长江洪水峰高量大，应在充分利用河段安全泄量的前提下，再考虑长江上游水库的拦洪量和分蓄洪区运用。如果将此水位降低，河段泄流能力减少，必将引起武汉地区上游需要处理的超额洪量大幅度增加，或在武汉地区增加分蓄洪区的容量，这两者是不可取的。

当然，长江上游水库群配合三峡水库联合调度，对长江中下游预留的防洪库容共 362.95 亿 $m^3$。通过 10 场典型年实际洪水的分析计算，表明长江上游水库配合三峡水库调蓄提高了对城陵矶地区的洪水控制能力，三峡水库对 1954 年中下游的有效拦蓄量为 117.44 亿 $m^3$，使得长江中下游控制超额洪量的能力大大增加，提高了武汉地区防洪调度的灵活性。总之，在水库群防洪库容预留安排下，加上已安排的分蓄洪容量，这对武汉地区防洪能力有很大提高。

**5）长江上游水库群配合三峡水库对武汉地区防洪补偿调度风险措施**

本次水库研究范围着重于长江上游水库群，然而在长江流域整体防洪调度体系下，考虑到分蓄洪区、堤防等防洪工程联合运用，可以进一步保障武汉地区防洪安全。

（1）水库调度方面。结合国家防汛抗旱总指挥部（简称国家防总）批复的《2017 年度长江上中游水库群联合调度方案》《2018 年度长江上中游水库群联合调度方案》，纳入水库群联合调度范围的水库逐渐由长江上游 21 座水库扩展至清江梯级水库、洞庭湖水系水库、汉江梯级水库和鄱阳湖水系水库，对长江中下游防洪调度方案更为稳妥和完善。

在长江上中游水库群联合调度作用下，相机结合水布垭、隔河岩等清江梯级水库缓解长江干流荆江河段的防洪压力，相机结合柘溪、凤滩、五强溪、江垭、皂市等洞庭湖水系水库配合调度，减少洞庭湖入湖湖量，可在一定程度上减轻武汉地区上游荆江河段、城陵矶地区的防洪压力，减少武汉地区的来水，也是对武汉地区的间接防洪作用；同时，必要时相机结合丹江口、潘口、黄龙滩、三里坪、鸭河口等汉江水库，配合长江上中游水库联合调度，控制水库下泄，可减少武汉地区的汉江汇合来水，从而减轻长江干流武汉河段的防洪压力。

特别地，随着未来长江上中游水库群的不断建成投运，例如乌东德、白鹤滩、两河口、双江口等大型控制性水库的建成投运，防洪调度格局将发生根本性变化，对长江流域的防洪控制能力将会更强，可进一步发挥长江流域水库群联合调度对城陵矶地区和武汉地区的防洪作用。

（2）分蓄洪区运用方面。根据《长江防御洪水方案》，对武汉河段的防御洪水安排如下：①汉口站水位低于 28.50 m 时，充分利用河道下泄洪水。②汉口站水位达到 28.50 m 并预报继续上涨，视实时水情工情，相机运用河段内长江干堤之间洲滩民垸行蓄洪水。

③汉口站水位达到 29.50 m 并预报继续上涨，首先运用杜家台蓄滞洪区分蓄汉江或长江洪水，视实时水情工情再运用武汉附近一般蓄滞洪区，控制汉口站水位不超过 29.73 m。④汉江发生洪水时，充分利用丹江口等水库联合拦蓄洪水，相机运用杜家台蓄滞洪区分蓄洪水，必要时启用部分分蓄洪民垸蓄洪。

可见，在蓄滞洪区配合运用下，由于杜家台、武湖、张渡河、白潭湖、西凉湖、东西湖等分蓄洪区投入使用，控制汉口站水位不超过 29.73 m，确保武汉地区防洪安全的防洪工程措施是具有保障的。

（3）堤防建设运用方面。“武汉多水患、城以堤为命”，筑堤防水关系到武汉市区的安危兴衰，堤防之长，为全国之冠。武汉市区堤防按 1954 年汉口站最高洪水位 29.73 m 加安全超高 2 m 的标准进行加高加固。武汉市堤防全长约 800 km，其中：按重要程度和水系划分，长江、汉江干堤 465 km，连江支堤 335 km；按等级划分，国家确保干堤 194.4 km，一般干堤、连江支堤 605.6 km；按堤防结构划分，混凝土防水墙 52.42 km，其中蔡甸 2 km，城区 50.42 km，其余为土堤，武汉市区堤防分布示意图见图 4.19。

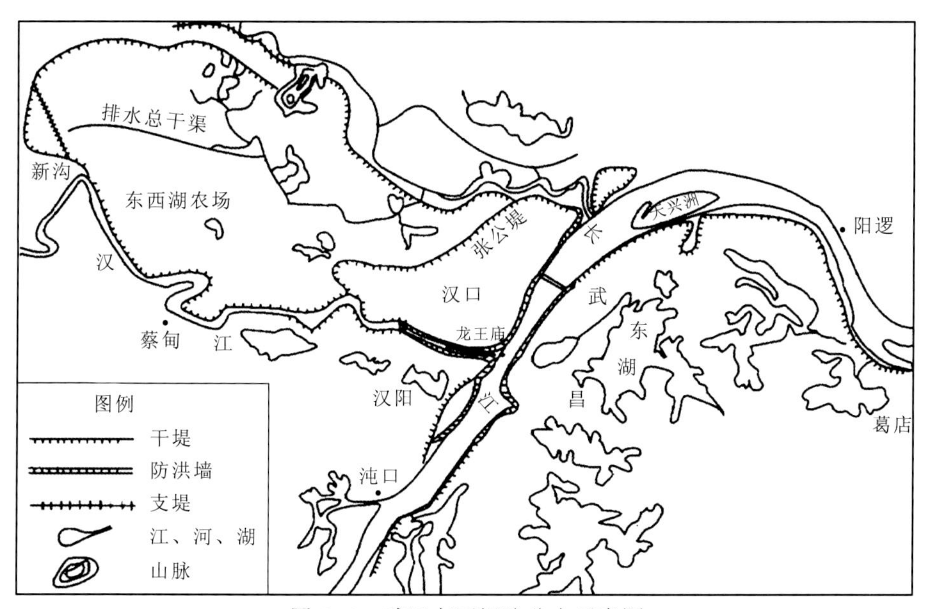


图 4.19　武汉市区堤防分布示意图

目前堤防存在的问题包括：堤防战线长，防汛持续时间长，防汛任务十分艰巨；部分堤段堤身高度不够，质量要进一步改善；部分堤基存在渗漏隐患，河岸不稳。为此，需要加高、培厚堤防，对没有达到设计标准的堤防，要尽快达到设计要求，对堤身隐患和滩岸崩塌进行处理，消除隐患、加固改造。这样，在长江上游水库群联合调度作用下，配合城市堤防建设，提高武汉城市防洪安全。

当然，武汉市是全国首批“海绵城市”试点城市，“海绵城市”开启了武汉市堤防和江滩建设的全新模式，可以降低城市内涝、实施防洪排涝，进一步提高堤防的防洪保安作用。

# 第5章

# 长江中游水库群联合防洪调度方式

2016年长江中下游地区发生区域性大洪水，部分支流发生特大洪水。由于流域前期来水丰，河湖底水高，加上长江中游洪水与下游洪水、支流洪水与干流洪水恶劣遭遇，导致三峡水库下游顶托重、洪水宣泄不畅。面对长江中下游干流水位高、高水持续时间长，河湖水位超警站点多、超警时间长的局面，水利部长江水利委员会积极应对、统筹调度，采取科学防洪、蓄泄兼筹、转移避险、妥善安置等措施，最终取得抗洪胜利。但同时也暴露出长江上游水库与中游水库缺乏协调配合机制、流域水库调度信息共享不足，对全面掌握流域水情和科学研判流域防洪形势产生影响等一系列问题。

本章重点梳理长江中游清江、洞庭湖、鄱阳湖各支流水系梯级水库调蓄对长江中下游防洪形势的影响程度，并结合长江中下游涵闸、泵站等工程抽排作用对干流河道行洪安全的影响，提出长江中游水库群联合防洪调度方式。

# 5.1 防洪任务

长江中游流域重点防洪区域依次为荆江河段、城陵矶地区、武汉地区和湖口地区，区间主要支流包括清江、沮漳河、洞庭湖水系、汉江、鄱阳湖水系。

## 5.1.1 城陵矶地区

洞庭湖是长江中下游干流洪水的重要调蓄场所，对长江中下游干流及入湖支流洪水具有显著的调蓄功能。长江中游荆江河段南岸有松滋、太平、藕池、调弦（现已堵口建闸）四口分流入洞庭湖，由洞庭湖汇集湘江、资江（资水）、沅江、澧水四水调蓄后，在城陵矶注入长江。城陵矶地区防洪受到长江干流洪水和入湖支流洪水双重影响，干流洪水由三峡水库调蓄，因此首先对洞庭四水水库防洪调度方式进行复核，而后开展洞庭四水水库配合三峡水库对城陵矶地区联合调度方式的研究。

## 5.1.2 湖口地区

鄱阳湖是长江流域防洪体系的重要组成部分，是长江洪水在其中游河段重要的调蓄场所。长江大通洪水组成以汉口以上来水为主，鄱阳湖水系的面积仅占大通的 9.5%，但其汛期洪水量占大通水量的近 15%。由于鄱阳湖湖口站水位涨落受五河和长江来水双重影响，且鄱阳湖洪水主要由五河洪水及鄱阳湖区间洪水组成，所以本章将在复核鄱阳湖五河水库现有防洪调度方式的基础上，分析鄱阳湖五河水库及以三峡水库为核心的长江上游水库群对湖口站水位的影响。

## 5.1.3 荆江河段

荆江河段是长江中下游防洪的重要及险要地段。清江在荆江河段上游 20 km 处汇入长江，是长江出三峡之后的第一条大支流，也是三峡水库至荆江河段间的最大支流。为进一步减轻荆江河段防洪压力，需开展清江梯级水库与三峡水库联合防洪调度研究。

# 5.2 洞庭四水水库群联合调度方式

洞庭湖位于长江中游荆江河段南岸、湖南省北部，为我国第二大淡水湖，也是长江流域重要的调蓄湖泊和水源地。洞庭湖汇集湘江、资江、沅江、澧水四水及湖周中小河流，承接经松滋、太平、藕池、调弦（调弦口于 1958 年冬建闸控制）四口分流，在城陵矶汇入长江。湘江、资江、沅江、澧水四水多年平均流量 5216 $m^3/s$，多年平均径流量 1645.3 亿 $m^3$，四水加三口多年平均入湖水量为2471.2亿$m^3$，多年平均出湖流量8740 $m^3/s$，多年平均出湖水量2759亿$m^3$。洞庭湖是长江中游重要的洪水调蓄场所，是长江中下游水资源的重要来源，是流域生物多样性的重要宝库，是区域对外开放的重要水运通道，是广大湖区人民赖以生存发展的重要基础，是洞庭湖生态经济区建设的重要依托。

洞庭湖区洪水主要来自洞庭湖四水和荆江三口分流洪水。从四水洪水发生时间来看，资江比湘江晚、沅江比资江晚，澧水又比沅江稍晚。荆江三口分流洪水特性同长江上游来水一致，主要来自于长江上游。水库是洞庭湖水系和长江中游流域综合防洪减灾体系的重要组成部分。洞庭湖湘江、资江、沅江、澧水四水已初步建立以堤防为基础，干支流水库、蓄洪垸、河道整治工程相配合的工程措施与防洪非工程措施组成的综合防洪体系。当发生大洪水时，首先充分利用河道泄洪，合理利用干支流水库拦洪、削峰、错峰，适时运用蓄洪垸分蓄洪水，保障重要防洪保护区的防洪安全。四水防洪水库通过拦蓄洪水保障本流域下游地区的防洪安全的同时，通过拦蓄入湖洪水也发挥了减轻洞庭湖区洪水威胁的作用。到目前为止，洞庭湖湘江、资江、沅江、澧水四水总计有大型水库19座，控制集雨面积15.8万$km^2$。江垭、皂市水库以防洪为主兼顾发电，柘溪、五强溪水库以发电为主兼顾防洪，除上述4座水库外，其他15座水库的主要任务是灌溉和发电，19座大型水库为洞庭湖下游预留防洪库容总计61.54亿$m^3$（含已建和规划）。

洞庭四水水库拦洪不仅可减轻四水尾闾的防洪负担，而且相当于增加洞庭湖容积，是解决洞庭湖湖区防洪问题的有效措施之一。另一方面，长江中下游是长江流域防洪的重点区域，根据《长江流域综合规划（2012～2030年）》防洪体系总体布局，长江中下游应遵循“江湖两利，左右岸兼顾，上中下游协调”的防洪原则，洞庭湖作为长江中游地区洪水的重要调蓄场所，可对干流分流和入湖支流洪水进行调蓄，一定程度提高了长江中下游及两湖地区防洪能力。

因此，以洞庭湖水系控制性水库为研究对象，开展洞庭四水水库联合调度方式研究，以充分发挥控制性水库在洞庭湖水系防洪工程体系中的重要作用，进一步完善长江中游地区防洪的非工程措施。纳入联合调度范围的洞庭湖四水控制性水库群工程参数表见表5.1。

**表5.1 洞庭湖四水控制性水库群工程参数表**

| 水系名称 | 水库名称 | 控制流域面积/万$km^2$ | 多年平均年径流量/亿$m^3$ | 正常蓄水位/m | 兴利库容/亿$m^3$ | 防洪库容/亿$m^3$ | 装机容量/MW | 多年平均发电量/（亿kW·h） |
| --- | --- | --- | --- | --- | --- | --- | --- | --- |
| 资江 | 柘溪水库 | 2.26 | 185.00 | 169 | 21.80 | 10.60 | 1 050 | 21.46 |
| 沅江 | 凤滩水库 | 1.75 | 156.59 | 205 | 10.60 | 2.77 | 815 | 26.56 |
|  | 五强溪水库 | 8.38 | 606.14 | 108 | 20.20 | 13.60 | 1 200 | 59.55 |
| 澧水 | 江垭水库 | 0.37 | 41.67 | 236 | 11.65 | 7.40 | 300 | 7.56 |
|  | 皂市水库 | 0.30 | 30.81 | 140 | 8.38 | 7.83 | 120 | 3.18 |
| 合计 |  | 13.06 | 1 020.21 | — | 72.63 | 42.20 | 3 485 | 118.31 |

### 5.2.1 澧水流域防洪形势及江垭、皂市水库防洪调度复核

1. 澧水流域防洪形势

澧水是洞庭湖水系中面积最小的支流，但径流丰沛，流域多年平均降水量 1 542.4 mm，降雨集中在 4～8 月，其中又以 6 月最多，澧水小渡口站水资源量 165 亿 $m^3$。

目前澧水流域尚无洪水联合调度机制，特别是已建的江垭和皂市水库联合调度研究尚未系统开展；江垭、皂市水库分别位于澧水最大的两个支流，干流尚无防洪控制性工程，无法有效防御类似 1998 年和 1935 年以干流为主的大洪水；由于宜冲桥水库尚未建成，仅依靠江垭、皂市水库，难以完全实现使石门以下松澧地区防洪标准近期为 20 年一遇，远景达到 50 年一遇，石门以上地区防洪标准达到 50 年一遇。

**1）江垭水库**

江垭水库位于张家界市境内澧水流域的溇水支流上，坝址集雨面积 3 711 $km^2$，占溇水流域的 73.5%，坝址多年平均流量为 132 $m^3/s$，多年平均年径流量为 41.6 亿 $m^3$。水库正常蓄水位 236 m，总库容 17.41 亿 $m^3$，汛限水位 210.6 m，属年调节水库，是以防洪为主，兼顾发电、灌溉、供水、航运等综合利用的大型水利工程。

**2）皂市水库**

皂市水库位于澧水流域的一级支流渫水的下游，距石门县城 19 km，距皂市镇 2 km。大坝以上集雨面积 3 000 $km^2$，占渫水流域面积的 93.7%，坝址多年平均流量 97.6 $m^3/s$，多年平均年径流量 30.8 亿 $m^3$，汛期 4～9 月径流量占全年的 78.2%。水库总库容 14.39 亿 $m^3$，为年调节水库。水库以防洪为主，兼顾发电、灌溉、航运等综合利用。

2. 澧水流域江垭、皂市水库防洪调度复核

**1）2016 年、2017 年洞庭湖洪水**

2016 年、2017 年洞庭湖洪水主要来源于湘江、资江、沅江，澧水流域来水相对较少。2016 年，澧水流域支流皂市水库入库最大流量 2 570 $m^3/s$，支流江垭水库最大入库流量 2 050 $m^3/s$，宜冲桥水库最大流量 4 710 $m^3/s$，石门站天然最大流量 9 000 $m^3/s$；2017 年皂市水库、江垭水库、宜冲桥水库、石门站最大流量分别为 457 $m^3/s$、1 290 $m^3/s$、1 020 $m^3/s$、3 380 $m^3/s$。

澧水流域 2016 年、2017 年控制站及各水库洪水过程如图 5.1、图 5.2 所示。

**2）江垭、皂市水库设计防洪调度方式**

江垭水库：洪水涨水期间，当江垭水库来水大于 1 700 $m^3/s$ 时，水库按 1 700 $m^3/s$ 下泄；洪水退水期间，江垭水库仍按 1 700 $m^3/s$ 下泄，空出库容，迎接下次洪峰；江垭水库防洪库容蓄满后，水库按入库流量下泄。

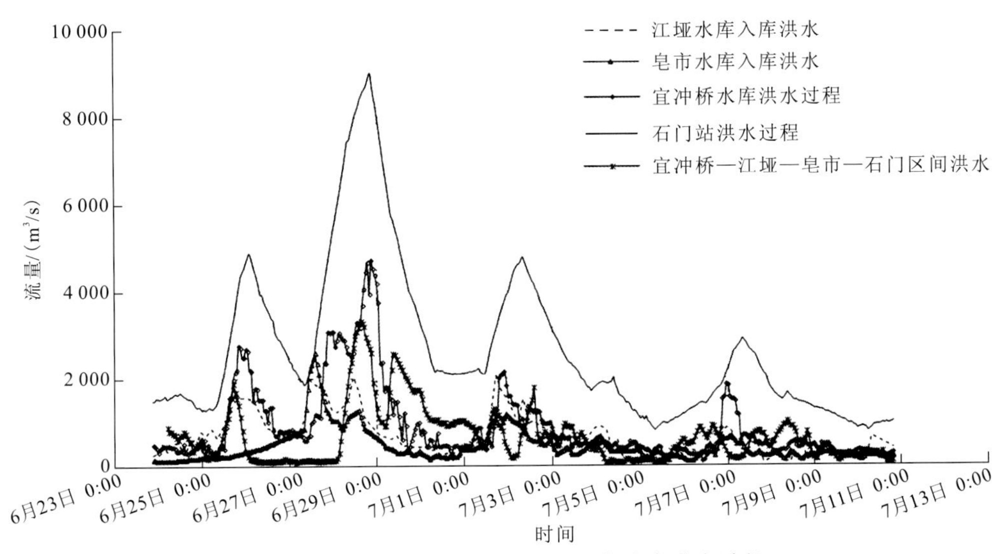


图 5.1 澧水流域 2016 年控制站及各水库洪水过程

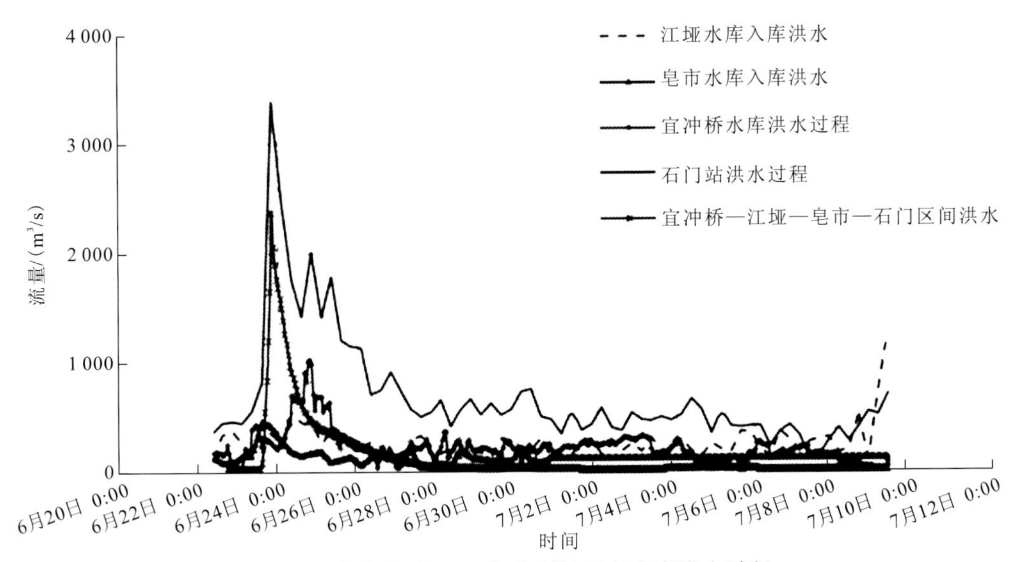


图 5.2 澧水流域 2017 年控制站及各水库洪水过程

皂市水库：5 月 1 日～7 月 31 日，水库从汛限水位 125 m 起调。当皂市及干流组合洪水到达三江口（简称组合洪水）没有超过 12 000 m$^3$/s 时，皂市水库不拦洪，水库按入库流量下泄；当组合洪水超过 12 000 m$^3$/s 时，皂市水库开始拦洪，控制下泄流量进行补偿调节，尽量使组合洪水不大于 12 000 m$^3$/s，同时皂市水库最小下泄流量不小于机组发电流量；水库防洪库容蓄满、水位达到防洪高水位 143.5 m 后，水库按入库流量下泄。

**3）河道安全泄量及洪水传播时间**

（1）河道安全泄量。在澧水流域规划中，考虑澧水下游顶托影响，以澧水尾闾石龟山站水位为参数，拟定了津市站水位流量关系曲线，求得津市站安全泄量为 12 000 m$^3$/s，相应石门站安全泄量也采用 12 000 m$^3$/s。

皂市枢纽工程设计阶段根据1975年、1980年、1981年、1983年、1984年、1985年、1987年、1988年津市站和石龟山站实测水位流量资料，考虑澧水下游水位顶托影响，综合分析拟定了以石龟山站为参数的一组津市水位-流量关系曲线。根据《洞庭湖区综合治理近期规划报告》：西洞庭湖区以新中国成立以来至1991年最高水位作为堤防设计水位，津市站堤防设计水位 44.01 m、石龟山站堤防设计水位 40.82 m。当津市站水位44.01 m、石龟山站水位40.82 m时，相应津市站流量为14 000 $m^3/s$；当津市站水位43.32 m、石龟山站水位40.43 m时，相应津市站流量为11 500 $m^3/s$。

经综合考虑认为，在澧水下游堤防等防洪工程建设全部达标之前，石门站、津市站安全泄量仍采用12 000 $m^3/s$。

（2）洪水传播时间。澧水支流溇水江垭、渫水皂市水库至防洪控制点三江口的洪水传播时间分别为9 h和4 h。

#### 4）江垭、皂市水库防洪调度方式复核

以石门站为澧水流域防洪控制断面，采用2016年、2017年石门站，皂市、江垭水库及区间的洪水过程，按前述皂市、江垭水库洪水调度方式进行调洪计算，2016年、2017年江垭、皂市水库洪水调洪结果见表5.2。

**表5.2 2016年、2017年江垭、皂市水库洪水调洪结果**

| 年份 | 项目 | 皂市水库 | 江垭水库 |
| --- | --- | --- | --- |
| 2016 | 石门站最大流量/（$m^3/s$） | 9 000 | |
| | 水库坝址最大流量/（$m^3/s$） | 2 570 | 2 050 |
| | 江垭—皂市—石门区间最大流量/（$m^3/s$） | 3 310 | |
| | 水库调蓄后石门站最大流量/（$m^3/s$） | 9 390 | |
| | 石门站出现最大流量时水库泄量/（$m^3/s$） | 854 | 1 700 |
| | 水库最大下泄量/（$m^3/s$） | 2 570 | 1 700 |
| | 水库最高洪水位/m | 125.00 | 211.03 |
| 2017 | 石门站最大流量/（$m^3/s$） | 3 380 | |
| | 水库坝址最大流量/（$m^3/s$） | 457 | 542 |
| | 江垭—皂市—石门区间最大流量/（$m^3/s$） | 2 370 | |
| | 水库调蓄后石门站最大流量/（$m^3/s$） | 3 447 | |
| | 石门站出现最大流量时水库泄量/（$m^3/s$） | 441 | 297 |
| | 水库最大下泄量/（$m^3/s$） | 457 | 542 |
| | 水库最高洪水位/m | 125.00 | 210.60 |

2016年、2017年澧水流域总体洪水较小，石门站最大流量均小于其安全泄量。

### 5.2.2　沅江流域防洪形势及凤滩、五强溪水库防洪调度复核

1. 沅江流域概况

沅江是洞庭湖水系的第二大支流，干流全长 1 028 km，流域面积 8.98 万 $km^2$。河流有南北两源：南源龙头江（源头），发源于贵州省都匀市的云雾山；北源重安江，发源于贵州省麻江县平越山。两源汇合后称清水江，东流至黔城与渠水汇合后始称沅江，于常德德山注入洞庭湖。流域涉及湖南省、贵州省、重庆市、湖北省、广西壮族自治区 5 省（自治区、直辖市）。干流河源至洪江为上游段，大部分为高山峡谷，洪江至凌津滩为中游，河段为峡谷和丘陵地区，耕地较多（水田），凌津滩至德山为下游，多为低矮丘陵，桃源以下的洞庭湖尾闾地区为冲积平原。

流域年平均降水量为 100～1 500 mm，南部和北部山区的降水量较多，中部偏西地区降水量较少。径流主要由降水形成，径流的时空变化规律与降水的时空变化规律基本一致。流域平均径流深约为 744 mm，从上游至下游呈递增趋势，流域控制站桃源站多年平均流量为 1 990 $m^3/s$。沅江流域径流年内分配不均，受季风气候的影响，冬春 11 月～次年 2 月径流量较小，夏秋季 4～8 月径流量较大。年内最枯月份出现在 1 月或 12 月，最丰月份出现在 5 月或 6 月。各站 11 月～次年 2 月径流占年径流的 12%～17%，汛期 4～8 月占年径流的 66%～70%。

沅江是一条典型的雨洪河流，暴雨强度大、面积广，流域遇暴雨洪水常发生洪灾。流域洪水由暴雨形成，洪水出现时间与暴雨相应，年最大洪水多发生在 4 月中旬～8 月，个别洪水出现在 9 月～10 月初，大洪水多发生在 6～7 月。沅江中下游处于暴雨中心，两岸地势低洼，容易形成洪水灾害。同时，沅江是长江中下游洪水的主要来源之一，其主汛期（6～7 月）与长江主汛期（7～8 月）部分重叠，洪水经常遭遇，并造成洞庭湖区和沅江尾闾的严重洪灾。因此，沅江洪水可加重洞庭湖区洪灾，而长江和洞庭湖洪水也同样会加重尾闾洪灾。

2. 沅江流域防洪形势

沅江流域初步形成了综合防洪减灾体系。流域内共建成水库 3 160 座，重要防洪水库有干流上游的托口水库（防洪库容 1.98 亿 $m^3$），干流中游末端建有防洪控制工程五强溪水库（现状防洪库容 13.6 亿 $m^3$）及支流酉水下游已建凤滩水库（防洪库容 2.77 亿 $m^3$）等；干支流已建堤防工程 1 589.16 km、岸坡防护工程 1 162.17 km；兴建了车湖垸、木塘垸和陬溪垸 3 个蓄滞洪区；非工程措施建设也取得一定进展。现状条件下可使沅江尾闾地区（河道泄量 23 000 $m^3/s$）的防洪能力由约 5～8 年一遇提高到 30 年一遇。流域防洪非工程措施进一步得到加强，流域整体防洪能力得到较大改善。

流域防洪安全保障仍有待提高：沅江中上游山丘区山洪治理建设滞后，灾害严重，

中小河流洪灾和山洪灾害尚未建立起有效的防治体系；沅江中下游尾闾地区虽然形成了较完善的堤库及蓄滞洪区相结合的防洪工程体系，但由于尾闾地区河道淤积导致泄流能力不足、蓄滞洪区建设滞后等因素，沅江下游及尾闾防洪有待进一步加强；中游五强溪水库防洪库容扩大问题仍未解决；沿河城镇怀化、常德、吉首等城市防洪未达到防洪标准，部分城市防洪能力较低，随着城市化进程加快，治理要求愈加迫切，水库间联合调度问题亟须加强，超标准洪水的防御对策尚未落实等，流域内防洪问题依然突出。

**1）凤滩水库**

凤滩水库位于沅江支流酉水下游，坝址以上集雨面积 17 500 km$^2$，占酉水流域面积的 94.4%，开发任务是以发电为主，兼有减轻沅江尾闾洪水灾害、改善酉水航运条件等综合利用要求。凤滩水库正常蓄水位 205 m、死水位 170 m，总库容 17.3 亿 m$^3$，具有季调节性能，汛期预留防洪库容 2.77 亿 m$^3$，其防洪任务是配合五强溪水库为沅江尾闾地区防洪。

**2）五强溪水库**

五强溪水库位于干流中下游河段，控制面积占全流域面积的 92.5%，是干流开发的关键性综合利用枢纽工程。其开发任务以发电为主，兼有下游尾闾防洪及干流航运等综合利用要求。汛期 5～7 月份五强溪水库防洪限制水位 98 m，在正常蓄水位 108 m 以下预留防洪库容 13.6 亿 m$^3$，与凤滩水库防洪库容联合运行，在下游尾闾河段允许泄量 23 000 m$^3$/s 的条件下，可使沅江尾闾地区的防洪标准提高到 30 年一遇。

**3）白市水库和托口水库**

白市水库位于清水江下段，总库容 6.87 亿 m$^3$，防洪库容 1.20 亿 m$^3$，可有效提高下游安江地区防洪安全。托口水库位于清水江下段，总库容 13.84 亿 m$^3$，防洪库容 1.98 亿 m$^3$，与白市水库联合调度提高下游安江地区防洪标准。

### 3. 沅江流域凤滩、五强溪水库防洪调度复核

**1）2016 年、2017 年沅江洪水**

2016 年沅江洪水为复峰，6 月 28 日 22 时五强溪水库洪峰为 16 700 m$^3$/s，并于 7 月 5 日 9 时出现最大入库流量 22 600 m$^3$/s，下游控制站桃源站最大流量为 21 800 m$^3$/s。

2017 年沅江洪水为双峰，7 月 1 日 3 时五强溪水库最大入库流量为 32 400 m$^3$/s，下游控制站桃源站 1 日 8 时洪峰流量为 31 700 m$^3$/s。

2016 年、2017 年沅江流域控制站及各水库洪水过程如图 5.3、图 5.4 所示。

**2）凤滩、五强溪水库实际防洪调度方式**

根据《凤滩电厂防洪调度规程》和《五强溪水电厂企业标准 水库调度管理规程》，凤滩、五强溪水库联合防洪调度方式见表 5.3。

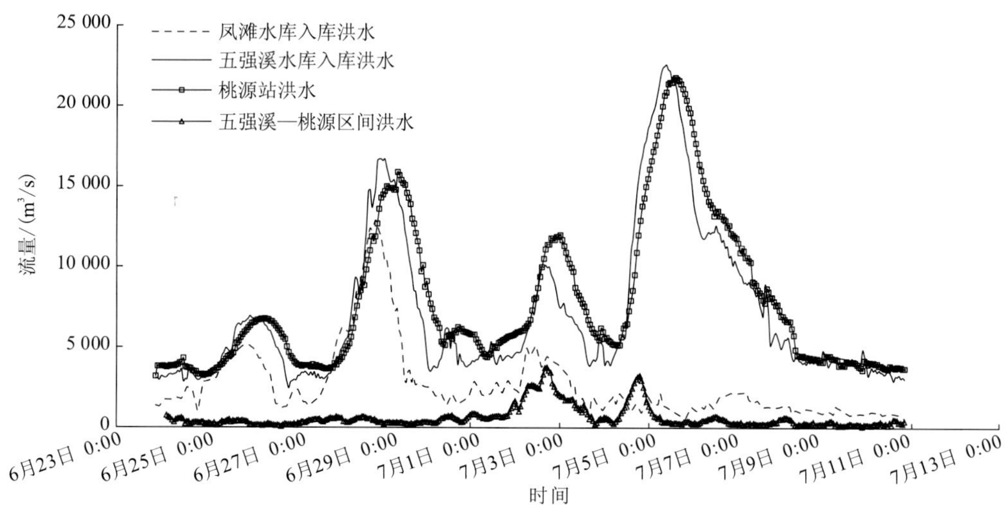

图 5.3 2016 年沅江流域控制站及各水库洪水过程

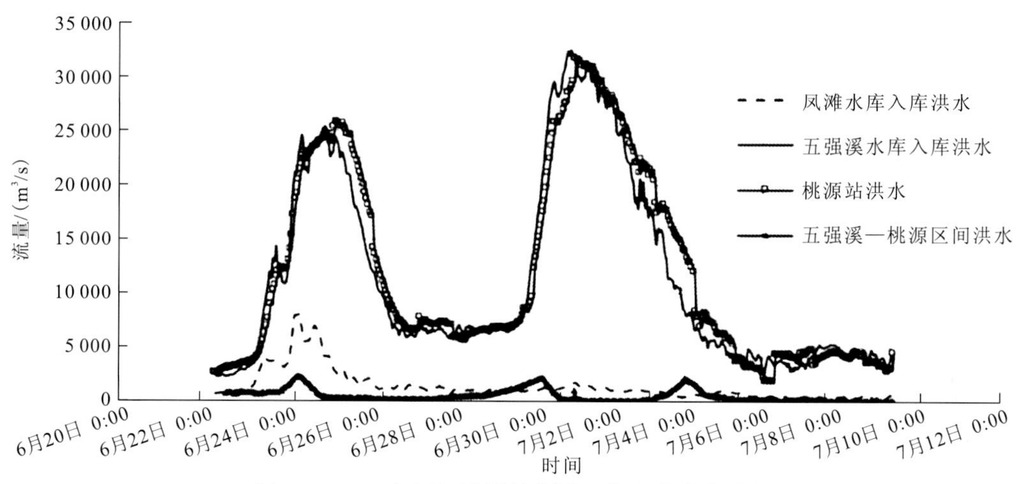

图 5.4 2017 年沅江流域控制站及各水库洪水过程

**表 5.3 凤滩、五强溪水库联合防洪调度方案表**

<table>
<tr><th>水库</th><th>调度方案</th><th colspan="2">实施条件</th></tr>
<tr><td rowspan="6">凤滩水库</td><td>①尽量维持 198.5 m，尽快下泄</td><td colspan="2">五强溪水库洪水位在 100 m 以下</td></tr>
<tr><td>②按来量下泄（并适当考虑预泄）</td><td>五强溪水库坝前水位在 103.6 m 以下</td><td rowspan="2">凤滩水库水位在 205 m 以下，五强溪水库水位在 100 m 以上</td></tr>
<tr><td>③控制泄量不超过 10 000 m³/s</td><td>五强溪水库坝前水位在 103.6 m 以上且凤滩水库洪水流量≤16 100 m³/s</td></tr>
<tr><td>④按保坝要求调度</td><td colspan="2">凤滩水库水位超过 205 m</td></tr>
<tr><td>⑤水位退至 205 m 时按来量下泄</td><td colspan="2">凤滩洪峰已过，但五强溪水库水位仍在上涨，对凤滩水库仍有拦洪要求</td></tr>
<tr><td>⑥尽快退至 198.5 m</td><td colspan="2">凤滩、五强溪水库洪峰已过，均为退水过程</td></tr>
</table>

续表

| 水库 | 调度方案 | 实施条件 |
| --- | --- | --- |
| 五强溪水库 | ①按来量控制下泄 | 五强溪水库洪水流量≤17 300 m³/s |
| | ②按 20 000－1.1×$Q_{五一常区间}$控制下泄 | 五强溪水库水位低于 108 m 且洪水流量≤31 800 m³/s |
| | ③按尾闾洪道流量 22 000～24 000 m³/s 控制五强溪水库泄量 | 预计洪水流量将超过 31 800 m³/s，且预计本场洪水五强溪水库水位将超过 108 m |
| | ④按尾闾洪道流量 26 000～28 000 m³/s 控制五强溪水库泄量 | 五强溪水库水位超过 108 m |
| | ⑤按保坝要求调度 | 五强溪水库水位达到 110 m |
| | ⑥尽快回落至 98 m | 五强溪洪峰过后 |

### 3）沅水下游河道安全泄量及洪水传播时间

（1）沅水下游河道安全泄量。沅水下游河道可分为凌津滩水库库区河道和沅水尾闾河道两大部分。尾闾河道安全泄量既受洞庭湖水位顶托影响，又直接与尾闾河道演变、堤防标准等密切相关，而洞庭湖水位又与长江及湘江、资江、沅江、澧水四水来水组合及泥沙淤积、湖床抬升有关。

（2）凌津滩库区河段。凌津滩水库的淹没处理洪水标准：居民迁移线按 20 年一遇洪水回水线计算；土地征用线按 2 年一遇洪水回水线计算；林地、荒山草地按正常蓄水位平水线计算。五强溪水库承担下游防洪任务，对 20 年一遇及以下洪水，按设计要求控制常德站泄量不超过其安全泄量 20000 m³/s，因此，在考虑了五强溪水库的调节影响以后，凌津滩水库 20 年一遇洪水流量采用常德站安全泄量 20000 m³/s，凌津滩水库的泄流设施也是相应于五强溪水库的防洪设计标准设计的，即汛限水位 50 m 时水库的泄流能力约为 20000 m³/s（14 孔泄洪闸加部分机组过流），正常蓄水位 51 m 时凌津滩水库的泄流能力为 22000 m³/s。因此，现状条件下凌津滩库区设计标准的允许过流量为 20000 m³/s。

（3）沅水尾闾洪道。沅水尾闾洪道上起桃源，下至小河咀，全长 128.2 km。沅江尾闾洪道的过流能力随洞庭湖顶托水位的不同而不同。沅水尾闾洪道在洞庭湖一期工程治理后：当坡头水位低于 33.50 m 时，沅水尾闾洪道的过流能力主要受常德河段控制，过流能力为 23500～24100 m³/s；当坡头水位为 33.50～34.74 m 时，沅水尾闾洪道的过流能力主要受牛鼻滩河段控制，过流能力为 20500～23500 m³/s。洞庭湖二期治理工程全面完成后：当坡头水位低于 33.50 m 时，沅水尾闾洪道的过流能力主要受桃源河段控制；当坡头水位为 33.50～34.74 m 时，沅水尾闾洪道的过流能力主要受牛鼻滩河段控制；当坡头水位超过 34.74 m 时，沅水尾闾洪道的过流能力主要受周文庙河段控制。洞庭湖二期治理工程完成后，沅水尾闾洪道泄洪能力将有较大的增加，当坡头水位为 34.74 m 时，沅水尾闾洪道的安全泄流由 20500 m³/s 增加到 23100 m³/s。

洞庭湖一期工程治理后，沅水尾闾洪道的安全泄量为 20500～24000 m³/s；洞庭湖二期工程治理后，沅水尾闾洪道的安全泄量有较大幅度的增加，为 23000～26600 m³/s。

实际情况的沅水尾闾洪道的安全泄量与洞庭湖顶托水位情况有关，按设计顶托水位情况（坡头控制水位）考虑，即洞庭湖一、二期工程治理后的安全泄量分别为 20 500 $m^3/s$ 和 23 000 $m^3/s$。但由于受凌津滩水库过流能力的影响，允许过流能力仍维持在 20 000 $m^3/s$。

（4）洪水传播时间。干流五强溪水库和支流酉水凤滩水库至防洪控制点桃源站的洪水传播时间分别为 7 h 和 11 h。

#### 4）凤滩、五强溪水库防洪调度方式复核

采用 2016 年、2017 年沅江流域桃源站为防洪控制断面，凤滩、五强溪水库及五强溪—桃源区间的洪水过程，按前面凤滩、五强溪水库洪水调度方式进行调洪计算。调洪计算时尾闾洪道安全泄量考虑设计确定的安全泄量 20 000 $m^3/s$ 和洞庭湖二期工程治理全面完成后的安全泄量 23 000 $m^3/s$ 两种情况，计算结果见表 5.4。

表 5.4 2016 年、2017 年凤滩、五强溪水库洪水调洪结果

| 年份 | 项目 | 凤滩水库 | 五强溪水库 | 备注 |
|---|---|---|---|---|
| 2016 | 桃源站最大流量/（$m^3/s$） | 21 800 | | 安全泄量 23 000 $m^3/s$ |
| | 水库坝址最大流量/（$m^3/s$） | 12 900 | 22 600 | |
| | 五强溪—桃源区间最大流量/（$m^3/s$） | 3 760 | | |
| | 水库调蓄后桃源站最大流量/（$m^3/s$） | 20 482 | | |
| | 桃源站出现最大流量时水库泄量/（$m^3/s$） | 1 470 | 19 781 | |
| | 水库最大下泄量/（$m^3/s$） | 11 036 | 19 893 | |
| | 水库最高洪水位/m | 201.24 | 99.44 | |
| 2017 | 桃源站最大流量/（$m^3/s$） | 31 700 | | |
| | 水库坝址最大流量/（$m^3/s$） | 7 970 | 32 500 | |
| | 五强溪—桃源区间最大流量/（$m^3/s$） | 2 290 | | |
| | 水库调蓄后桃源站最大流量/（$m^3/s$） | 22 993 | | |
| | 桃源站出现最大流量时水库泄量/（$m^3/s$） | 1 120 | 21 900 | |
| | 水库最大下泄量/（$m^3/s$） | 7 337 | 2 2923 | |
| | 水库最高洪水位/m | 198.77 | 106.69 | |
| 2016 | 桃源站最大流量/（$m^3/s$） | 21 800 | | 安全泄量 20 000 $m^3/s$ |
| | 水库坝址最大流量/（$m^3/s$） | 12 900 | 22 600 | |
| | 五强溪—桃源区间最大流量/（$m^3/s$） | 3 760 | | |
| | 水库调蓄后桃源站最大流量/（$m^3/s$） | 19 973 | | |
| | 桃源站出现最大流量时水库泄量/（$m^3/s$） | 1 470 | 19 672 | |
| | 水库最大下泄量/（$m^3/s$） | 11 036 | 19 705 | |
| | 水库最高洪水位/m | 201.24 | 99.47 | |

续表

| 年份 | 项目 | 凤滩水库 | 五强溪水库 | 备注 |
|---|---|---|---|---|
| 2017 | 桃源站最大流量/（$m^3/s$） | 31 700 | | 安全泄量 20 000 $m^3/s$ |
| | 水库坝址最大流量/（$m^3/s$） | 7 970 | 32 500 | |
| | 五强溪—桃源区间最大流量/（$m^3/s$） | 2 290 | | |
| | 水库调蓄后桃源站最大流量/（$m^3/s$） | 28 307 | | |
| | 桃源站出现最大流量时水库泄量/（$m^3/s$） | 1 120 | 18 900 | |
| | 水库最大下泄量/（$m^3/s$） | 7 337 | 28 230 | |
| | 水库最高洪水位/m | 198.77 | 108.00 | |

从表 5.4 可见，按照设计的防洪调度方式：2016 年洪水，凤滩水库没有达到拦洪的启动条件，只是因水库泄流能力限制被动蓄洪，经五强溪水库调蓄，桃源站最大流量均小于安全泄量；2017 年洪水，凤滩水库也没有主动拦洪，五强溪水库调蓄后，满足桃源站流量安全泄量为 23 000 $m^3/s$ 的要求，不能满足其安全泄量为 20 000 $m^3/s$ 的要求。

## 5.2.3　资江流域防洪形势及柘溪水库防洪调度复核

### 1. 资江流域概况

资江属洞庭湖水系，发源于湖南省城步县黄马界，河流长 653 km，流域面积 2.81 万 $km^2$，下游桃江站多年平均径流量 225.6 亿 $m^3$。流域涉及湖南省邵阳、益阳、娄底、永州、怀化、常德和广西壮族自治区桂林两省（区）7 个地（市）。武冈以上为河源段，为高山峡谷区，水流浅窄；武冈—新邵县小庙头为上游，水流时缓时急；小庙头—桃江马迹塘为中游，马迹塘—益阳市甘溪港为下游，下游河谷开阔，两岸地势低缓，桃江控制站以下洪水位受南洞庭湖洪水顶托。

资江流域径流主要由降水形成，径流的时空变化规律与降水的时空变化规律基本一致，多年平均流量为 713 $m^3/s$ 左右。流域径流年内分配不均，受季风气候影响，年内最枯月份一般出现在 1 月或 12 月，年内最丰月份出现在 5～6 月。根据统计的各站流量资料显示，各站 11 月～次年 2 月径流占年径流的 12.2%～13.8%，汛期 4～8 月径流占年径流的 61.6%～64.4%。

资江洪水主要由暴雨形成，流域内有 3 个暴雨中心，分别为柘溪水库以上资源—黄桥、中游隆回六都寨—安化水车暴雨区及柘溪—桃江之间湖南省最大的暴雨中心——梅城暴雨区。流域每年 4～8 月为汛期，一般 5～8 月为流域暴雨季节，其中 5～6 月是全年发生暴雨最多的月份，也是主要的流域性大暴雨发生的月份。资江洪水在季节上的变化表现为以 7 月 15 日为界，柘溪以上特大洪水多发生在 7 月 15 日之前，柘溪以下特大洪水主要发生在 7 月 15 日之后。

### 2. 资江流域防洪形势

流域内防洪的重点为流域内重要城市、尾闾地区、沿河乡镇农田等。柘溪水库以下区域包括湖南益阳大部分与常德部分区域，该区域突出特点首先是区域内有湖南省最大的暴雨中心——梅城暴雨区，且洪水发生时间与洞庭湖高洪水位出现时间经常遭遇，尾闾地区同时受洞庭湖洪水顶托，是防洪重点地区。

目前流域内建有大型防洪水库3座，总库容41.28亿$m^3$（柘溪38.8亿$m^3$、车田江1.275亿$m^3$、六都寨1.205亿$m^3$），防洪库容10.854亿$m^3$[柘溪10.6亿$m^3$（主汛期）、车田江0.153亿$m^3$、六都寨0.101亿$m^3$]，车田江、六都寨水库对流域防洪作用不大，六都寨水库对下游的隆回县城防洪有一定作用；中型防洪水库26座，总库容6.384亿$m^3$，防洪库容0.88亿$m^3$；这些中型水库分布较散，规模比较小，仅对拦蓄局部小流域山洪起较大作用；干支流已建堤防工程1 296.36 km、岸坡防护工程651.57 km；尾闾湖南省有计划安排花果山、牛潭河、新桥河上垸等蓄滞洪区，以减轻益阳市、桃江县城及重点堤垸的防洪压力；非工程措施建设加强等。现状条件下，柘溪水库干流以上防洪城镇依靠堤防防洪标准可达10～20年一遇；尾闾地区初步形成堤库及蓄滞洪区相结合的综合防洪体系，在柘溪等骨干防洪水库的拦洪作用下，可使资江尾闾地区（益阳段河道安全泄量8 950 $m^3/s$）的防洪能力由约10年一遇提高到约20年一遇。流域整体防洪能力得到较大改善。

流域内已在建大中型防洪水库有柘溪、车田江、六都寨、黄家坝、下源、梅花洞、木瓜山、东江、大圳、威溪、龙木坪、克上冲、迎丰等29座水库，防洪库容合计为11.66亿$m^3$。其中柘溪水库控制全流域面积的80.7%，防洪库容10.6亿$m^3$（主汛期），对下游尾闾及洞庭湖区的防洪起着重要作用；其余水库防洪库容较小，仅对所在河流下游县城、乡镇及农田有一定的防护作用。

**1）柘溪水库**

柘溪水库位于资江中游安化县城东坪上游12.5 km的大溶塘峡谷处，下距益阳市170 km，控制流域面积2.26万$km^2$，占全流域面积的80.7%。水库开发任务是以发电为主，兼顾防洪、航运等其他综合利用要求。水库总库容35.7亿$m^3$，正常蓄水位169 m，相应库容29.4亿$m^3$。防洪限制水位7月15日之前控制为162 m，7月31日前控制为165 m，8月1日以后视来水情况灵活调度，最高控制水位169 m，主汛期预留防洪库容10.6亿$m^3$，后汛期7亿$m^3$，汛末1.6亿～3.7亿$m^3$。柘溪水库主要防洪保护对象为安化县城及下游尾闾地区，目前可使尾闾地区防洪标准提高至约20年一遇。

**2）六都寨水库**

六都寨水库位于资江一级支流辰水中游，距隆回县城38 km。坝址控制流域面积338 $km^2$。水库开发任务以灌溉为主，兼有发电、防洪、养殖、供水等综合效益。水库总库容1.3亿$m^3$，正常蓄水位355 m，相应库容1.08亿$m^3$，防洪库容0.101亿$m^3$。六都寨水库主要防洪保护对象为隆回县城及下游乡镇农田。

### 3）车田江水库

车田江水库位于资江一级支流油溪河上游，坝址控制流域面积 85 $km^2$。水库开发任务以灌溉为主，兼有发电、防洪、养殖、供水等综合效益。水库总库容 1.275 亿 $m^3$，正常蓄水位 491.4 m，相应库容 1.122 亿 $m^3$，防洪库容 0.153 亿 $m^3$。

（1）资江流域柘溪水库防洪调度复核。柘溪水库特征参数见表 5.5。2016 年、2017 年资江洪水。2016 年资江流域桃江站洪水来源于柘溪水库以上，柘溪—桃江区间洪水相对较小，且洪水过程比较尖瘦。资江柘溪水库 7 月 4 日 14 时出现最大入库流量 20 400 $m^3/s$，柘溪—桃江区间最大流量仅为 5 680 $m^3/s$，桃江站 7 月 4 日 18 时最大流量 18 100 $m^3/s$。2017 年资江流域桃江站洪水来源于柘溪水库以上及柘溪—桃江区间，且峰型较胖，柘溪水库及柘溪—桃江区间流量大于 10 000 $m^3/s$ 持续时段较长。柘溪水库 7 月 1 日 12 时出现最大入库流量 15 800 $m^3/s$，柘溪—桃江区间最大流量达 15 600 $m^3/s$，下游控制站桃江站 7 月 1 日 7 时出现洪峰 24 600 $m^3/s$。2016 年、2017 年资江流域控制站及各水库洪水过程如图 5.5、图 5.6 所示。

**表 5.5　柘溪水库特征参数**

| 项目 | 单位 | 数值 | 备注 |
|---|---|---|---|
| 校核洪水位 | m | 172.71 | |
| 设计洪水位 | m | 171.19 | |
| 正常蓄水位 | m | 169 | |
| 死水位 | m | 144 | |
| 防洪限制水位 | m | 165 | 4 月 10 日～5 月 20 日 |
| | | 162～165 | 5 月 21 日～7 月 15 日 |
| | | 165～167.5 | 7 月 16 日～7 月 31 日 |
| | | 167.5～169 | 8 月 10 日～9 月 30 日 |
| 防洪高水位 | m | 170 | |
| 防洪库容 | 亿 $m^3$ | 10.60 | |
| 总库容 | 亿 $m^3$ | 35.67 | |
| 装机容量 | MW | 102 | |
| 满发流量 | $m^3/s$ | 1 746 | |

（2）柘溪水库防洪调度方式。根据《柘溪水力发电厂企业标准　水库调度规程》，柘溪水库洪水调度必须正确处理大坝和下游防洪的关系，充分利用防洪高水位 170 m 以下防洪库容为下游蓄洪错峰，按坝址下泄流量演算至桃江站，与柘溪—桃江区间洪水叠加组合后的最大流量不超过安全泄量。当调洪水位达到 170 m 后，以保证大坝安全为主，

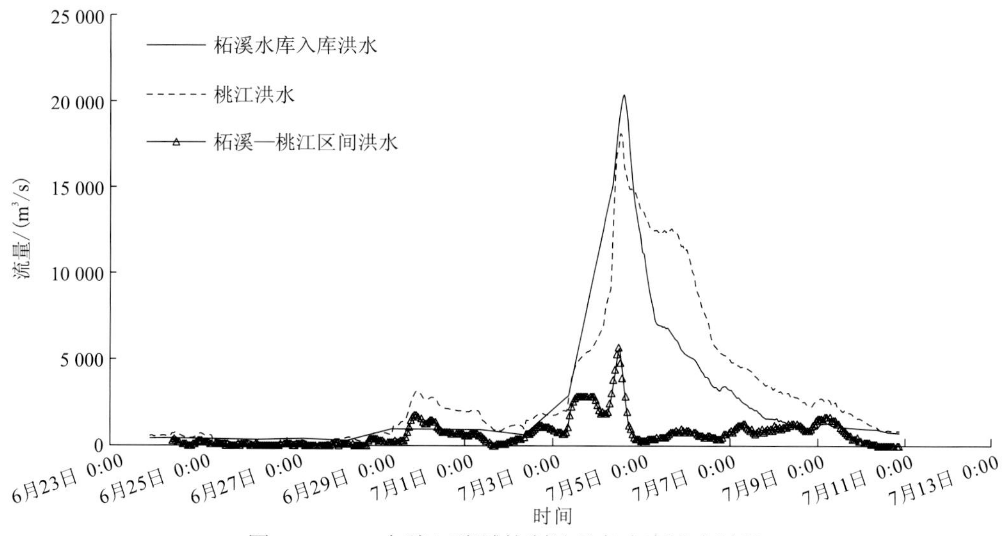


图 5.5　2016 年资江流域控制站及各水库洪水过程

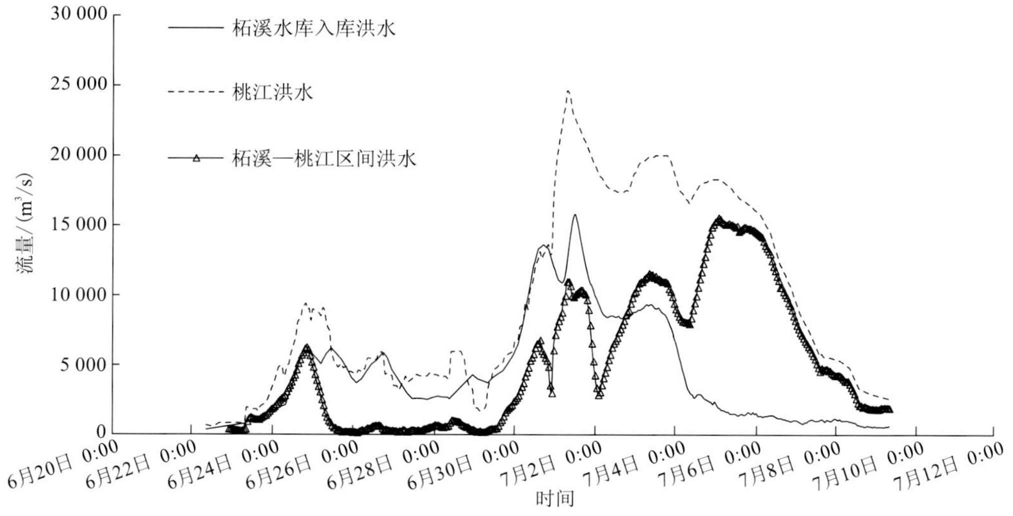


图 5.6　2017 年资江流域控制站及各水库洪水过程

按来水进行泄放。具体调度原则为：①汛期当柘溪来水为常遇洪水，柘溪水库下泄流量与柘溪—桃江区间来水叠加后不超过桃江站 9 700 $m^3/s$，在调洪过程中出现库水位短时超过汛期限制水位时，应尽快将库水位降至汛期限制水位。②汛期当柘溪来水为常遇洪水，柘溪—桃江区间来水洪峰流量为 5 600～<7 900 $m^3/s$ 时，柘溪下泄（包括发电）流量应以桃江站不超过 9 700 $m^3/s$ 进行补偿调度。③当柘溪来水为常遇洪水，柘溪—桃江区间来水洪峰流量为 7 900～<10 200 $m^3/s$ 时，柘溪下泄（含发电）流量应以桃江站不超过 12 000 $m^3/s$ 进行补偿调度。④当库水位达到 170 m 时，则应按来水进行泄放。⑤洪水退水后，应尽快将库水位消落至汛限水位，以备下一次洪水到来。

（3）资江下游河段安全泄量及洪水传播时间。安全泄量：根据有关各项防洪规定，柘溪水库防洪控制断面为下游桃江站。下游防洪标准为 20 年一遇，下游桃江站安全泄量为 9 700 $m^3/s$。

洪水传播时间：柘溪水库至防洪控制断面桃江站的洪水传播时间为 14 h。

（4）柘溪水库防洪调度方式复核。按柘溪水库洪水调度方式对 2016 年、2017 年洪水进行调洪计算，计算结果见表 5.6。

**表 5.6　2016 年、2017 年柘溪水库洪水调洪结果**

| 年份 | 项目 | 柘溪水库 |
| --- | --- | --- |
| 2016 | 桃江站最大流量/（$m^3/s$） | 18 100 |
| | 水库坝址最大流量/（$m^3/s$） | 20 400 |
| | 柘溪—桃江区间最大流量/（$m^3/s$） | 5 680 |
| | 水库调蓄后桃江站最大流量/（$m^3/s$） | 9 700 |
| | 桃江站出现最大流量时水库泄量/（$m^3/s$） | 4 020 |
| | 水库最大下泄量/（$m^3/s$） | 9 400 |
| | 水库最高洪水位/m | 167.41 |
| 2017 | 桃江站最大流量/（$m^3/s$） | 24 600 |
| | 水库坝址最大流量/（$m^3/s$） | 15 800 |
| | 柘溪—桃江区间最大流量/（$m^3/s$） | 15 600 |
| | 水库调蓄后桃江站最大流量/（$m^3/s$） | 20 050 |
| | 桃江站出现最大流量时水库泄量/（$m^3/s$） | 1 000 |
| | 水库最大下泄量/（$m^3/s$） | 15 031 |
| | 水库最高洪水位/m | 170.04 |

从表 5.6 可见，按照设计的防洪调度方式，从汛限水位 162 m 起调，2016 年洪水柘溪水库最高洪水位为 167.41 m，最大下泄量为 9 400 $m^3/s$，桃江站最大流量为 9 700 $m^3/s$；2017 年洪水柘溪水库最高洪水位为 170.04 m，最大下泄量为 15 031 $m^3/s$，桃江站最大流量为 20 050 $m^3/s$。

2016 年洪水，主要来源于柘溪坝址以上，柘溪—桃江区间相对较小，因此柘溪水库拦蓄效果较好；而 2017 年洪水，柘溪—桃江区间洪水较大，柘溪入库洪峰与柘溪—桃江区间洪峰基本相当，且柘溪—桃江区间洪峰出现在柘溪水库入库洪峰之后，此时柘溪水库基本已蓄满，故柘溪水库拦蓄后，桃江站最大流量仍达 20 050 $m^3/s$，超过桃江站安全泄量较多。在实际调度中，可结合预报，通过预泄提前将库水位消落至汛限水位以下，以达到更好的拦洪效果。

（5）2016 年、2017 年实际调度与复核结果对比。2016 年、2017 年洪水，资江与沅江主要洪峰均出现在 7 月上旬。资江流域从 6 月 14 日 14 时开始降雨，并于 6 月 15 日 20 时结束。降雨主要集中在柘溪水库的中游及赧水，雨带柘溪以上整个流域呈中间多、两头少分布。柘溪水库自 6 月 15 日 5 时开始起涨，起涨水位 154.35 m，相应入库流量 776 $m^3$/s，出库流量 1 560 $m^3$/s，6 月 17 日 1 时出现洪峰 4 970 $m^3$/s。由于库水位较低，水库按正常发电控制运行，最大出库流量 1 910 $m^3$/s，6 月 18 日 10 时达到调洪最高水位 160.77 m。此后，水库照常发电，水位正常消落。

7 月，流域从 7 月 1 日 20 时开始降雨，7 月 8 日 8 时结束，降雨从库区中下游开始，向北移至柘溪水库近坝区，后期扩展至整个流域。7 月 2 日 23 时水库水位开始起涨，起涨水位 156.79 m，相应入库流量 582 $m^3$/s，出库流量 925 $m^3$/s，7 月 4 日 14 时出现洪峰 20 400 $m^3$/s，为柘溪水库建库以来最大入库洪峰，较历年最大入库洪峰（1996 年 7 月 17 900 $m^3$/s）多 2 500 $m^3$/s，14 时相应的出库流量为 5 000 $m^3$/s。由于水库下游柘溪—桃江区间流量超过 7 000 $m^3$/s，为与柘溪—桃江区间洪水错峰，柘溪水库推迟泄洪时间 8 h，从 7 月 4 日 13 时起开始，按 5 000 $m^3$/s 控制泄洪，最大泄洪流量 6 000 $m^3$/s，由于预报库区仍有强降雨，为保证水库度汛安全和下游泄洪安全，省防汛抗旱指挥部要求下游按 9 000 $m^3$/s 泄洪设防。因资江桃江站以下全线超保证水位，在确保大坝安全的前提下，为降低下游防洪压力，分别于 4 日 23 时 30 分、5 日 8 时 30 分、5 日 14 时逐步减少柘溪水库下泄流量至 5 000 $m^3$/s、4 000 $m^3$/s、3 000 $m^3$/s。7 月 6 日 12 时达到调洪最高水位 169.01 m，7 月 9 日 13 时关闭泄洪闸门。

柘溪水库自 6 月 23 日 8 时开始起涨，起涨水位 154.15 m，相应入库流量 824 $m^3$/s，出库流量 386 $m^3$/s，6 月 25 日 11 时，资江柘溪水库入库洪峰流量 6 220 $m^3$/s，下泄流量 1 900 $m^3$/s，6 月 27 日 2 时，达到本次洪水最高水位 162.55 m，相应入库流量 4 100 $m^3$/s，出库流量 5 080 $m^3$/s。此后，结合预报逐步降低库水位，6 月 29 日 14 时，水位为 161.36 m，此后，水位开始上涨，7 月 1 日 12 时，水库入库洪峰流量 15 800 $m^3$/s，相应出库流量 7 220 $m^3$/s，7 月 3 日 19 时，水库出现最高库水位 169.84 m。水库泄量维持在 7 000～8 000 $m^3$/s 约 76 h。

### 3. 2016 年、2017 年实际调度与复核结果对比

实际调度中，五强溪、凤滩、柘溪水库在洪水来临前结合预报均实行了预泄腾库，增加了汛限水位以下调蓄库容。

如 2016 年洪水，7 月 1 日 22 时五强溪水库提前将库水位降至 94.79 m，增加汛限水位以下库容 3.05 亿 $m^3$，7 月 5 日 9 时洪峰 22 346 $m^3$/s，相应出库流量 10 744 $m^3$/s，7 月 6 日 12 时达到最高水位 104.14 m。7 月 2 日 23 时柘溪水库已提前将库水位降至 156.79 m，低于汛限水位 5.21 m，增加汛限水位以下库容 5.13 亿 $m^3$，7 月 4 日 14 时出现洪峰 20 400 $m^3$/s，7 月 6 日 12 时达到最高水位 169.01 m。

2017 年洪水，7 月 1 日 12 时至 7 月 2 日 22 时，提前对凤滩、五强溪、柘溪水库实施预泄调度，分别增加汛限水位以下调蓄库容 0.65 亿 $m^3$、2.22 亿 $m^3$、7.26 亿 $m^3$。自 7 月 1 日 14 时至 7 月 6 日 8 时：资江柘溪水库入库洪峰流量 15 800 $m^3$/s，最大下泄流量 8 500 $m^3$/s，最高库水位 169.84 m；沅江五强溪水库入库洪峰流量 32 400 $m^3$/s，最大下泄流量 22 500 $m^3$/s，最高库水位 107.85 m。

而在调洪计算时，现行的各水库防洪调度方式未明确预泄的时间，计算时未考虑预泄，均以水库汛限水位作为起调水位。如对于 2017 年洪水，柘溪水库过早地用完防洪库容，此后只能按来量下泄，而柘溪—桃江区间流量也比较大，且出现在柘溪水库入库洪峰之后，水库已没有库容为区间错峰，故桃江站最大流量达到 20 500 $m^3/s$，超过安全泄量较多。

2016 年、2017 年凤滩、五强溪、柘溪水库洪水实际调度水位与调洪计算水位过程对比及控制站桃源站、桃江站洪水实际流量与调洪计算流量过程对比如图 5.7～图 5.16 所示。

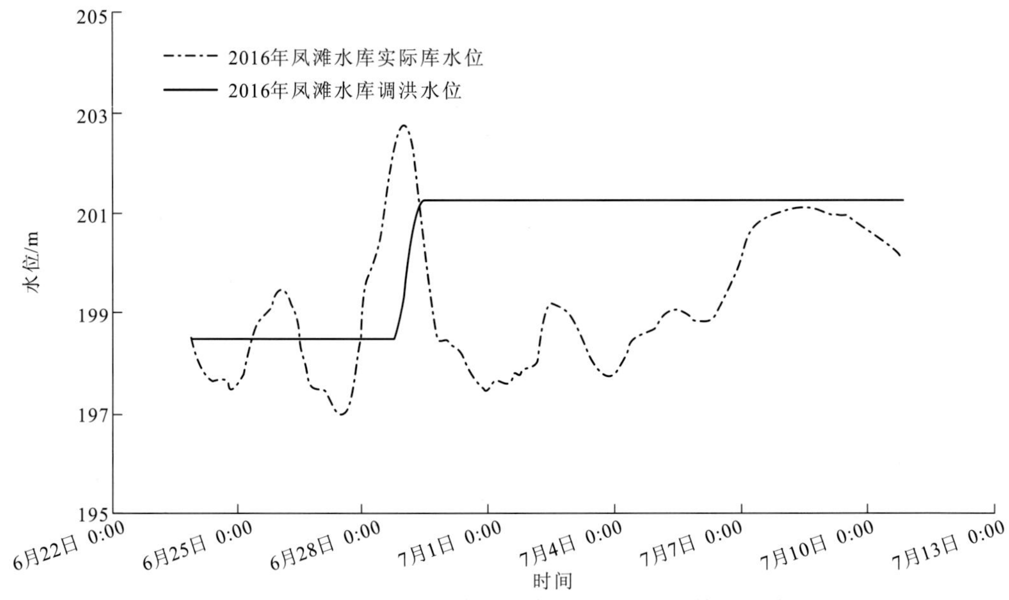


图 5.7　2016 年凤滩水库洪水实际调度水位与调洪计算水位过程对比

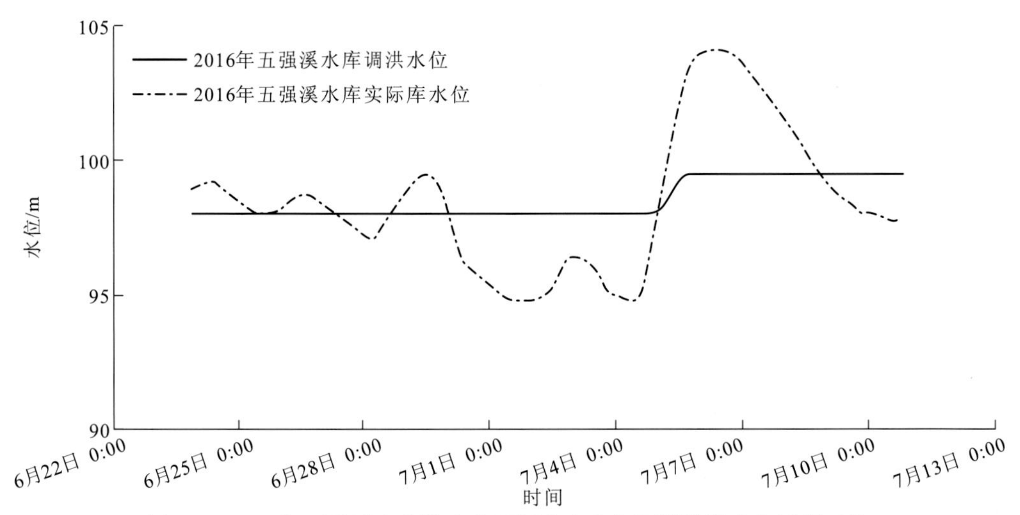


图 5.8　2016 年五强溪水库洪水实际调度水位与调洪计算水位过程对比

桃源站安全泄量 23 000 $m^3/s$

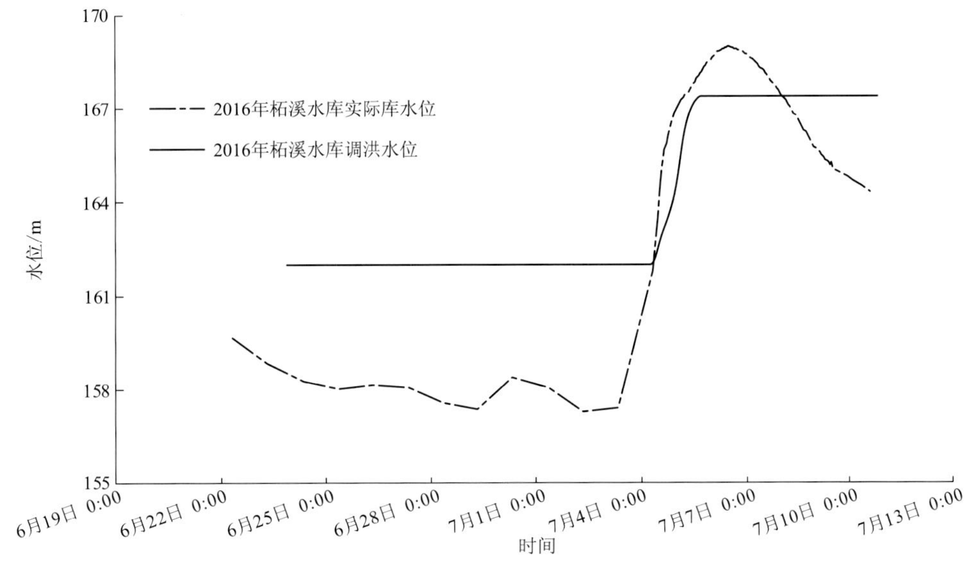


图 5.9　2016 年柘溪水库洪水实际调度水位与调洪计算水位过程对比

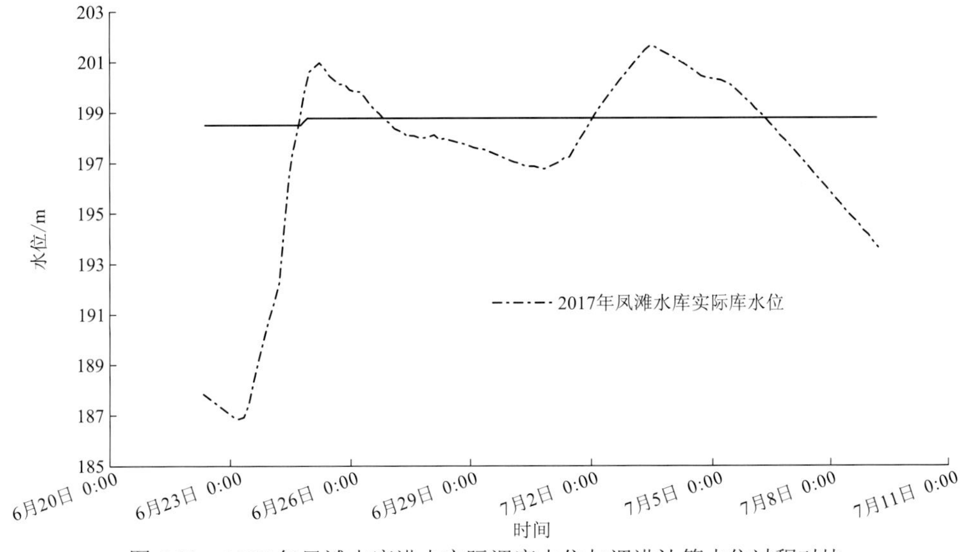


图 5.10　2017 年凤滩水库洪水实际调度水位与调洪计算水位过程对比

从 2016 年、2017 年五强溪、凤滩、柘溪水库实际防洪调度过程来看，由于采用了汛前预泄腾库，实际调洪最高库水位、下游控制站流量均低于复核计算的结果。

防洪调度方式优化如下。

（1）调度方式的可操作性。凤滩水库以五强溪水库水位作为其拦洪的启动条件，但在实际运行中，当凤滩水库入库流量较大时，五强溪水库水位并未达到凤滩水库拦洪的启动水位，而五强溪水库水位达到凤滩水库拦洪的启动水位时，凤滩水库来水又较小，拦洪效果较差。例如：2016 年洪水，凤滩坝址洪峰 12 900 $m^3/s$，此时五强溪水库水位 98 m；2017 年洪水，凤滩坝址洪峰 7 970 $m^3/s$，此时五强溪水库水位 100.6 m；当五强溪水库水位达到 103.6 m 时，凤滩坝址洪峰约 1 100 $m^3/s$。

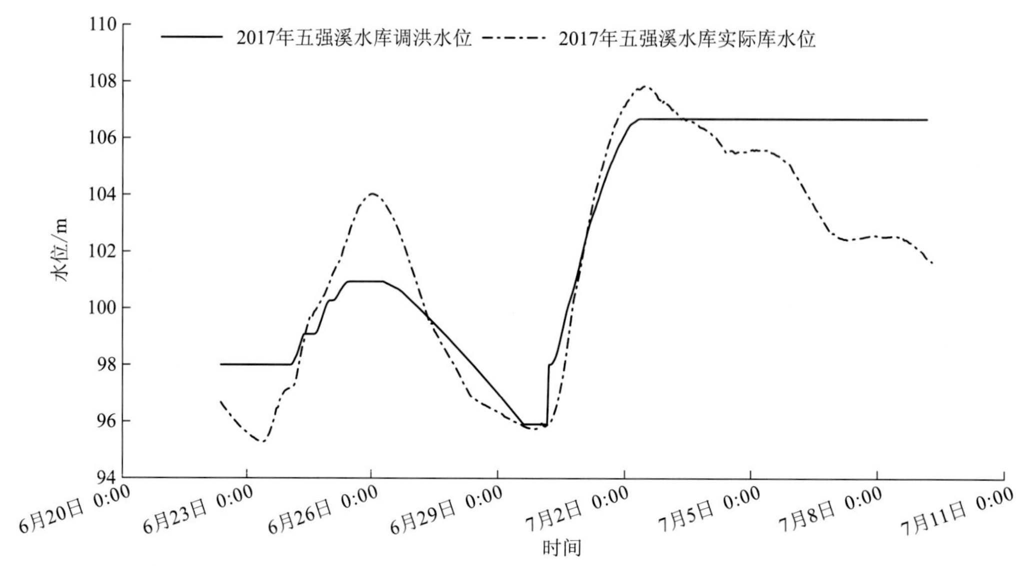


图 5.11 2017 年五强溪水库洪水实际调度水位与调洪计算水位过程对比

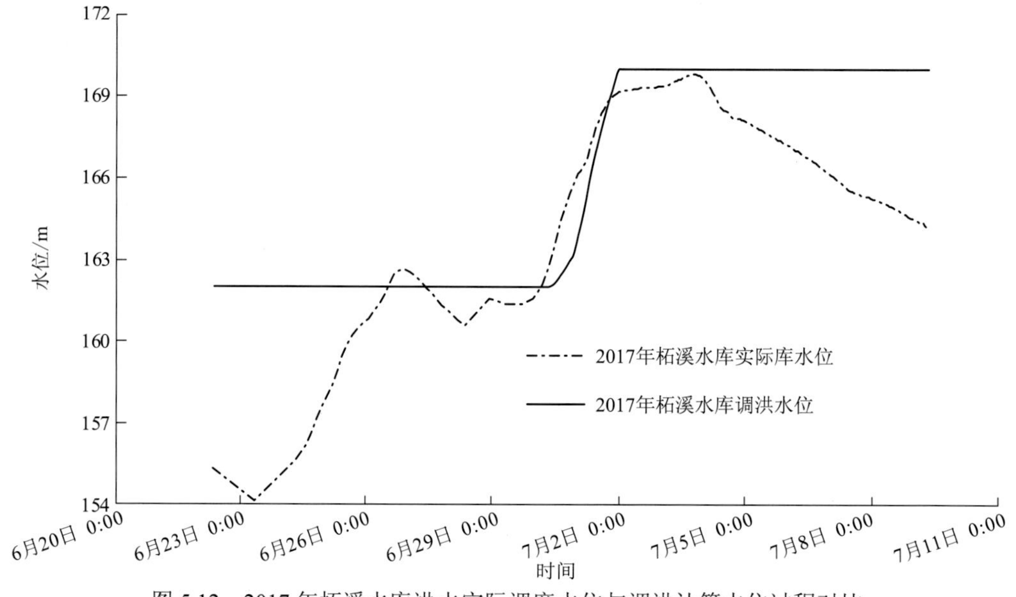


图 5.12 2017 年柘溪水库洪水实际调度水位与调洪计算水位过程对比

（2）如果考虑预泄，皂市、江垭、凤滩、五强溪、柘溪等水库现行的防洪调度方式均未明确预泄的时间，同时皂市、江垭、凤滩水库坝址下游安全泄量不明确。

（3）调洪计算未进行演进，没有考虑河道槽蓄的影响。柘溪坝址距益阳市约 170 km，五强溪水库距常德市约 130 km，有一定的河道槽蓄坦化的作用，计算采用时滞，未考虑河道槽蓄的影响。

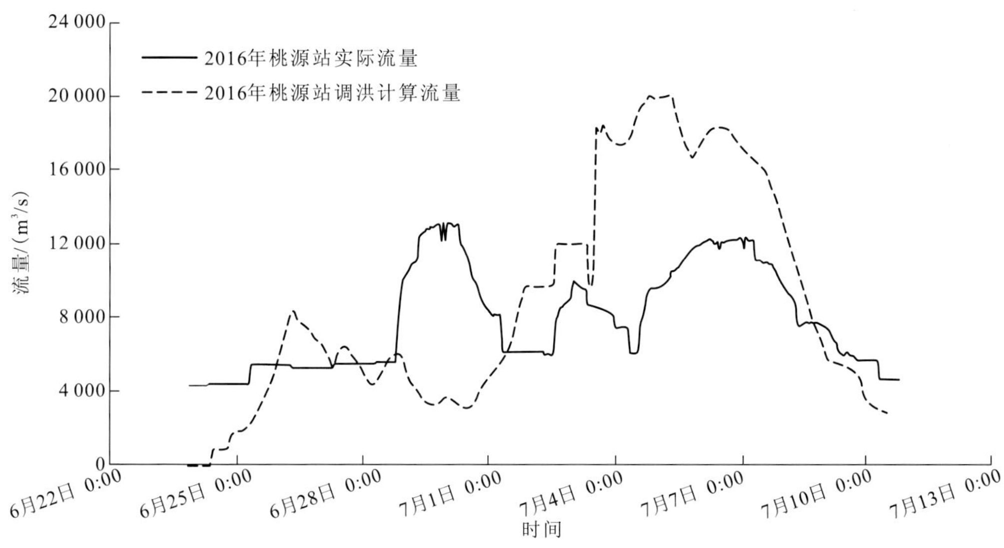


图 5.13　2016 年桃源站洪水实际流量与调洪计算流量过程对比

桃源站安全泄量 23 000 m³/s

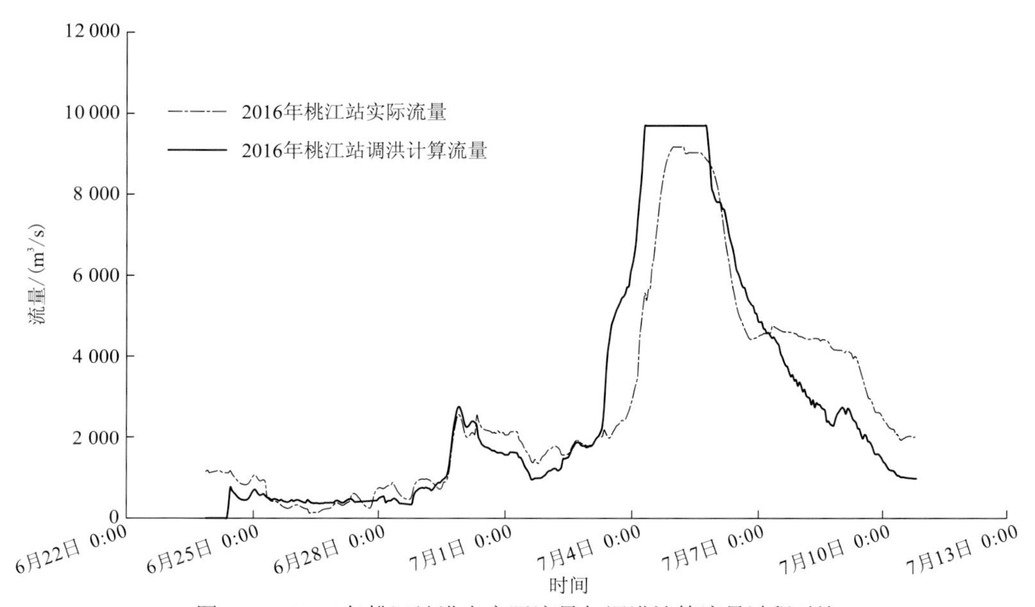


图 5.14　2016 年桃江站洪水实际流量与调洪计算流量过程对比

为进一步挖掘水库防洪潜力，拟采取汛期预泄降低水库水位，增加水库调洪库容。

（1）柘溪水库。①当预报桃江站后续洪水呈涨水趋势且洪峰有可能大于 9 000 m³/s 时，柘溪水库结合发电开始预泄降低水库运行水位。②涨水期。当 3 000 m³/s≤$Q_{桃}$＜9 000 m³/s 时，柘溪水库在入库流量基础上增泄 2 000 m³/s，最大下泄流量按不超过 6 000 m³/s 控制，当 $Q_{桃}$≥9 000 m³/s 时，按柘溪水库防洪调度方式对下游进行补偿调度。③退水期。

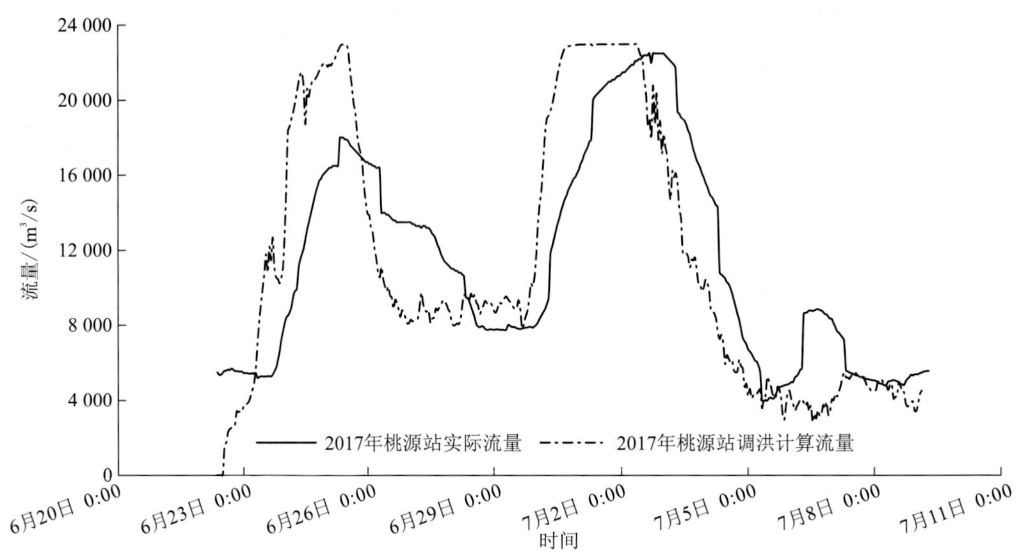


图 5.15 2017 年桃源站洪水实际流量与调洪计算流量过程对比

桃源站安全泄量 23 000 m³/s

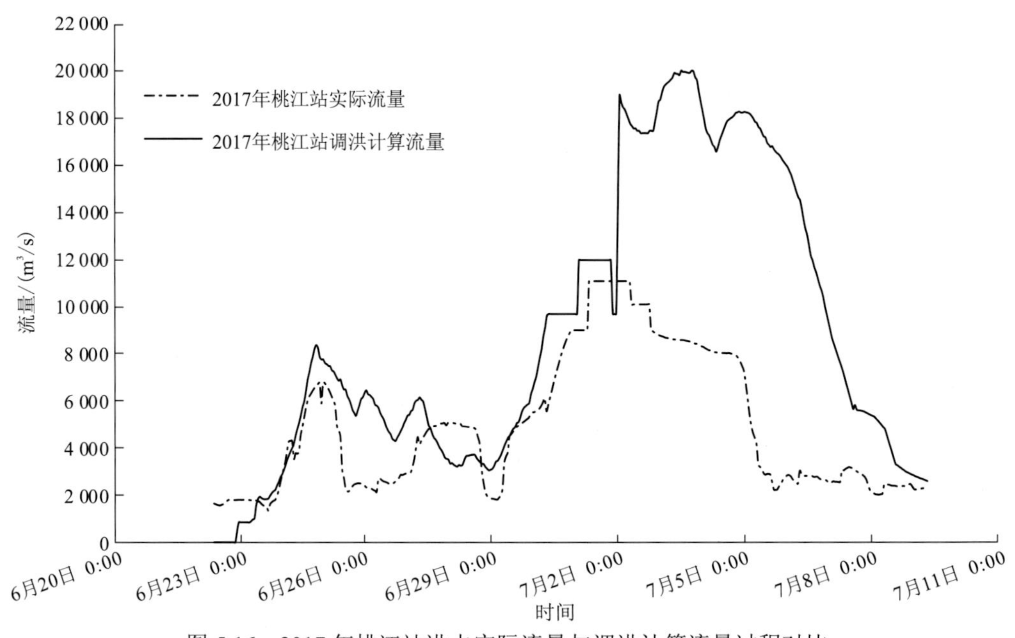


图 5.16 2017 年桃江站洪水实际流量与调洪计算流量过程对比

当 $Q_{桃}$＜7000 m³/s 时，根据预报后续水情情况，柘溪水库在入库流量基础上增泄 1 500～2000 m³/s，最大下泄流量按不超过 9000 m³/s 控制，使坝前水位尽快回落至防洪限制水位 162 m。

按照上述预泄方式及柘溪水库洪水调度方式，对 2016 年、2017 年洪水进行调洪计算，计算结果见表 5.7。

表 5.7　考虑预泄后 2016 年、2017 年柘溪水库洪水调洪结果

| 年份 | 项目 | 柘溪水库 |
|---|---|---|
| 2016 | 水库调蓄后桃江站最大流量/（$m^3/s$） | 9 700 |
| | 桃江站出现最大流量时水库泄量/（$m^3/s$） | 4 020 |
| | 水库最大下泄量/（$m^3/s$） | 9 400 |
| | 预泄最低水位/m | 161.11 |
| | 水库最高洪水位/m | 166.89 |
| 2017 | 水库调蓄后桃江站最大流量/（$m^3/s$） | 20 050 |
| | 桃江站出现最大流量时水库泄量/（$m^3/s$） | 1 000 |
| | 水库最大下泄量/（$m^3/s$） | 10 700 |
| | 预泄最低水位/m | 158.83 |
| | 水库最高洪水位/m | 170.00 |

（2）凤滩水库。①当预报凤滩水库后续入库洪水呈涨水趋势、五强溪水库水位低于 101 m 或入库流量不大于 10 000 $m^3/s$ 时，凤滩水库开始预泄，在入库流量的基础上，增泄 500～1 500 $m^3/s$。②当五强溪水库水位超过 105 m 且仍在上涨，凤滩水库水位在 205 m 以下，凤滩水库配合五强溪水库拦蓄洪水。③退水期。根据五强溪水库预报入库洪水水情及库水位情况，凤滩水库适时加大泄量，使水库坝前水位尽快回落至防洪限制水位 198.5 m。

（3）五强溪水库。①当预报五强溪水库后续入库洪水呈涨水趋势且入库洪水有可能大于 20000 $m^3/s$ 时，水库开始预泄。②涨水期。当 3000 $m^3/s \leqslant Q_{五} < 6000$ $m^3/s$ 时，增泄 1500～2000 $m^3/s$，最大下泄流量按不超过 6000 $m^3/s$ 控制。当 6000 $m^3/s \leqslant Q_{五} < 10000$ $m^3/s$ 时，在入库流量基础上增泄 1500～2000 $m^3/s$，最大下泄流量按不超过 10000 $m^3/s$ 控制。当 $Q_{五} \geqslant 10000$ $m^3/s$ 时，按五强溪水库防洪调度方式对下游进行补偿调度。③退水期。当 $Q_{五} < 10000$ $m^3/s$ 时，在入库流量基础上增泄 1500～2000 $m^3/s$，最大下泄流量按不超过 10000 $m^3/s$ 控制，使坝前水位尽快回落至防洪限制水位 98 m。

按照上述预泄方式及凤滩、五强溪水库洪水调度方式，对 2016 年、2017 年以沅江流域桃源站为防洪控制断面的桃源站，凤滩、五强溪水库及五强溪—桃源区间的洪水过程，进行调洪计算，计算结果见表 5.8。

表 5.8　考虑预泄后 2016 年、2017 年凤滩、五强溪水库洪水调洪结果

| 年份 | 项目 | 凤滩水库 | 五强溪水库 | 备注 |
|---|---|---|---|---|
| 2016 | 水库调蓄后桃源站最大流量/（$m^3/s$） | 19 927 | | 安全泄量 23 000 $m^3/s$ |
| | 桃源站出现最大流量时水库泄量/（$m^3/s$） | 1 470 | 19 502 | |
| | 水库最大下泄量/（$m^3/s$） | 11 036 | 19 659 | |
| | 预泄最低水位/m | 198.50 | 97.44 | |
| | 水库最高洪水位/m | 201.24 | 99.31 | |

续表

| 年份 | 项目 | 凤滩水库 | 五强溪水库 | 备注 |
|---|---|---|---|---|
| 2017 | 水库调蓄后桃源站最大流量/（$m^3/s$） | 22 993 | | 安全泄量 23 000 $m^3/s$ |
| | 桃源站出现最大流量时水库泄量/（$m^3/s$） | 1 120 | 21 900 | |
| | 水库最大下泄量/（$m^3/s$） | 7 337 | 22 923 | |
| | 预泄最低水位/m | 198.50 | 95.73 | |
| | 水库最高洪水位/m | 198.77 | 106.12 | |
| 2016 | 水库调蓄后桃源站最大流量/（$m^3/s$） | 19 927 | | 安全泄量 20 000 $m^3/s$ |
| | 桃源站出现最大流量时水库泄量/（$m^3/s$） | 1 470 | 19 515 | |
| | 水库最大下泄量/（$m^3/s$） | 11 036 | 19 669 | |
| | 预泄最低水位/m | 198.50 | 97.60 | |
| | 水库最高洪水位/m | 201.24 | 99.43 | |
| 2017 | 水库调蓄后桃源站最大流量/（$m^3/s$） | 24 400 | | |
| | 桃源站出现最大流量时水库泄量/（$m^3/s$） | 1 120 | 18 900 | |
| | 水库最大下泄量/（$m^3/s$） | 7 337 | 24 330 | |
| | 预泄最低水位/m | 198.50 | 95.53 | |
| | 水库最高洪水位/m | 201.19 | 108.00 | |

考虑预泄后柘溪、五强溪水库，调洪最高库水位及控制站流量对比见表 5.9。

**表 5.9　考虑预泄后柘溪、五强溪水库调洪最高库水位及控制站流量对比**

| 年份 | 项目 | 柘溪水库 | | | 五强溪水库 | | | 备注 |
|---|---|---|---|---|---|---|---|---|
| | | 最高库水位/m | 最大下泄量/（$m^3/s$） | 桃江站流量/（$m^3/s$） | 最高库水位/m | 最大下泄量/（$m^3/s$） | 桃源站流量/（$m^3/s$） | |
| 2016 | 考虑预泄 | 166.89 | 9 400 | 9 700 | 99.31 | 19 659 | 19 927 | 桃源站安全泄量 23 000 $m^3/s$ |
| | 无预泄 | 167.41 | 9 400 | 9 700 | 99.44 | 19 893 | 20 482 | |
| 2017 | 考虑预泄 | 170.00 | 10 700 | 20 050 | 106.12 | 22 923 | 22 993 | |
| | 无预泄 | 170.04 | 15 031 | 20 050 | 106.69 | 22 923 | 22 993 | |

由表 5.9 可见：考虑预泄后，2016 年柘溪、五强溪水库调洪最高库水位较不考虑预泄降低 0.52 m 和 0.13 m；2017 年柘溪、五强溪水库调洪最高库水位较不考虑预泄降低 0.04 m 和 0.57 m。

### 5.2.4 洞庭四水水库群配合三峡水库防洪调度

目前，洞庭四水流域已形成一定规模具有防洪作用的水库群系统，然而尚未实现与长江上游水库群的统一调度；从洪水遭遇规律分析，洞庭四水水系洪水与长江上游洪水在水文规律上存在时间和空间的异步性，使得洞庭四水水库群配合三峡水库防洪调度具备可行性。洞庭四水流域内已建水库群实施联合调度后，不但有利于各支流流域防洪，同时对降低湖区水位、减少尾闾地区防洪压力具有积极作用。

**1）洪水特性及遭遇分析**

表5.10为洞庭四水、三口及洞庭湖出口洪峰出现月份统计表。湘江年最大洪峰出现最早为3月，最晚为10月，出现较多为5月、6月。资江年最大洪峰出现最早为3月，最晚为11月，出现最多为6月，5月出现次数较湘江少，7月较湘江多。沅江年最大洪峰出现最早为4月，最晚为11月，出现最多为7月。澧水年最大洪峰出现最早为3月，最晚为9月，出现较多为6月、7月。三口分流洪水特性同长江上游来水一致，洪峰主要出现在5～10月，最多为7月，其次为8月。从洞庭湖出口城陵矶站来看，其洪峰出现时间为4～11月，最多为7月，其次为6月，其洪水特性反映了洞庭四水和长江的综合特性。

表5.10 洞庭湖入、出湖洪峰出现月份统计表

| 控制站 | 3月 | 4月 | 5月 | 6月 | 7月 | 8月 | 9月 | 10月 | 11月 | 总年数 |
|---|---|---|---|---|---|---|---|---|---|---|
| 湘潭站 | 2 | 6 | 17 | 19 | 9 | 5 | 1 | 1 | — | 60 |
| 桃江站 | 2 | 5 | 11 | 18 | 15 | 5 | 2 | 1 | 1 | 60 |
| 桃源站 | — | 4 | 11 | 17 | 22 | 3 | 1 | 1 | 1 | 60 |
| 石门站 | 1 | — | 7 | 22 | 21 | 5 | 4 | — | — | 60 |
| 三口站 | — | — | 1 | 3 | 31 | 14 | 6 | 1 | — | 56 |
| 城陵矶站 | — | 1 | 5 | 12 | 33 | 6 | 2 | 0 | 1 | 60 |

洞庭四水和三口洪水在时间上存在一定差异，但洪水遭遇机会很多。以1951～2013年为例，首先从洪峰遭遇看（相差2天以内），洞庭四水中二水洪峰遭遇的有29次，三水同时遭遇的有8次，湘江和澧水没有遭遇，四水同时遭遇的情况也没有发生。三口与洞庭四水中一水遭遇有5次，三口与洞庭四水中二水同时遭遇则没有。由于洞庭湖可调节洪水，各来水河流洪水过程也较长，洪水过程遭遇机会较多。经对各水年最大10日洪量发生时间进行统计分析，以相差2天计算洪水过程遭遇，洞庭四水中二水洪水过程遭遇的有34次，三水同时遭遇的有6次，四水同时遭遇则没有，洞庭四水洪水遭遇类型见表5.11。三口与洞庭四水中一水遭遇的有8次。三口与洞庭四水其中二水遭遇则没有。根据1951～2013年洪水系列，统计了洞庭四水的洪峰流量与最大10日洪量过程的遭遇规律，以洪峰流量和洪水过程相差2天作为遭遇的判定标准。洞庭湖水系两江遭遇概率

统计见表 5.12。统计结果表明：资江与沅江洪水遭遇的概率最大，洪峰遭遇概率为 19.0%，过程遭遇概率为 35.0%；其次是湘江与资江洪水遭遇，洪峰和过程遭遇概率分别为 19.0%和 25.0%；再次是沅江与澧水洪水遭遇，洪峰和过程遭遇概率分别为 21.7%和 19.0%；湘江和沅江洪水遭遇概率分别为 6.9%和 16.7%，概率虽不是很大，但由于两条河流控制面积占洞庭四水总面积的 80%，所以对洞庭湖洪水影响更大；湘江、资江与澧水遭遇的概率不大。

**表 5.11　洞庭四水洪水遭遇类型**

| 遭遇类型 | 二水遭遇 | 三水遭遇 | 四水遭遇 |
| --- | --- | --- | --- |
| 洪峰 | 29 | 8 | 0 |
| 洪量 | 34 | 6 | 0 |

**表 5.12　洞庭湖水系两江遭遇概率统计**

| 洪量 | 洪峰 | | | |
| --- | --- | --- | --- | --- |
| | 湘江 | 资江 | 沅江 | 澧水 |
| 湘江 | — | 19.0% | 6.9% | 0 |
| 资江 | 25.0% | — | 19.0% | 0 |
| 沅江 | 16.7% | 35.0% | — | 21.7% |
| 澧水 | 0 | 0 | 19.0% | — |

### 2）防洪标准及控制指标

根据《长江流域防洪规划》，洞庭湖区总体的洪水防御对象为 1954 年洪水，在发生 1954 年洪水时，保证重点保护地区的防洪安全。湘江、资江、沅江、澧水尾闾近期总体防洪标准为 20 年一遇，其中地级城市防洪标准为 50 年一遇，县级城市防洪标准为 20 年一遇。长株潭城市群城市防洪标准根据经济社会发展水平可适当提高。

### 3）洞庭四水水库群配合三峡水库防洪调度方式

分析长江上游洪水、洞庭湖各支流的洪水时间分布特性和遭遇规律，研究在满足洞庭四水本流域防洪的基础上，不同典型洪水条件下洞庭四水水库群参与洞庭湖湖区防洪及配合三峡水库对长江中下游防洪的启动条件。在此基础上，结合自身流域防洪能力，量化分析不同阶段各支流水库对城陵矶站水位的防洪作用，提出长江干流来水较大和干流来水不大、洞庭湖支流水系来水较大两种工况下，洞庭四水水库群配合三峡水库对城陵矶地区防洪的启动条件、拦蓄方式、作用效果（图 5.17）。

以螺山站为控制站，选取汉口站水位超过 27.3 m 的大洪水年份，即 1931 年、1935 年、1954 年、1968 年、1969 年、1980 年、1983 年、1988 年、1996 年、1998 年，以及近年来长江中下游来水较大的 2016 年、2017 年等作为洪水典型年，分析洞庭四水水库群配合三峡水库对城陵矶地区防洪调度效果。其中，洞庭湖 5 个控制性水库因无设计洪水过程，基于相应支流的控制站洪水过程，按控制面积比进行缩放，水库来水流量缩放比例表见表 5.13。

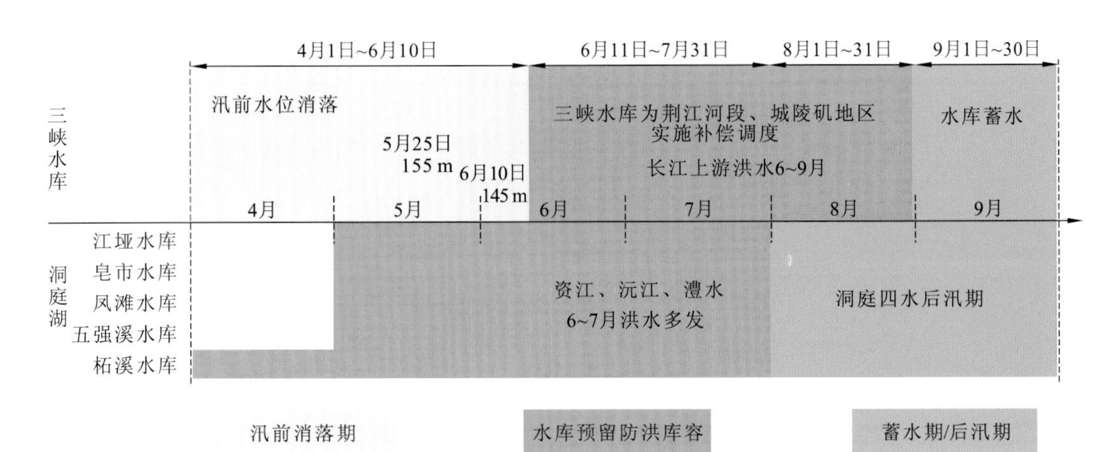


图 5.17　洞庭四水水库群与三峡水库汛期调度示意图

**表 5.13　水库来水流量缩放比例表**

| 流域 | 水库及站点 | 控制面积/万 km² | 占比/% |
|---|---|---|---|
| 澧水 | 石门站 | 1.511 3 | 100% |
|  | 皂市水库 | 0.30 | 19.9% |
|  | 江垭水库 | 0.371 1 | 24.6% |
| 沅江 | 桃源站 | 8.522 3 | 100% |
|  | 凤滩水库 | 1.75 | 20.5% |
|  | 五强溪水库 | 8.38 | 98.3% |
| 资江 | 桃江站 | 2.674 8 | 100% |
|  | 柘溪水库 | 2.26 | 84.5% |

洞庭四水水库群按照《2020 年长江流域水工程联合调度运用计划》拟定的调度方式运行，对上述 12 场典型年洪水进行调洪计算，结果见表 5.14。

**表 5.14　典型洪水调洪结果表-剩余防洪库容**　（单位：亿 m³）

| 年份 | 凤滩水库 | 五强溪水库 | 柘溪水库 | 江垭水库 | 皂市水库 | 合计 |
|---|---|---|---|---|---|---|
| 1931 | 0 | 10.58 | 10.60 | 0 | 7.83 | 29.01 |
| 1935 | 0 | 3.15 | 10.60 | 0 | 4.62 | 18.37 |
| 1954 | 0 | 8.50 | 10.60 | 0 | 7.83 | 26.93 |
| 1968 | 2.77 | 13.60 | 10.60 | 2.54 | 7.83 | 37.34 |
| 1969 | 0 | 8.16 | 10.60 | 0 | 7.83 | 26.59 |
| 1980 | 0 | 13.60 | 10.60 | 0 | 7.83 | 32.03 |
| 1983 | 0.35 | 13.60 | 10.60 | 0 | 7.83 | 32.38 |
| 1988 | 0 | 13.60 | 10.60 | 6.48 | 7.83 | 38.51 |

续表

| 年份 | 凤滩水库 | 五强溪水库 | 柘溪水库 | 江垭水库 | 皂市水库 | 合计 |
|---|---|---|---|---|---|---|
| 1996 | 0 | 0 | 10.60 | 0.09 | 7.83 | 18.52 |
| 1998 | 0 | 11.79 | 10.60 | 0 | 7.83 | 30.22 |
| 2016 | 1.93 | 11.70 | 7.84 | 7.40 | 7.83 | 36.70 |
| 2017 | 2.77 | 0 | 9.56 | 7.40 | 7.83 | 27.56 |
| 最大值 | 2.77 | 13.60 | 10.60 | 7.40 | 7.83 | 38.51 |
| 最小值 | 0 | 0 | 7.84 | 0 | 4.62 | 18.37 |

根据表 5.14 分析，在 12 场典型年洪水调洪过程中，因本流域防洪需要，洞庭湖凤滩、五强溪、柘溪、江垭、皂市 5 座控制性水库分别最多剩余防洪库容 2.77 亿 $m^3$、13.60 亿 $m^3$、10.60 亿 $m^3$、7.40 亿 $m^3$、7.83 亿 $m^3$，其中凤滩、江垭水库的防洪库容在多数年份全部投入运用。可见：皂市、江垭、五强溪水库的防洪库容主要用于本流域防洪；柘溪、皂市水库除在本流域防洪任务之外，尚有能力配合三峡水库对城陵矶地区防洪。

（1）方案 1。基于《三峡（正常运行期）—葛洲坝水利枢纽梯级调度规程》（2019 年修订版）和《2020 年长江流域水工程联合调度运用计划》，拟定两种洞庭四水水库群配合三峡水库防洪运用方式。

方式一：三峡水库对城陵矶地区按天然流量补偿调度，即三峡水库按照规程运行，对城陵矶地区河段防洪补偿调度水位按不超过 158 m 控制，同时不考虑洞庭四水水库群拦蓄作用，控制城陵矶地区河段代表站螺山站流量不超过 60 000 $m^3/s$，中游水库群按既定调度方式运行，在三峡水库拦蓄基础上进一步削减螺山站流量；

对比分析洞庭湖 5 座控制性水库和三峡水库洪水拦蓄时段，洞庭四水水库群拦蓄时机和三峡水库拦蓄时间仅有少量重合，对三峡水库的配合作用较为有限。为了说明水库拦蓄效果，下面选取部分年份的运行过程进行说明。

对于 1954 年典型洪水，部分时段运行过程如图 5.18 所示，其中洞庭四水水库群仅考虑本流域防洪，拦蓄时段大多处于三峡水库对城陵矶地区防洪时段之外，仅有五强溪水库配合三峡水库对城陵矶地区防洪发挥一定作用。

对于 1980 年典型洪水，6 月中旬～7 月中旬长江上游和中下游干流来水较小，城陵矶站流量尚未超河道安全泄量，三峡水库未启动对城陵矶地区防洪，维持水位 145 m 运行。洞庭湖支流沅江和澧水个别时段来水较大，启动凤滩水库和江垭水库拦蓄洪水，但对城陵矶地区并未起到配合防洪的作用，如图 5.19 所示。

对于 1998 年典型洪水，三峡水库 7～8 月多次启动对城陵矶地区防洪调度，但只有 7 月 23 日前后与洞庭四水水库群同时启用，达到了配合防洪的效果，大多数时段仅有三峡水库单独拦蓄，由此可见对于 1998 年典型洪水，洞庭四水水库群配合三峡水库对城陵矶地区防洪效果较为一般，如图 5.20 所示。

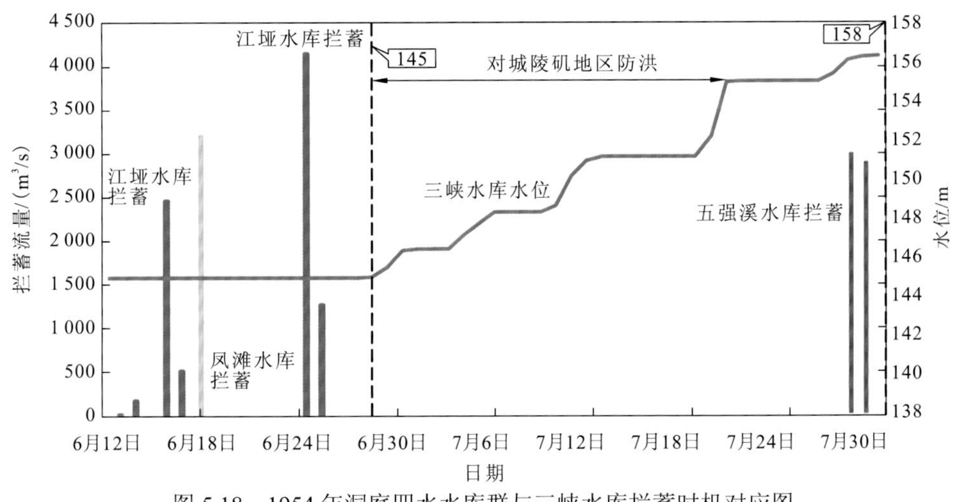


图 5.18　1954 年洞庭四水水库群与三峡水库拦蓄时机对应图

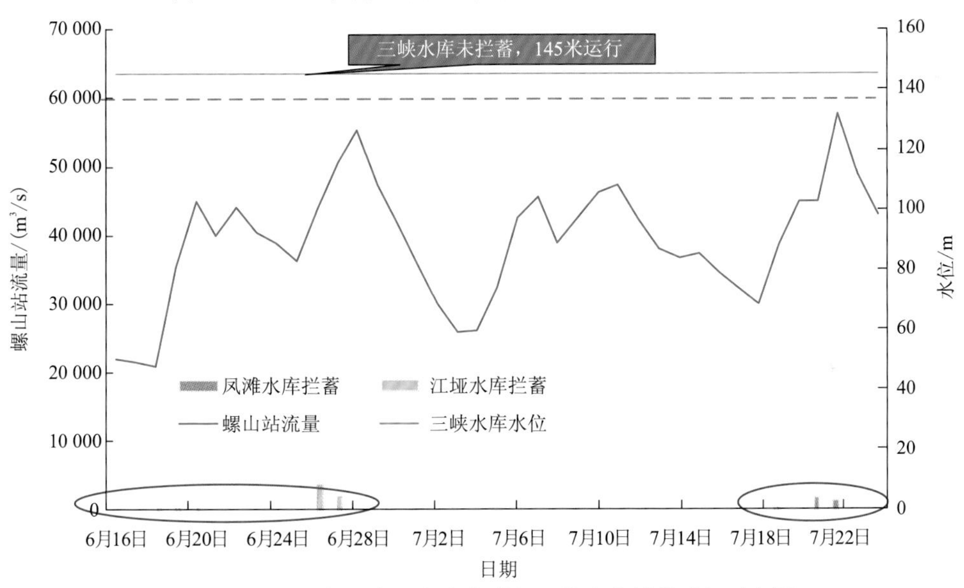


图 5.19　1980 年洞庭四水水库群与三峡水库拦蓄时机对应图

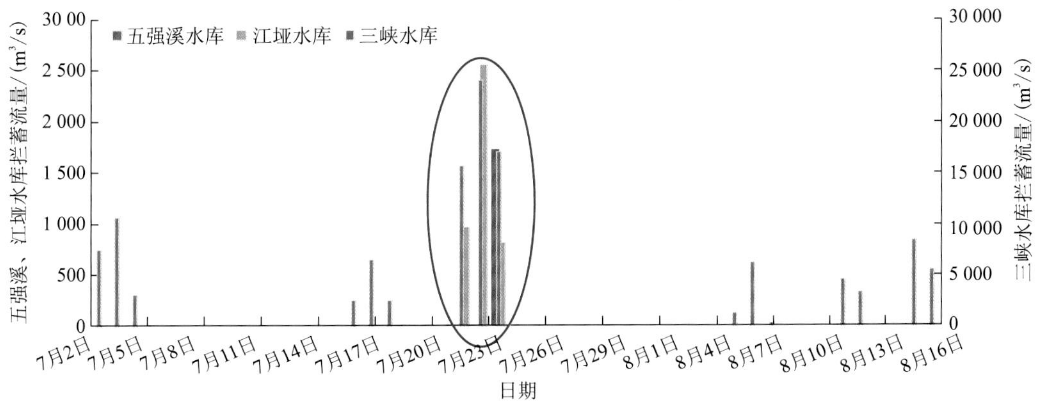


图 5.20　1998 年洞庭四水水库群与三峡水库拦蓄时机对应图

综上所述，洞庭四水水库群配合三峡水库对城陵矶地区防洪效果取决于拦蓄时机，对于上述典型洪水，洞庭四水水库群与三峡水库拦蓄的同步性较弱，其配合对城陵矶地区防洪效果有限；同时，由于洞庭湖区的坦化作用和干流高洪水位顶托影响，洞庭四水水库群对城陵矶地区的防洪作用与三峡水库相比存在一定差距，所以建议充分利用三峡水库的防洪库容拦蓄洪水，减轻城陵矶地区的防洪压力。

（2）方案 2。方式二：在方式一的基础上优先考虑洞庭四水水库群对城陵矶地区的防洪作用，即在洞庭四水水库群拦蓄削减螺山站流量的前提下，三峡水库按洞庭四水水库群调度后的螺山站流量进行补偿调度，控制螺山站流量不超过 60 000 $m^3/s$，以此可减少三峡水库防洪库容的使用量，从而延长兼顾城陵矶地区防洪的运用时间。

方式一和方式二的三峡水库投入库容见表 5.15。

**表 5.15　三峡水库动用库容情况表**

| 年份 | 先启用三峡水库 /亿 $m^3$ | 先启用洞庭湖水库 /亿 $m^3$ | 三峡水库动用库容减少 /亿 $m^3$ | 三峡水库水位降低 /m |
|---|---|---|---|---|
| 1931 | 78.46 | 78.46 | 0 | 0 |
| 1935 | 88.87 | 88.87 | 0 | 0 |
| 1954 | 112.09 | 112.09 | 0 | 0 |
| 1968 | 56.50 | 56.50 | 0 | 0 |
| 1969 | 5.82 | 5.82 | 0 | 0 |
| 1980 | 12.52 | 12.52 | 0 | 0 |
| 1983 | 19.09 | 15.14 | 3.95 | 0.60 |
| 1988 | 15.55 | 14.70 | 0.86 | 0.14 |
| 1996 | 22.26 | 20.22 | 2.03 | 0.30 |
| 1998 | 88.42 | 88.42 | 0 | 0 |

对于 1983 年、1988 年、1996 年典型洪水，长江上游与洞庭湖来水部分时段遭遇，使得方式二的运行方式能降低三峡水库对城陵矶地区防洪投入的防洪库容；对于其他年份典型洪水，三峡水库对城陵矶地区防洪时，洞庭四水来水较小，洞庭四水水库群并未启动配合三峡水库防洪。对比方式一和方式二，三峡水库投入防洪库容几乎无差别。仅当三峡水库对城陵矶地区防洪时，且在洞庭四水来水较大的情况下，洞庭四水水库群才能发挥出配合三峡水库对城陵矶地区的防洪作用。

根据前述不同典型年洞庭四水水库群配合三峡水库防洪的计算成果分析，初步提炼总结洞庭四水水库群和三峡水库对城陵矶地区预留防洪补偿库容启用先后次序：当三峡水库水位在 158 m 以下，并启动对城陵矶地区防洪调度时，若洞庭四水水库群无须对本流域进行防洪调度，且根据来水预报后期防洪风险较小，则可相机启动洞庭湖水系水库群拦蓄削减出库流量（优先启用柘溪水库和皂市水库），配合三峡水库对城陵矶地区进行防洪调度。调度方式建议如下：

（1）若洞庭四水水库群预见期内来水较大，按所在本流域防洪任务和控制目标，使用洞庭湖水系水库群拦蓄洪水；

（2）若洞庭四水水库群预见期内不需要对本流域防洪时，则优先运用洞庭四水水库群防洪库容，相机配合三峡水库防洪调度，减少汇入洞庭湖水量，减轻城陵矶附近地区的防洪压力；

（3）本河流洪峰过后，应在确保水库上下游安全前提下，考虑城陵矶地区的防洪要求，适当控制泄水过程进行水库腾库。

洞庭四水水库群通过主动和被动配合三峡水库对城陵矶地区防洪，可在一定程度上减少三峡水库兼顾城陵矶地区防洪所需的洪水拦蓄量，降低最高防洪水位，如图 5.21 和图 5.22 所示。

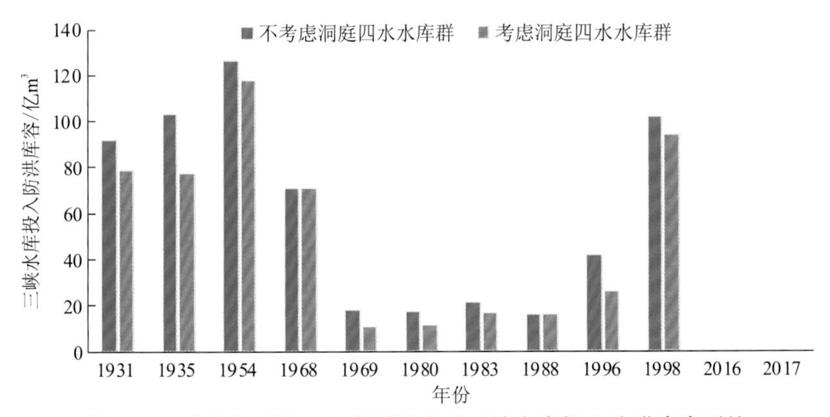


图 5.21　考虑洞庭四水水库群配合后三峡水库投入防洪库容对比

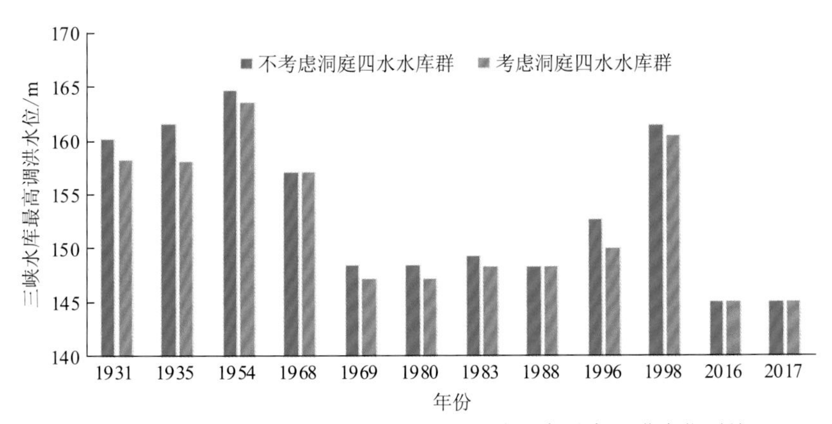


图 5.22　考虑洞庭四水水库群配合后三峡水库最高调洪水位对比

从图 5.21 和图 5.22 可以看出，考虑洞庭四水水库群配合后，理想情况下可减少三峡水库防洪库容投入量 5.05 亿～25.85 亿 $m^3$，降低三峡水库最高调洪水位 0.97～3.6 m，一定程度上减缓三峡水库水位上涨速率，延长三峡水库兼顾对城陵矶地区防洪补偿时间，提升对城陵矶地区的防洪作用。

# 5.3　鄱阳湖五河水库群联合调度方式

## 5.3.1　洪水组成与遭遇

选取对长江下游威胁较大的洪水分析大通以上河段的洪水组成。长江大通洪水组成以汉口以上来水为主，鄱阳湖水系来水是其重要组成部分。汉口站集水面积约占大通的87.3%，多年平均汛期水量占大通的81.8%。鄱阳湖水系中有江西暴雨区，暴雨频次多、范围广，五河来水量大。鄱阳湖水系的面积仅占大通的9.5%，但其汛期洪水量占大通水量的近15%，其中1973年、1977年、1995年鄱阳湖水系15日洪量均占大通站的26%。

鄱阳湖洪水由五河洪水及鄱阳湖区间洪水组成。通过对1954～2007年五河洪水和湖区区间洪水进行合成，对湖口站实测水位高于19 m、合成流量大于30 000 $m^3/s$，以及湖口站实测水位高于21 m、合成流量大于20 000 $m^3/s$的共18年洪水资料统计分析：赣江各时段洪量占总入湖洪量的13%～56.7%，其时段洪量比小于面积比；抚河15日平均洪量占总入湖洪量的11.4%，略大于面积比或持平；区间各时段洪水占入湖总量的4.2%～49.5%，所占比例随时段增长而减小，平均情况大于面积比。

据1954～2007年湖口站日均水位统计：湖口站水位超过20 m的15年中，除1973年、1974年、1975年外，五河洪峰与长江汉口站洪峰基本不相遭遇；五河历年最大洪峰出现时间与长江汉口站最大60日、30日、15日洪量的遭遇机会分别为4次、7次、2次；五河洪水与长江汉口站各时段洪水过程遭遇最严重的一年为1973年。

在湖口站水位超过20 m的15年中，汉口站洪峰与大通站洪峰同时出现的有5年，五河最大合成洪峰与大通站最大60日洪量相遭遇的有8次，汉口站最大30日洪水过程对应大通站水位，1954年、1998年、1999年全部超过警戒水位（14.5 m），而五河最大30日洪水过程对应大通站水位，除1954年、1962年、1969年、1977年、1983年、1992年、1995年、1998年共8年部分时间水位超过警戒水位外，其余7个年份日均水位均低于警戒水位。

## 5.3.2　典型洪水联合调度效果

结合赣江万安水库、峡江水库、江口水库，抚河廖坊水库和洪门水库，修水柘林水库、东津水库和大塅水库，共8座大型水库的调度方式，选取1998年、2016年、2017年3场实际洪水作为洪水典型，以鄱阳湖区星子站为控制站，计算调度前后鄱阳湖入湖水量及星子站水位变化，鄱阳湖流域水库群典型年洪水联合调度效果对比表见表5.16。

**表 5.16　鄱阳湖流域水库群典型年洪水联合调度效果对比表**

| 站点 | 项目 | 1998 年 | 2016 年 | 2017 年 |
|---|---|---|---|---|
| 赣江外洲站 | 天然入湖洪量/亿 $m^3$ | 173.17 | 48.70 | 47.36 |
| | 调蓄后入湖洪量/亿 $m^3$ | 173.17 | 48.70 | 47.36 |
| | 入湖流量最多降低/（$m^3/s$） | 0 | 0 | 0 |
| 抚河李家渡站 | 天然入湖洪量/亿 $m^3$ | 76.13 | 22.71 | 30.03 |
| | 调蓄后入湖洪量/亿 $m^3$ | 75.36 | 22.71 | 30.03 |
| | 入湖流量最多降低/（$m^3/s$） | 1 228 | 0 | 0 |
| 修水永修站 | 天然入湖洪量/亿 $m^3$ | 56.99 | 6.67 | 48.53 |
| | 调蓄后入湖洪量/亿 $m^3$ | 49.83 | 6.67 | 48.53 |
| | 入湖流量最多降低/（$m^3/s$） | 4 802 | 0 | 0 |
| 湖区星子站 | 天然入湖洪量/亿 $m^3$ | 232.48 | 144.70 | 27.82 |
| | 调蓄后入湖洪量/亿 $m^3$ | 224.54 | 144.70 | 27.82 |
| | 天然最高水位/m | 22.08 | 20.87 | 18.02 |
| | 调蓄后最高水位/m | 21.91 | 20.87 | 18.02 |

由表 5.16 分析可知，2016 年和 2017 年鄱阳湖各支流来水约 10～25 年一遇，洪水主要来源饶河目前无控制性水利工程，赣江梯级水库、抚河梯级水库和修水梯级水库未达到本流域防洪启动拦蓄条件，对鄱阳湖区防洪未产生影响。1998 年洪水过程的来水以抚河和修水为主，启动抚河洪门水库、廖坊水库和修水柘林水库拦蓄洪水，运行过程如图 5.23～图 5.24 所示。

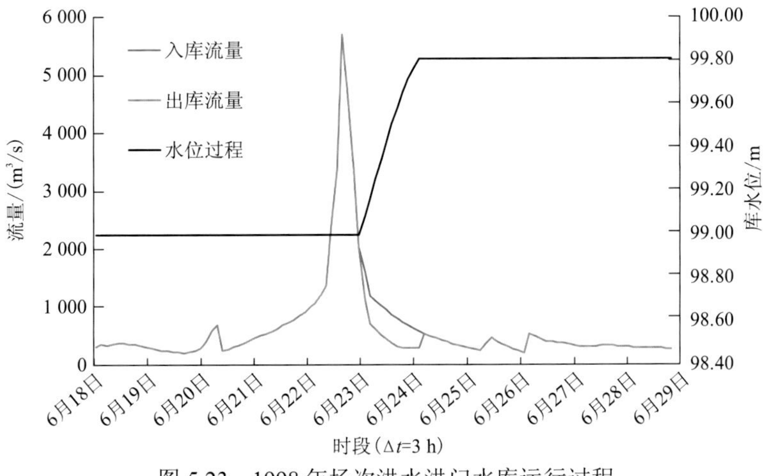


图 5.23　1998 年场次洪水洪门水库运行过程

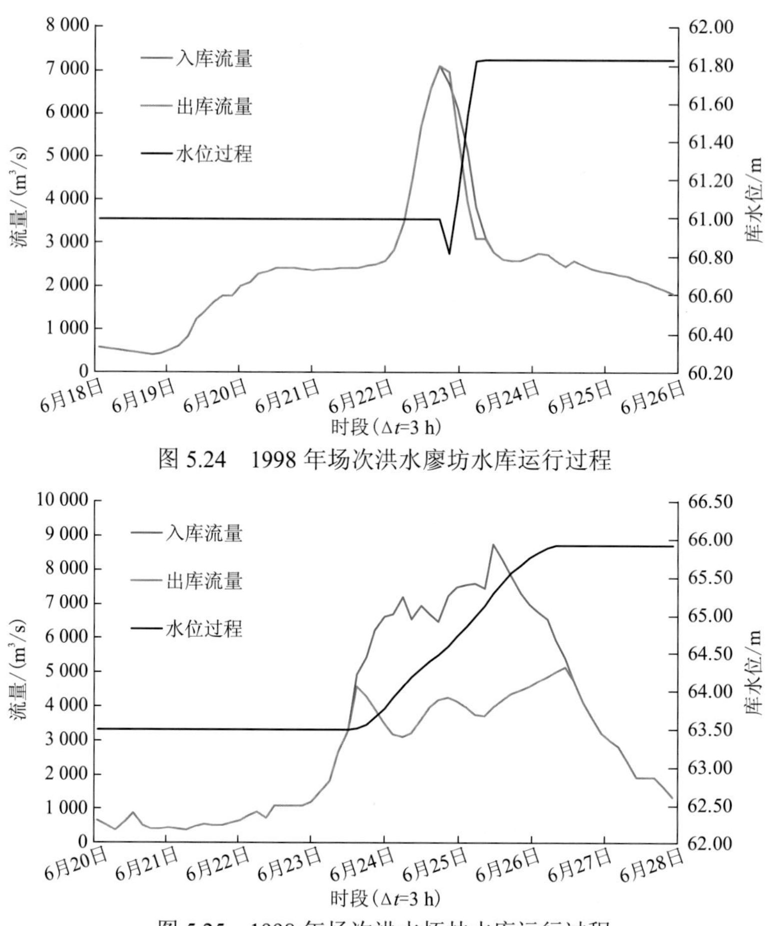


图 5.24　1998 年场次洪水廖坊水库运行过程



图 5.25　1998 年场次洪水柘林水库运行过程

梯级水库对 1998 年典型洪水拦蓄后，抚河梯级水库入湖洪量减少 0.77 亿 $m^3$，最大削减入湖流量 1 228 $m^3/s$，修水梯级水库入湖洪量减少 7.16 亿 $m^3$，最大削减入湖流量 4 802 $m^3/s$。在抚河梯级水库和修水梯级水库拦蓄作用下，鄱阳湖入湖洪量共减少 7.93 亿 $m^3$，鄱阳湖区星子站最高水位从 22.08 m 降低至 21.91 m，降幅 0.17 m。

综上所述：对于 2016 年和 2017 年洪水，鄱阳湖各支流来水仅为 10～25 年一遇，梯级水库群并未启动拦蓄；对于 1998 年洪水，梯级水库群联合防洪运行，修水柘林水库投入全部防洪库容拦蓄洪水，赣江上水库由于来水较小并未启动拦蓄，抚河洪门、廖坊水库拦蓄少量洪水，最终仅降低鄱阳湖区星子站水位 0.17 m。

## 5.4　三峡水库和清江梯级水库防洪联合调度方式

三峡水库与清江梯级水库防洪联合调度有利于更好地应对长江流域洪水，在实际操作过程中，涉及各水库投入方案的问题，主要包括三峡水库与清江梯级水库投入次序、清江梯级各水库投入次序等问题的研究。

### 5.4.1　清江梯级水库防洪库容分配方案

本小节通过设置清江梯级水库（水布垭、隔河岩水库）间防洪库容的不同分配方案，对比分析不同方案、不同典型洪水下清江梯级水库防洪库容使用效率和长系列发电效益，拟定清江梯级水库防洪库容分配方案。

《长江防御洪水方案》、《长江流域防洪规划》、《清江隔河岩水利枢纽修改初步设计报告》、《湖北清江水布垭水利枢纽可行性研究（等同初步设计）报告》、《2018 年度长江上中游水库群联合调度方案》和《2018 年度清江梯级水库汛期调度运用计划》中，清江水布垭水库和隔河岩水库各为长江中下游预留 5 亿 $m^3$ 防洪库容，共 10 亿 $m^3$ 防洪库容。

清江水布垭、隔河岩水库配合三峡水库对荆江河段防洪调度研究中，以 1 亿 $m^3$ 防洪库容为步长，将 10 亿 $m^3$ 防洪库容依次在两座水库之间进行分配，总计 11 种组合方案，具体介绍如下：

（1）“水 10 隔 0”方案，即水布垭水库预留 10 亿 $m^3$、隔河岩水库不预留防洪库容；

（2）“水 9 隔 1”方案，即水布垭水库预留 9 亿 $m^3$、隔河岩水库预留 1 亿 $m^3$ 防洪库容；

（3）“水 8 隔 2”方案，即水布垭水库预留 8 亿 $m^3$、隔河岩水库预留 2 亿 $m^3$ 防洪库容；

（4）“水 7 隔 3”方案，即水布垭水库预留 7 亿 $m^3$、隔河岩水库预留 3 亿 $m^3$ 防洪库容；

（5）“水 6 隔 4”方案，即水布垭水库预留 6 亿 $m^3$、隔河岩水库预留 4 亿 $m^3$ 防洪库容；

（6）“水 5 隔 5”方案，即水布垭水库预留 5 亿 $m^3$、隔河岩水库预留 5 亿 $m^3$ 防洪库容；

（7）“水 4 隔 6”方案，即水布垭水库预留 4 亿 $m^3$、隔河岩水库预留 6 亿 $m^3$ 防洪库容；

（8）“水 3 隔 7”方案，即水布垭水库预留 3 亿 $m^3$、隔河岩水库预留 7 亿 $m^3$ 防洪库容；

（9）“水 2 隔 8”方案，即水布垭水库预留 2 亿 $m^3$、隔河岩水库预留 8 亿 $m^3$ 防洪库容；

（10）“水 1 隔 9”方案，即水布垭水库预留 1 亿 $m^3$、隔河岩水库预留 9 亿 $m^3$ 防洪库容；

（11）“水 0 隔 10”方案，即水布垭水库不预留防洪库容、隔河岩水库预留 10 亿 $m^3$ 防洪库容。

综合分析成果，本书仍推荐现阶段调度规程的成果，即在水布垭、隔河岩水库均预留 5 亿 $m^3$ 防洪库容。由于水布垭水库位于隔河岩水库上游，在实时调度中，可依据相关水文气象预报成果，适时调整两库间预留的防洪库容。当清江地区洪水以水布垭坝址以上洪水为主时，适当增加水布垭水库的预留防洪库容更有利于流域防洪；当水布垭—隔河岩区间洪水较大时，将防洪库容配置在隔河岩水库相对更有利。

需要说明的是，目前调度方案中水布垭、隔河岩水库汛限水位 391.8 m 和 193.6 m 对应防洪库容分别约 5.0 亿 $m^3$ 和 4.1 亿 $m^3$，若隔河岩水库留足 5 亿 $m^3$ 的防洪库容，须在荆江河段防洪调度前预泄至 192.2 m。

## 5.4.2　清江梯级水库与三峡水库防洪库容投入次序

首先分析流域干支流结构，提取防洪对象流量约束及水库群自身防洪约束，然后以三峡—清江梯级水库防洪库容利用最小为目标，构建三峡水库及清江梯级水库针对荆江枝城站的防洪补偿调度优化模型，并采用万有引力算法进行求解，最后根据最优调度方案分析提炼三峡水库与清江梯级水库防洪库容投入次序及时机规律。

三峡水库和清江梯级水库的投入方案分为三峡水库与清江梯级水库、清江梯级内部水布垭水库与隔河岩水库投入次序两个层面，综合上述分析，关于投入方案的推荐意见分述如下。

（1）三峡水库和清江梯级水库的投入次序：根据各洪水典型年的最优调度方案可知，无论哪种洪水类型，大部分情况下均采用清江梯级水库防洪库容优先运用方案。具体来讲：清江洪水多以尖瘦型洪水为主，陡涨陡落、历时短；而长江洪水峰高量大，历时一般较长。因此，在长江、清江发生洪水出现不同遭遇情况下，应根据具体遭遇过程灵活确定投入方案。例如，当长江发生大洪水而清江来水较小时，若等到三峡水库对荆江河段的防洪库容用完时再使用清江梯级水库防洪库容，则存在清江水布垭、隔河岩水库拦蓄不到洪水的可能。另外，三峡水库位于长江干流，控制流域面积巨大，对荆江河段的补偿作用明显；对清江梯级水库而言，只有在清江洪水与长江洪水遭遇、且需要与三峡水库开展联合调度的前提下，才能对荆江河段发挥防洪作用。因此，若预期洪水过程，不需要开展三峡水库与清江梯级水库的联合调度，则清江梯级水库自行安排调度计划；若需要清江梯级水库配合三峡水库开展联合调度，则优先使用清江梯级水库的防洪库容。

（2）清江水布垭水库和隔河岩水库的投入次序：根据各洪水典型年的最优调度方案可知，无论哪种洪水类型，大部分情况下清江梯级水库中的水布垭水库和隔河岩水库都几乎同时启用防洪库容。具体来讲，水布垭、隔河岩水库属串联水库群，水库洪水有一定的同步性。按照串联水库群防洪统一调度的一般规律，为便于控制水库区间来水，一般以先蓄上游水库较为有利；为预防下次洪水而腾空库容，一般以先泄放下游水库较有利。清江洪水历时短，而长江洪水历时则较长。若水布垭、隔河岩水库防洪逐次投入使用，延长了蓄水时间，会遇到清江洪水退水阶段无水可拦的情况，因此，清江梯级水库同时启用防洪库容更为合理。

需要说明的是，《三峡水库优化调度方案》是以优化方法为准则，依据决策变量的离散份数和计算步长搜索最优解，所得方案水位波动明显，水库操作频繁。在实际调度操作中，为水库调度安全起见，并不提倡频繁操作，因此，建议《三峡水库优化调度方案》仅作为实时调度的辅助工具，为实现定性决策提供技术依据。

### 5.4.3　清江梯级水库与三峡水库联合防洪实时预报调度方案

基于 5.4.2 小节清江水布垭水库与隔河岩水库防洪库容分配方案、三峡水库与清江梯级水库防洪库容投入次序等研究成果，并综合批复的相关调度规程，制定三峡水库与清江梯级水库联合防洪实时预报调度方案如下。

清江梯级水库配合三峡水库为荆江河段防洪安全提供保护，与清江洪水和长江洪水的遭遇有关，可分为以下几种情况。

（1）长江上游发生洪水，清江未发生洪水，此时清江水库防洪作用有限。

（2）长江上游发生洪水，尚未超过荆江河段的行洪能力，此时清江也有洪水发生，两江洪水汇合后超过了荆江河段的行洪能力。水布垭、隔河岩水库联合防洪运用拦蓄清江洪水，与三峡水库一起承担荆江河段防洪补偿调度，可保障荆江河段防洪安全，减少荆江河段分洪区的使用概率。

（3）长江洪水超过荆江河段的行洪能力，清江也发生洪水。水布垭、隔河岩水库联合防洪运用拦蓄清江洪水，与三峡水库一起承担荆江河段防洪补偿调度，可起到降低荆江河段洪峰水位、推迟荆江河段分洪时间、减少最大分洪流量和分洪总量的作用。

以保障清江本流域和荆江河段防洪安全为前提，通过分级控制、风险分担，积极稳妥地开展三峡水库与清江梯级水库联合防洪实时预报调度；充分利用短中期预报，根据洪水组成、量级及防洪形势判断，实时动态调整各库间的防洪调度方式；防洪形势不紧张时，可相机开展运行水位动态控制调度，根据预报预泄能力，以洪水来临前安全降至汛限水位为条件。具体需遵循的联合防洪调度原则如下。

（1）根据短中期水文气象预报，荆江河段无防洪压力时，无须启动清江梯级配合三峡水库的联合防洪调度，各梯级水库可根据自身要求实时调度。

（2）清江梯级水库联合三峡水库为荆江河段进行联合补偿调度时，需根据来水组成制定不同的防洪库容投入方案：清江来水较大时，三峡水库和清江梯级水库的防洪库容均使用，优先投入清江梯级水库防洪库容；清江来水较小时，以三峡水库防洪为主，清江梯级水库予以配合，尽量减少下泄水量。

（3）6 月 21 日～7 月 31 日，清江梯级水库为荆江河段预留 10 亿 $m^3$ 防洪库容，一般情况下在水布垭、隔河岩水库平均分配，相应防洪起调水位分别为 391.8 m、192.2 m。

（4）在实时调度中，可依据相关水文气象预报成果，根据洪水组成、量级、防洪形势等，适时调整水布垭、隔河岩水库两库间预留的防洪库容，当清江地区洪水以水布垭坝址以上洪水为主时，适当增加水布垭水库的预留防洪库容；当清江地区洪水以水布垭—隔河岩区间洪水为主时，适当增加隔河岩水库的预留防洪库容。

根据短中期水文气象预报成果，首先判断荆江河段总的防洪形势、来水组成，拟定三峡水库和清江梯级水库的调度总策略，以预计的三峡水库调洪水位量级为依据，分级确定清江梯级水库的防洪任务，并制定各水库水位上限指标和调度细则，组成具有较强可操作性的实时预报调度方案。

# 第6章

# 溪洛渡、向家坝汛期运行水位上浮空间

溪洛渡水电站和向家坝水电站是开发利用金沙江水资源的骨干工程，有巨大的调蓄能力，在防洪、发电、航运、枯期补水等方面可发挥巨大的综合效益。

溪洛渡、向家坝下游区间来水比重较大、防洪任务较多，且下游河道控制站及控制指标与设计值存在差距，还需要调研分析，导致溪洛渡、向家坝汛期水位上浮方面研究尚不多见。因此本章在确保枢纽工程防洪安全、保证枢纽工程所在流域河道下游防洪安全、保障流域防洪安全的基础上，合理协调区域和流域防洪需求，在不增加下游地区防洪压力和区域社会经济生活允许范围内，提出溪洛渡、向家坝汛期运行水位上浮空间和运用方式，充分挖掘溪洛渡、向家坝的调度潜力，优化梯级水库汛期运行方式，拓展洪水资源化利用空间，提高梯级水库水资源利用率。

# 6.1　研 究 方 法

## 6.1.1　现有汛期运行方式

依据《长江流域防洪规划》，溪洛渡水库预留 46.5 亿 $m^3$ 防洪库容，向家坝水库预留 9.03 亿 $m^3$ 防洪库容，防洪库容预留时间均为 7 月 1 日～9 月 10 日，具有兼顾川渝河段沿岸重要城市群和配合三峡水库对长江中下游防洪的双重任务。

随着向家坝水库和溪洛渡水库的建成和投运，两水库与三峡水库联合调度格局已形成。目前在溪洛渡水库和向家坝水库中预留 14.6 亿 $m^3$ 防洪库容，主要用于保障宜宾、泸州两地防洪安全；鉴于寸滩洪水与荆江河段洪水存在区域间洪水遭遇关联性，将剩余 40.93 亿 $m^3$ 防洪库容用于通过削减寸滩洪峰的方式来削减重庆过境洪峰，同时通过降低三峡库区回水水面线高程的方式来配合三峡水库对长江中下游防洪。

溪洛渡水库和向家坝水库运用与电站运行调度规程中对防洪调度分别提出了“溪洛渡汛期运行水位可上浮 2.0 m”“向家坝汛期运行水位可上浮 2.5 m”的汛期运行方式。为了使研究成果具有一定的连续性，本章将先针对两水电站原调度规程中上浮水位对防洪的影响进行分析，在分析成果的基础上，再对溪洛渡、向家坝水电站汛期水位进一步上浮运用展开深入研究。

### 1. 溪洛渡调度规程设计汛期运行方式

溪洛渡水电站的防洪任务主要是在保证枢纽工程安全的前提下对川渝河段防洪，提高沿岸宜宾等城市的防洪标准，同时配合三峡水库对长江中下游进行防洪补偿调度，进一步提高荆江河段的防洪标准，减少长江中下游分洪损失。在《金沙江溪洛渡水电站水库运用与电站运行调度规程（试行）》中，提出如下溪洛渡水电站防洪调度方式。

（1）当溪洛渡水库运用防洪限制水位 560 m 至防洪高水位 600 m 之间的防洪库容对其下游防洪对象进行防洪时，按与向家坝水库联合运用的方式实施防洪调度。

（2）溪洛渡水库汛期按防洪限制水位 560 m 控制运行期间，考虑水位操作控制误差、水情预报误差、泄水设施启闭、机组开停、电站调峰等引起水位波动，以及减少常遇洪水时深孔频繁开启确保枢纽工程安全等因素，实时调度中库水位可在 2 m 范围内变动。

当工程发生事故切机、地震、重大工程险情等突发事件时，库水位不受上述允许变动范围的限制，但过后应及时按允许变动范围运行。

### 2. 向家坝调度规程设计汛期运行方式

向家坝水库与溪洛渡水库联合运用对下游防洪，防洪对象主要是川渝河段，并配合三峡水库运用可以为长江中下游地区发挥防洪作用。防洪目标是提高川渝河段沿岸宜宾、泸州、重庆等城市的防洪标准，并配合三峡水库对长江中下游进行防洪调度。因此，向家坝水电站防洪调度的主要任务是在保障工程安全的前提下，与上游溪洛渡水库联合运用，利用水库拦蓄洪水，提高川渝河段沿岸宜宾、泸州、重庆等城市的防洪标准，并配合三峡水库对长江中下游进行防洪调度。

在《金沙江向家坝水电站水库运用与电站运行调度规程（试行）》中，提出如下向家坝水电站防洪调度方式。

（1）汛期 7 月 1 日～9 月 10 日，当川渝河段及长江中下游均无防洪要求时，原则上按泄量等于来量的方式控制水库下泄流量，库水位按防洪限制水位 370 m 控制运行。

（2）当向家坝水库运用防洪限制水位 370 m 至防洪高水位 380 m 之间的防洪库容对其下游防洪对象进行防洪时，按与溪洛渡水库联合运用的方式实施防洪调度。当水库蓄洪至防洪高水位 380 m 后，实施保枢纽工程安全的防洪调度方式。

（3）向家坝水库在汛期 7 月 1 日～9 月 10 日按防洪限制水位 370 m 控制运行期间，考虑泄水设施启闭时间、机组开停时间、电站日调节需要、库区通航要求、水文预报误差及调度误差等因素，实时调度中库水位一般情况下在 370～372.5 m 变动。当预报下游防洪对象将发生较大洪水时，如库水位高于防洪限制水位，应在保障下游行洪安全的情况下提前安排预泄，使库水位及时降至防洪限制水位 370 m，保证水库全部防洪库容可投入运用。

当工程发生事故切机、地震、重大工程险情等突发事件时，库水位不受上述允许变动范围的限制，但过后应及时按允许变动范围运行。

### 6.1.2 水位上浮条件分析

溪洛渡、向家坝水库汛期运行水位在上浮运用过程中，若预报下游防洪区域将发生较大洪水时，须预泄消落至汛期限制水位。溪洛渡、向家坝水库下游防洪对象涉及宜宾、泸州、重庆、长江中下游等诸多地区，在消落过程中，水库下泄流量增大，与下游各支流来水叠加，可能会超过防洪对象所在河道实际安全泄量，增加下游防洪对象防洪压力，因此需要结合长系列实测洪水及典型洪水过程，对水库预泄能力及对下游控制断面影响程度进行复核和分析，在此基础上提出溪洛渡、向家坝水库汛期运行水位上浮运用条件及控制方式，为溪洛渡、向家坝梯级水库汛期防洪的安全运用提供技术保障。

考虑到三峡水库作为防洪总阀门，控制着进入长江中下游的洪水，溪洛渡、向家坝水库两库预泄流量，经过河道演进后进入三峡水库，这部分洪水是否会对长江中下游防洪造成防洪压力，需结合三峡水库来水和中下游地区洪水遭遇情况，开展对三峡水库防洪的影响分析。另外，重庆距离溪洛渡、向家坝水库较远，且区间有岷江、沱江、嘉陵江支流汇入，洪水遭遇复杂，洪水过程经坦化后，存在增加重庆防洪压力的可能性，但考虑水库调度规程中提出的汛期运行水位上浮空间仅为 4.25 亿 $m^3$，预泄流量经过长距离坦化后，对重庆防洪影响有限，且在溪洛渡、向家坝水库为川渝河段宜宾、泸州防洪而预留的防洪库容 14.6 亿 $m^3$ 空间内，故本小节分析工作仅围绕宜宾、泸州防洪的上浮运行条件展开，对重庆和长江中下游的防洪影响暂不讨论。

1. 下游河道防洪控制条件

以宜宾为防洪对象时主要考虑宜宾主城区及叙州区防洪需求。其中，设计阶段宜宾主城区防洪以李庄站为防洪控制站，李庄站位于宜宾市翠屏区李庄镇豆芽码头，与位于金沙江、岷江汇口的宜宾主城区相距 15.5 km。

溪洛渡、向家坝水库汛期运行水位上浮运用考虑以下三个控制点的防洪要求。

（1）以李庄站为控制站，控制宜宾主城区水位不超过警戒水位，对应流量为 37 800 $m^3/s$（水位为 269.8 m）；

（2）不超过叙州区所在金沙江河段实际允许安全过流能力。宜宾市区上游叙州区现状实际防洪能力为 10 年一遇，取向家坝水库出库流量为控制指标，对应流量为 25 000 $m^3/s$。

（3）泸州采用朱沱站作为控制站，对应泸州站警戒水位的相应流量为 43 000 $m^3/s$。

2. 区域洪水遭遇分析

**1）岷江与金沙江洪水遭遇**

取金沙江屏山站、岷江高场站、两江汇口下游李庄站为分析依据站，将洪水过程历时重叠一半以上为两江洪水发生遭遇作为判断依据，对 52 年历史长系列资料进行了分析。在屏山站、高场站实测系列中，年最大洪峰流量未发生遭遇，年最大 1 日洪量仅 1966 年发生了遭遇。岷江高场站短时段最大洪量出现时间与李庄站最大洪量出现时间基本同步的次数较多（表 6.1），其中 1 日洪量在 52 年实测系列中遭遇次数达 23 次，而金沙江屏山站长时段洪量与李庄站同步的次数多，如 7 日洪量在 52 年实测系列中遭遇次数达 37 次。

**表 6.1　屏山站、高场站时段洪量与李庄站遭遇次数统计**

| 站名 | 1 日洪量 | | 3 日洪量 | | 7 日洪量 | |
|---|---|---|---|---|---|---|
| | 次数 | 占比% | 次数 | 占比% | 次数 | 占比% |
| 屏山站 | 6 | 11.5 | 20 | 38.5 | 37 | 71.2 |
| 高场站 | 23 | 44.2 | 20 | 38.5 | 15 | 28.8 |

**2）沱江与金沙江洪水遭遇**

在实测流量系列中未见沱江与金沙江同时出现超过 5 年一遇的洪水，两江洪水遭遇概率较低，且遭遇时量级也较小。

### 6.1.3　预泄控制方式

本章采用预报预泄方式对汛期水位上浮条件进行研究。因为水位上浮运行不能影响水库对下游的防洪能力，所以当大洪水来临前需要提前预泄至汛限水位，保证水库拥有完整的防洪库容用以应对来临的洪水，而当未来没有大洪水时，就可以在一定程度上上浮水位运行。因此需要制定相应的控制参数和控制流量用于判断预泄时机。

1. 预泄控制参数选取

预泄计算方式为：在洪水预见期内，当控制站点满足预泄启动条件，则溪洛渡、向家坝水库水位逐步消落至各水库防洪限制水位，控制出库流量均匀增加，从而使得溪洛渡、向家坝水库能够通过预泄在洪水到来之前回落到防洪限制水位，保障对大洪水的调蓄能力。

在金沙江与岷江洪水遭遇分析中，可知岷江高场站短时段最大洪量出现时间与李庄站最大洪量出现时间基本同步的次数较多，1 日洪量遭遇概率达到 44.2%，而金沙江屏山站长时段洪量与李庄站同步的次数多，7 日洪量遭遇概率达到 71.2%。由此可见屏山站洪水在李庄站来水中充当着“基流”的作用，而高场站来水则是李庄站洪水造峰的主要来源。综合考虑宜宾、泸州城市防洪现状及防洪需求，溪洛渡、向家坝水库预泄调度的判别指标和控制条件，应从李庄站（金沙江）、高场站（岷江）、朱沱站三个防洪控制站水情参数中选取。

（1）李庄站预见期内的预报流量是预泄控制的主要指标。李庄站为宜宾防洪控制站，流量能够直接反映宜宾的防洪状况，也能直观反映出溪洛渡、向家坝水库预泄流量与原下泄流量叠加后的影响程度，因此可将李庄站预见期内的预报流量作为预泄的控制条件。

（2）屏山站（金沙江）的洪水过程较为平稳，极少出现尖峰和剧烈变化。而高场站（岷江）来水的起伏较大，常出现暴涨陡落的情况，高场站洪峰出现时间与李庄站洪峰基本一致，是形成李庄站洪峰的主要影响因子。为防止高场站来水波动较大、涨水过快从而影响宜宾的防洪安全，需要将高场站预见期内的洪水作为溪洛渡、向家坝水库预泄的控制条件。

（3）朱沱站。屏山站至朱沱站的传播时间约为 1 天，以目前的预见期难以进行较为精确的预报；同时，根据沱江富顺站、长江干流李庄站的统计资料分析表明，两江极少发生洪水遭遇，沱江洪峰一般与长江干流洪峰形成天然错峰（图 6.1）。因此，在洪水地区组成中，朱沱站主要来源于上游李庄站，发生区域洪水时李庄站洪峰与朱沱站发生洪水有较强的相关性。基于以上两点认识，可不将朱沱站预报来水作为溪洛渡、向家坝水库预泄的判断依据，而是通过李庄站的预报来水对朱沱站流量进行控制。

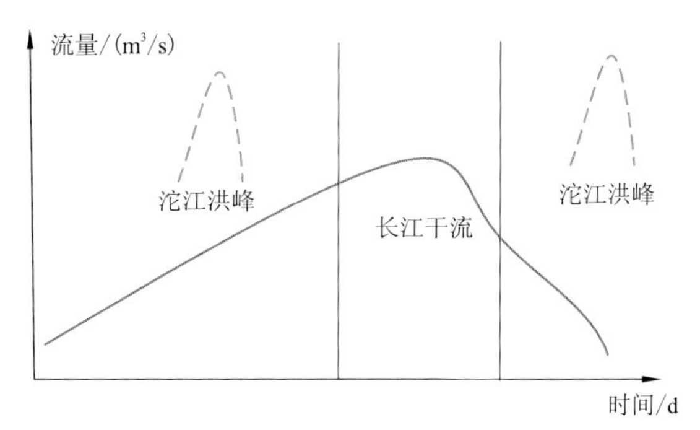


图 6.1　沱江与长江干流洪峰遭遇示意图

综合上述分析，将李庄站、高场站洪水作为判断溪洛渡、向家坝水库预泄的控制参数。在预见期内当李庄站、高场站洪水达到相应判断条件，溪洛渡、向家坝水库开始预泄，从而使库水位在洪水来临前预泄至汛限水位，同时满足李庄站（37 800 $m^3/s$）、叙州区（25 000 $m^3/s$）和朱沱站（43 000 $m^3/s$）不超过相应预泄控制流量的约束条件。

## 2. 预泄控制流量拟定

根据目前预报水平，李庄站、高场站等控制站预见期均可达到 3 天，但第 3 天误差达到 15%，2 日预报误差在 9%以内。因此，本次复核计算中预见期按保守考虑暂取 2 日。溪洛渡水库水位上浮 2 m，向家坝水库水位上浮 2.5 m，共 4.25 亿 $m^3$ 水量需在预见期内进行预泄才能避免水位上浮对防洪安全造成影响。考虑到李庄站、高场站流量两个预泄控制条件存在不同组合方式，本小节拟在分析溪洛渡、向家坝水库预泄后满足前述预泄控制条件下李庄站、高场站两控制条件的组合方式及相关关系的基础上，对不同李庄站和高场站控制流量进行方案比选。

采用 1954～2014 年的每年 6～9 月共 61 年的日径流过程，分析随李庄站预泄判别流量指标逐步增加的条件下，溪洛渡、向家坝水库预泄后对下游李庄站、叙州区、朱沱站等控制断面的影响程度。李庄站警戒水位对应的流量 37 800 $m^3/s$ 作为以李庄站流量为预泄判别指标的上限极值。统计结果如图 6.2～图 6.4 所示。

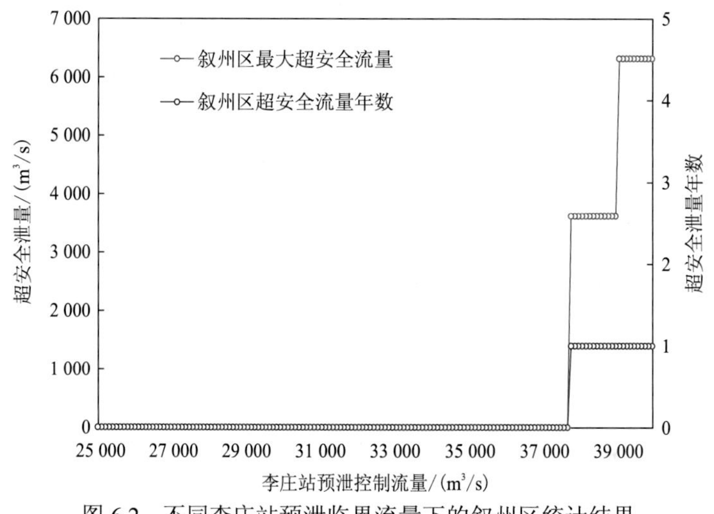


图 6.2 不同李庄站预泄临界流量下的叙州区统计结果

（1）叙州区：如图 6.2 所示，随着李庄站预泄控制流量的增大，出现了水库预泄导致洪水超过叙州区现状防洪能力（25 000 $m^3/s$，10 年一遇）的现象，但超标准次数并未随着李庄站预泄控制流量的增加而增加。李庄站预泄控制流量超过 37 800 $m^3/s$ 时，溪洛渡、向家坝水库难以在大洪水来临之前预泄至防洪限制水位，增加了汛期防洪风险。因此，当预见期内李庄站流量达到 37 800 $m^3/s$ 时，水库开始预泄，可基本保障叙州区实际防洪安全，但实时调度中仍需要关注叙州区实际洪水流量的变化趋势，防止向家坝水库下泄增加其防洪风险。

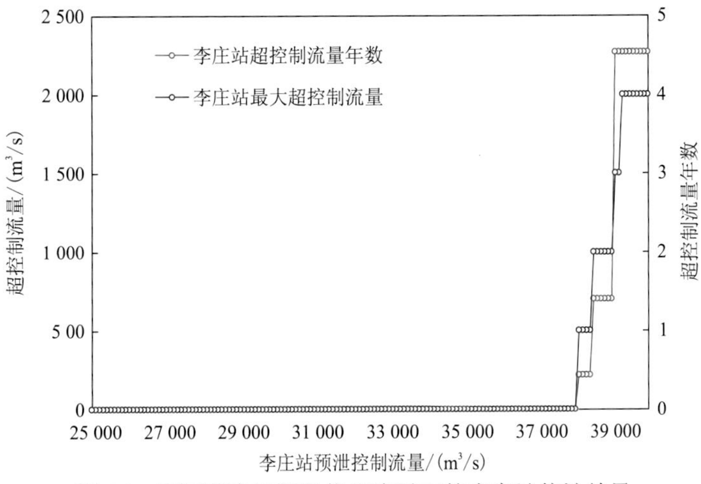


图 6.3　不同李庄站预泄临界流量下的李庄站统计结果

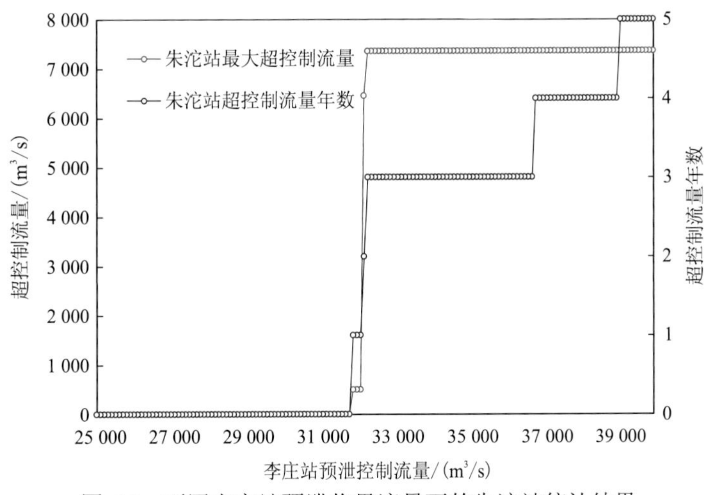


图 6.4　不同李庄站预泄临界流量下的朱沱站统计结果

（2）李庄站：图 6.3 表明，当李庄站预泄控制流量在 37 800 $m^3/s$ 以下时，水库在预见期内开始预泄不会导致宜宾市超过警戒水位，溪洛渡、向家坝水库共计 4.25 亿 $m^3$ 库容可完全预泄。

（3）朱沱站：水库预泄对朱沱站影响分析表明（图 6.4），当预见期内李庄站预泄控制流量达到 31 700 $m^3/s$ 时，溪洛渡、向家坝水库开始预泄，可保证泸州站不超过警戒水位对应流量 43 000 $m^3/s$。当李庄站预泄控制流量超过 31 700 $m^3/s$ 时，随着控制流量的增加，泸州站超过警戒水位的年份及超过控制流量相应增加。

综合上述可知，当李庄站预泄控制流量为 31 700 $m^3/s$ 时，溪洛渡、向家坝水库在预见期内预泄 4.25 亿 $m^3$ 库容，可满足下游宜宾主城区、叙州区及泸州的防洪要求。同时，根据调洪计算结果可知，当李庄站预泄控制流量达到 31 700 $m^3/s$ 时，高场站可不设置预泄控制流量。

## 6.2　溪洛渡、向家坝汛期运行水位上浮运用复核

### 6.2.1　典型洪水试算和修正

以上预泄控制参数采用的是多年日径流，通过与 6 h 为时段的典型洪水的对比可以发现，6 h 为时段的李庄站流量过程中超过警戒水位对应流量 37 800 $m^3/s$ 的时段往往只连续 6～12 h，而日径流过程的流量为一天的均值，采用日平均流量时可能出现人为削峰的现象。因此，本小节在上述条件基础上，采用时段长度为 6 h 的 1961 年、1966 年、1981 年、1989 年、1991 年、1998 年共 6 场洪水模拟计算，对溪洛渡、向家坝水库水位抬高 2 m 和 2.5 m（合计库容 4.25 亿 $m^3$）的预泄控制条件进行进一步验算和修正，结果如图 6.5～图 6.10 所示，其中叙州区流量用向家坝下泄（屏山站）表示，红色虚线为李庄站警戒水位对应流量 37 800 $m^3/s$，蓝色虚线为叙州区实际防洪能力对应安全泄量 25 000 $m^3/s$，

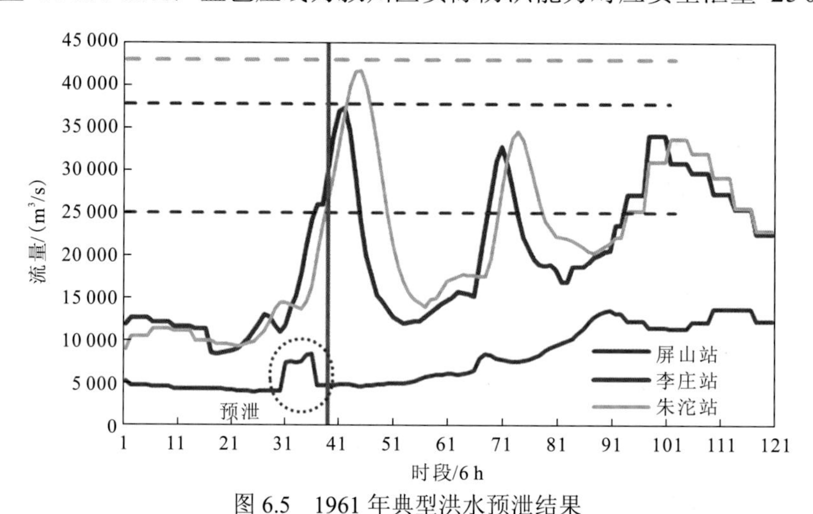


图 6.5　1961 年典型洪水预泄结果

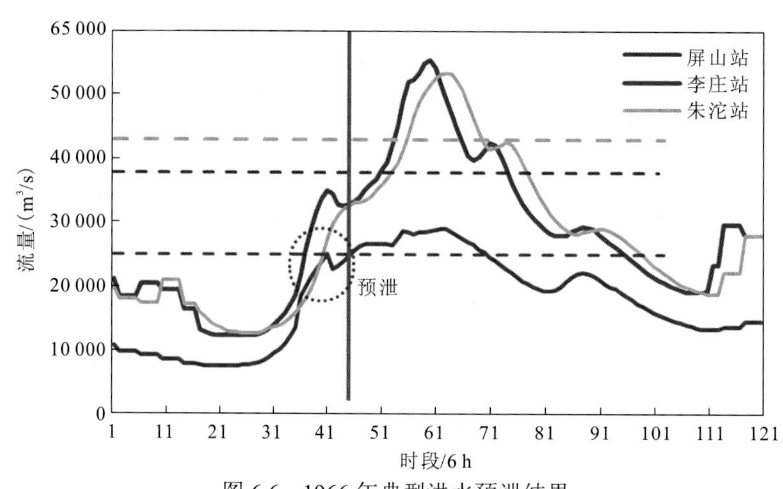


图 6.6　1966 年典型洪水预泄结果

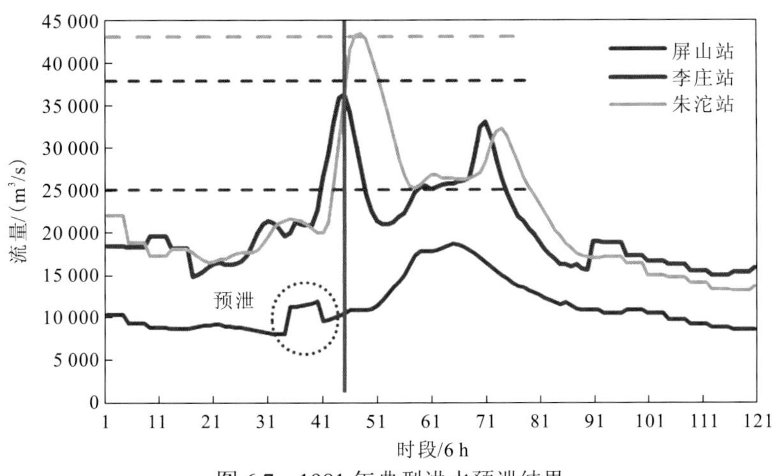


图 6.7　1981 年典型洪水预泄结果

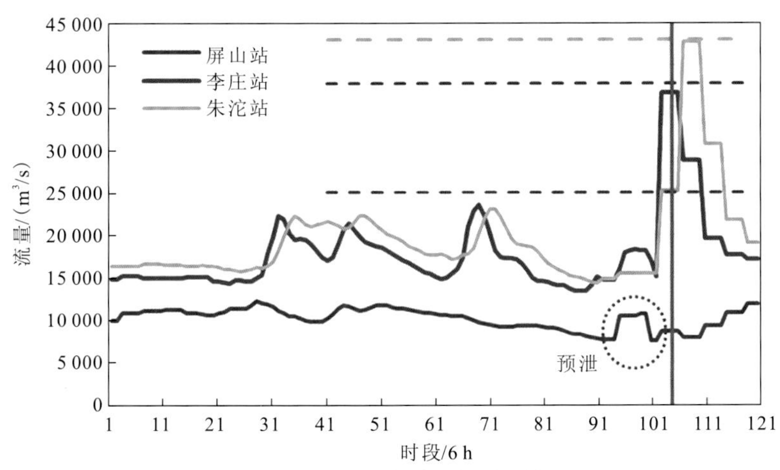


图 6.8　1989 年典型洪水预泄结果

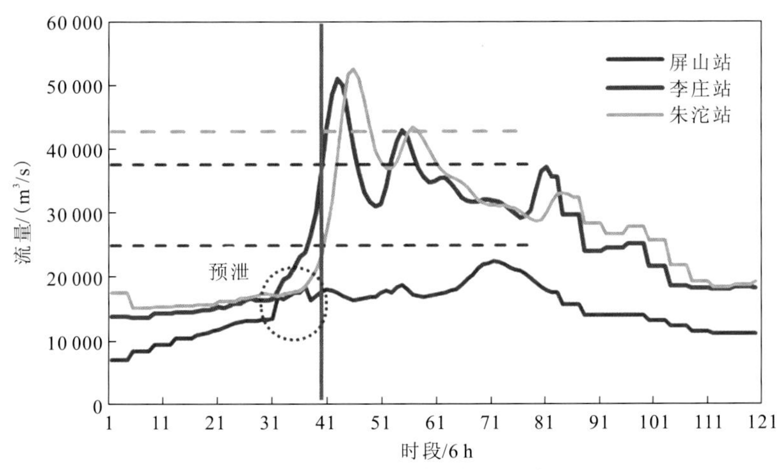


图 6.9　1991 年典型洪水预泄结果

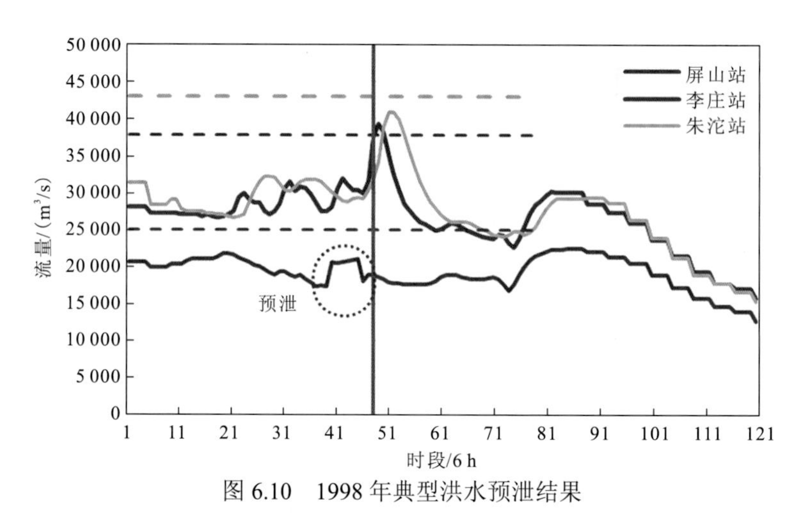

图 6.10　1998 年典型洪水预泄结果

紫色虚线表示泸州警戒水位对应流量 43 000 $m^3/s$，灰色竖实线为预泄结束时刻。通过洪水典型年计算修正，当预见期内李庄站流量达到 31 700 $m^3/s$，或高场站流量达到 26000 $m^3/s$ 时，溪洛渡、向家坝水库可安全预泄 4.25 亿 $m^3$（溪洛渡水库水位上浮 2 m、向家坝水库水位上浮 2.5 m 合计库容），且不增加下游宜宾主城区、叙州区、泸州的防洪风险。

从上述长系列预泄调度和典型年洪水计算中，分析李庄站、高场站预泄控制条件在判断溪洛渡、向家坝水库启动预泄时的作用情况，李庄站和高场站预泄控制流量作用情况统计见表 6.2。

**表 6.2　李庄站和高场站预泄控制流量作用情况统计**

| 计算系列 | 启动预泄时作用条件 | |
|---|---|---|
| | 李庄站 | 高场站 |
| 长系列计算 | 61 年 | 无 |
| 典型年计算 | 1966 年、1981 年、1989 年、1991 年、1998 年共 5 年 | 1961 共 1 年 |

从上述统计分析可以发现，判断溪洛渡、向家坝水库预泄的主要依据是李庄站预报流量，高场站流量作为岷江洪水控制站，仅在 1961 年典型洪水中先于李庄站流量达到预泄标准。在 1954～2014 年长系列实际洪水计算中，梯级水库汛期运行水位上浮后，总计 61 年汛期预泄全部由李庄站先达到预泄起始条件。高场站预泄控制流量仅在遭遇 1961 年典型洪水时发挥了启动水库预泄的作用，这是由于长系列汛期实测洪水数据以日为时段，坦化了岷江洪水在日内出现的陡涨急落情况，而在 1961 年典型年计算中，预见期内岷江来水 12 h 内从 19000 $m^3/s$ 陡涨到 30000 $m^3/s$，从而受到了高场站 26000 $m^3/s$ 临界流量的控制，及时启动了溪洛渡、向家坝水库的预泄过程。

上述分析表明，高场站预泄控制流量主要用来应对岷江短时暴雨洪水对宜宾市可能造成的防洪风险。李庄站是宜宾市防洪的控制站，也是下游泸州站、朱沱站洪水的主要来源，控制了金沙江和岷江来水，是溪洛渡、向家坝水库预泄启动的主要判断条件。因此，在后续溪洛渡、向家坝水库汛期运行水位进一步上浮空间论证中，将着重就李庄站预泄控制流量对梯级整体上浮空间关系加以分析研究。

## 6.2.2　汛期运行水位上浮影响

**1）对航运的影响**

将溪洛渡、向家坝水库汛期运行水位上浮对下游航运影响进行分析。由于向家坝下游河道还承担着航运任务，向家坝下游航运适宜流量范围是 1 200～1 2000 m$^3$/s，超出该范围将影响通航。由此对上述预泄控制条件进行统计分析，即当溪洛渡、向家坝水库在 2 天预见期内李庄站流量将超过 31 700 m$^3$/s，或高场站流量可能超过 26 000 m$^3$/s 时开始预泄，1954～2014 年汛期运行水位上浮对航运的影响见表 6.3。

**表 6.3　汛期运行水位上浮对航运的影响**

| 上浮空间/亿 m$^3$ | 李庄站预泄控制流量/（m$^3$/s） | 预泄影响通航年数 | 预泄期间向家坝最大下泄流量/（m$^3$/s） |
| --- | --- | --- | --- |
| 4.25 | 31 700 | 30 | 24 974 |
| 4.25 | 15 100 | 0 | 11 663 |

为减少汛期水位上浮后水库预泄对向家坝下游通航造成影响，则需要在洪水涨水初期即开始尽早预泄，避免预泄流量与天然洪水叠加后超过向家坝下游航运适宜流量。经分析，当李庄站预泄控制流量不大于 15 100 m$^3$/s 时，预泄后向家坝最大下泄流量 11 663 m$^3$/s，所有水库预泄期间向家坝下泄流量处于 1 200～1 2000 m$^3$/s。但这一预泄判断流量较低，可能造成水库频繁预泄的情况，且这一预泄判断条件仅能控制预泄期间向家坝下泄不超过 12 000 m$^3$/s，对后期天然较大洪水造成影响通航的情况无法约束，因此对减少航运影响作用十分有限。

**2）对重庆主城区及长江中下游防洪的影响**

重庆主城区防洪以寸滩站为防洪控制站，城区防洪标准应达到 100 年一遇，目前重庆堤防标准大部分达到了 50 年一遇，但部分河段如汇合口附近滨江路段堤防防洪标准仅有 10～20 年一遇，故在遭遇 20～50 年一遇洪水时，城区仍然面临很大防洪压力，存在分洪风险。综合分析河道允许过流能力按照 20 年一遇计算，相应河道允许过流能力为 75 300 m$^3$/s，对应寸滩站水位为 190.2 m。

为分析溪洛渡、向家坝水库预泄对重庆主城区的影响，根据金沙江与岷江、沱江、嘉陵江洪水遭遇特点，实测资料系列中发生大洪水情况，重庆、泸州城市防洪的需要，研究选取了 1961 年、1966 年、1981 年、1982 年、1989 年、1991 年、1998 年、2010 年、2012 年 9 个典型洪水过程。根据寸滩站各典型年洪水过程，计算最大 1 日、3 日、7 日洪量，并以此计算各典型年 3 个时段洪量的放大倍比系数，北碚、朱沱及朱沱、北碚—寸滩区间，富顺、李庄及李庄、富顺—朱沱区间，金江街、攀枝花、小得石屏山、高场及屏山、高场—李庄区间对各典型年洪水，按选定时段的倍比系数进行放大，得到以寸滩站为控制站的 2%、1%设计洪水过程。分别以上述 9 个典型年洪水过程的实测、2%、1%三组洪水，计算遭遇不同典型洪水后溪洛渡、向家坝水库预泄对寸滩站的影响分析见表 6.4。

**表 6.4　溪洛渡、向家坝水库预泄对寸滩站的影响分析**

| 典型年 | 洪水类型 | 洪峰影响 | | | | 洪量影响 | | | |
|---|---|---|---|---|---|---|---|---|---|
| | | 无预泄/（$m^3/s$） | 有预泄/（$m^3/s$） | 增加流量/（$m^3/s$） | 相对增加/% | 无预泄/亿 $m^3$ | 有预泄/亿 $m^3$ | 增加洪量/亿 $m^3$ | 相对增加/% |
| 1961 | 实际 | 62 900 | 62 998 | 98 | 0.16 | 496.50 | 500.75 | 4.25 | 0.86 |
| | 50 年 | 85 544 | 85 557 | 13 | 0.02 | 675.24 | 679.49 | 4.25 | 0.63 |
| | 100 年 | 91 205 | 91 218 | 13 | 0.01 | 719.92 | 724.17 | 4.25 | 0.59 |
| 1966 | 实际 | 61 700 | 61 700 | 0 | 0.00 | 698.07 | 702.32 | 4.25 | 0.61 |
| | 50 年 | 81 444 | 81 444 | 0 | 0.00 | 921.45 | 925.70 | 4.25 | 0.46 |
| | 100 年 | 86 380 | 86 380 | 0 | 0.00 | 977.30 | 981.55 | 4.25 | 0.43 |
| 1981 | 实际 | 85 700 | 85 739 | 39 | 0.05 | 574.11 | 578.36 | 4.25 | 0.74 |
| | 50 年 | 85 700 | 85 739 | 39 | 0.05 | 574.11 | 578.36 | 4.25 | 0.74 |
| | 100 年 | 91 699 | 91 738 | 39 | 0.04 | 614.29 | 618.54 | 4.25 | 0.69 |
| 1982 | 实际 | 46 569 | 46 569 | 0 | 0.00 | 415.88 | 415.88 | 0.00 | 0.00 |
| | 50 年 | 85 687 | 85 687 | 0 | 0.00 | 765.21 | 769.46 | 4.25 | 0.56 |
| | 100 年 | 91 275 | 91 275 | 0 | 0.00 | 815.12 | 819.37 | 4.25 | 0.52 |
| 1989 | 实际 | 55 800 | 55 800 | 0 | 0.00 | 447.85 | 452.10 | 4.25 | 0.95 |
| | 50 年 | 85 374 | 85 375 | 1 | 0.00 | 685.22 | 689.47 | 4.25 | 0.62 |
| | 100 年 | 90 954 | 90 954 | 0 | 0.00 | 730.00 | 734.25 | 4.25 | 0.58 |
| 1991 | 实际 | 56 100 | 56 139 | 39 | 0.07 | 485.24 | 489.49 | 4.25 | 0.88 |
| | 50 年 | 77 418 | 77 422 | 4 | 0.01 | 669.64 | 673.89 | 4.25 | 0.63 |
| | 100 年 | 81 906 | 81 910 | 4 | 0.00 | 708.46 | 712.71 | 4.25 | 0.60 |
| 1998 | 实际 | 59 200 | 59 200 | 0 | 0.00 | 572.12 | 576.37 | 4.25 | 0.74 |
| | 50 年 | 74 000 | 74 000 | 0 | 0.00 | 715.15 | 719.40 | 4.25 | 0.59 |
| | 100 年 | 78 144 | 78 144 | 0 | 0.00 | 755.20 | 759.45 | 4.25 | 0.56 |
| 2010 | 实际 | 63 810 | 64 197 | 387 | 0.61 | 313.45 | 317.70 | 4.25 | 1.36 |
| | 50 年 | 85 435 | 85 473 | 38 | 0.04 | 419.68 | 423.93 | 4.25 | 1.01 |
| | 100 年 | 91 107 | 91 145 | 38 | 0.04 | 447.54 | 451.79 | 4.25 | 0.95 |
| 2012 | 实际 | 66 700 | 66 927 | 227 | 0.34 | 377.59 | 381.84 | 4.25 | 1.13 |
| | 50 年 | 87 725 | 87 729 | 4 | 0.00 | 496.61 | 500.86 | 4.25 | 0.86 |
| | 100 年 | 93 525 | 93 529 | 4 | 0.00 | 529.44 | 533.69 | 4.25 | 0.80 |

分析表 6.3 可知，当溪洛渡、向家坝水库在 2 天预见期内李庄站流量将超过 31 700 $m^3/s$，或高场站流量可能超过 26 000 $m^3/s$ 时梯级水库启动预泄，溪洛渡、向家坝水库上浮预泄对寸滩站洪水影响极为有限。按照上述确定的条件预泄方式，经过河道演进至寸滩站，

最大增加寸滩站洪峰流量 387 m$^3$/s，相对增加原洪峰流量 0.6%（2010 年实际洪水）；从洪量上分析，溪洛渡、向家坝汛期运行水位分别上浮 2 m 和 2.5 m，预泄水量共计 4.25 亿 m$^3$，相对增加寸滩站洪水量级不超过 1.36%。因此，无论是洪峰还是洪量，溪洛渡、向家坝汛期运行水位上浮运用对重庆主城区影响有限。

**3）对长江中下游的影响**

在上述分析寸滩站洪水影响的基础上，进一步分析汛期运行水位上浮对长江中下游的影响。通过对川江洪水与长江中下游洪水的遭遇规律分析表明，寸滩站（三峡水库入库站）洪水与长江中下游洪水相关性较高，主要表现为以下几点。

（1）重庆防洪控制站寸滩站集水面积为 86 万 km$^2$，占宜昌站集水面积的 86.1%，且次洪系列中 7 日、15 日、30 日多年平均水量占宜昌站比重达 80%以上，寸滩站控制着宜昌站大部分来水。

（2）分析寸滩站与宜昌站前 10 位年最大日平均流量系列可知，宜昌站较大洪峰多来自寸滩站。

因此，长江上游溪洛渡、向家坝水库在为重庆市防洪的同时也可配合三峡水库为长江中下游防洪。基于这一点考虑，溪洛渡、向家坝水库汛期水位上浮运用后预泄影响对重庆（寸滩站）与长江中下游（宜昌站）具有一致性，预泄流量在增加寸滩站洪峰流量后演进至三峡水库，所增加流量将进一步坦化。预泄水量方面，溪洛渡、向家坝水库上浮运用后预泄 4.25 亿 m$^3$ 对三峡水库主汛期不同实时运行水位的影响见表 6.5。在不考虑三峡水库加大下泄的情况下，溪洛渡、向家坝水库预泄水量可抬高三峡水库水位 0.6～0.8 m，当长江中下游底水不高、三峡水库可加大下泄预泄入库水量时，溪洛渡、向家坝水库预泄对三峡水库水位影响还将进一步降低。因此，溪洛渡、向家坝水库汛期运行水位上浮对长江中下游防洪影响较小。

**表 6.5　溪洛渡、向家坝水库上浮对三峡水库主汛期不同实时运行水位的影响**

| 实时运行水位/m | 对应库容/亿 m$^3$ | 溪向预泄水量/亿 m$^3$ | 预泄后三峡库容/亿 m$^3$ | 预泄后三峡水位/m | 抬高三峡水位/m |
|---|---|---|---|---|---|
| 145 | 171.50 | 4.25 | 175.75 | 145.84 | 0.84 |
| 146.5 | 179.12 | 4.25 | 183.37 | 147.34 | 0.84 |
| 147 | 181.66 | 4.25 | 185.91 | 147.84 | 0.84 |
| 148 | 186.74 | 4.25 | 190.99 | 148.84 | 0.84 |
| 149 | 191.82 | 4.25 | 196.07 | 149.84 | 0.84 |
| 150 | 196.90 | 4.25 | 201.15 | 150.68 | 0.68 |
| 151 | 203.12 | 4.25 | 207.37 | 151.68 | 0.68 |
| 152 | 209.34 | 4.25 | 213.59 | 152.68 | 0.68 |
| 153 | 215.56 | 4.25 | 219.81 | 153.68 | 0.68 |
| 154 | 221.78 | 4.25 | 226.03 | 154.68 | 0.68 |
| 155 | 228.00 | 4.25 | 232.25 | 155.63 | 0.63 |

注：溪向为溪洛渡、向家坝水库。

通过以上计算分析，溪洛渡、向家坝汛期运行水位分别上浮 2 m 和 2.5 m 在一定预警条件下是可以行的。当溪洛渡、向家坝水库在 2 天预见期内李庄站流量将超过 31 700 $m^3/s$，或高场站流量可能超过 26 000 $m^3/s$ 时，梯级水库启动预泄，在不增加下游叙州区、宜宾主城区、泸州防洪压力的情况下，可及时将水位降低到汛限水位。

## 6.3 溪洛渡、向家坝汛期运行水位进一步上浮空间论证

溪洛渡、向家坝汛期运用水位方案研究主要是在不影响枢纽工程防洪作用的前提下，拦蓄部分洪量，以提高洪水的利用程度，增加枢纽工程运行调度灵活性。6.2 节表明，溪洛渡、向家坝汛期上浮 4.25 亿 $m^3$ 库容后可在一定预警条件下，在 2 天预见期内安全预泄。本节将从延长预见期和提前预泄两方面着手，论证进一步提高溪洛渡、向家坝汛期上浮空间的可行性。

### 6.3.1 汛期运行水位进一步上浮可行性

通过 6.2 节的计算分析，明确了将李庄站和高场站预见期内的预报流量作为溪洛渡、向家坝水库预泄的起始判断条件。溪洛渡、向家坝水库分别上浮 2 m 和 2.5 m（合计水量 4.25 亿 $m^3$）情况下，梯级水库预泄启动条件为李庄站流量预计达到 31 700 $m^3/s$ 或高场站流量预计达到 26 000 $m^3/s$，若在此基础上进一步提高溪洛渡、向家坝水库上浮空间，则须研究提出汛期运行水位继续上浮后水库仍能安全预泄的控制条件。为了保障计算结果的普适性，采用 1954～2014 年的逐年 6～9 月逐日径流资料进行计算，分别采用 2 天和 3 天预见期，为突出研究重点，高场站预泄控制流量统一按 26 000 $m^3/s$ 考虑。计算结果如图 6.11 及表 6.6 所示，图中红色虚线表示溪洛渡、向家坝水库对川江防洪的 14.6 亿 $m^3$ 库容。

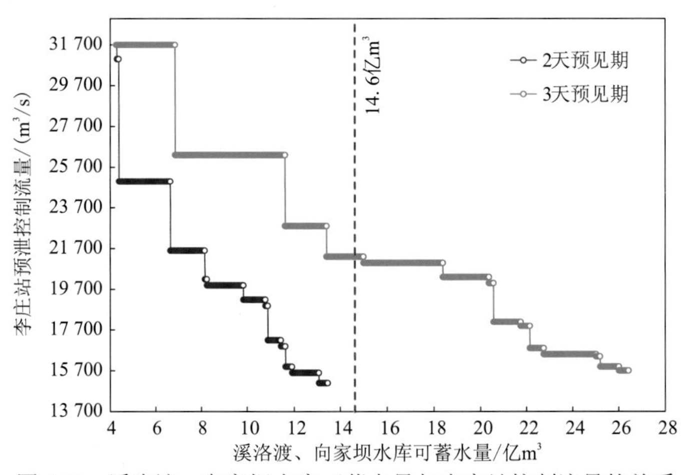


图 6.11　溪洛渡、向家坝水库可蓄水量与李庄站控制流量的关系

表 6.6　溪洛渡、向家坝水库上浮空间与预泄控制条件

| 3 天预见期 | | | 2 天预见期 | | |
|---|---|---|---|---|---|
| 上浮空间/亿 $m^3$ | 李庄站控制流量/（$m^3$/s） | 高场站控制流量/（$m^3$/s） | 上浮空间/亿 $m^3$ | 李庄站控制流量/（$m^3$/s） | 高场站控制流量/（$m^3$/s） |
| 6.83 | 31 700 | 26 000 | 4.27 | 31 700 | 26 000 |
| 11.60 | 26 300 | 26 000 | 4.36 | 31 000 | 26 000 |
| 13.39 | 22 800 | 26 000 | 6.62 | 25 000 | 26 000 |
| 14.98 | 21 300 | 26 000 | 8.13 | 21 600 | 26 000 |
| 18.36 | 21 000 | 26 000 | 8.22 | 20 200 | 26 000 |
| 20.34 | 20 300 | 26 000 | 9.82 | 19 900 | 26 000 |
| 20.54 | 20 000 | 26 000 | 10.76 | 19 200 | 26 000 |
| 21.73 | 18 100 | 26 000 | 10.86 | 18 900 | 26 000 |
| 22.13 | 17 900 | 26 000 | 11.42 | 17 200 | 26 000 |
| 24.99 | 16 500 | 26 000 | 11.61 | 16 900 | 26 000 |
| 25.17 | 16 400 | 26 000 | 11.89 | 15 900 | 26 000 |
| 25.99 | 15 900 | 26 000 | 13.05 | 15 600 | 26 000 |
| 26.40 | 15 700 | 26 000 | 13.44 | 15 100 | 26 000 |

分析上述计算结果可知：

（1）当确定李庄站预泄控制流量时，3 天预见期对应梯级水库上浮空间显著大于 2 天预见期，这是由于在同样的预泄判断条件下，预见期延长，梯级水库预泄时间也相应延长，所以水库可争取更多的水量效益。

（2）梯级水库在相同上浮空间条件下，预见期为 3 天时对应李庄站的预泄控制流量较预见期为 2 天时对应李庄站的预泄控制流量有大幅度提高，说明随着预见期的延长，梯级水库可在更长的时间内具有自主调度的灵活性，这为汛期争取较大水头效益提供了基础。但延长预见期将增加洪水预报的不确定性，在一定程度上增加了向家坝水库下游的防洪风险，因此在实时调度中仍需谨慎对待。

需要指出的是，上述溪洛渡、向家坝水库上浮空间，是当预报李庄站流量达到预泄控制流量时，在预见期内安全预泄的可蓄水量，且在不增加向家坝水库下游河道防洪压力。因此，当预见期逐步延长时，溪洛渡、向家坝水库汛期水位上浮空间可在一定预警条件下逐步提升并突破两梯级水位为宜宾、泸州预留 14.6 亿 $m^3$ 防洪库容。为使得成果更具可操作性，还需要分析航运等洪水资源利用主要影响因素对汛期运行水位的影响。

## 6.3.2　汛期运行水位进一步上浮影响

### 1. 进一步预泄对下游航运的影响

向家坝下游河道还承担着航运任务，其航运适宜流量范围是 1200～12000 $m^3$/s。因

此，在上述研究成果的基础上，将最大通航流量作为约束条件对进一步上浮空间进行限制，并分析汛期运行水位上浮对通航的影响程度。

图 6.12 为向家坝水库下泄流量不超过航运适宜流量时梯级水库的上浮空间。从图 6.12 可以看出，为使得预泄期间向家坝水库下泄流量不超过 12 000 m$^3$/s，预见期内可预泄水量相比仅考虑防洪安全时显著减少。从计算结果可知，当考虑下游航运要求的条件下，2 天预见期时梯级最大上浮空间为 4.42 亿 m$^3$，3 天预见期时梯级最大上浮空间为 8.77 亿 m$^3$，相应启动预泄的判别条件（李庄站预泄控制流量分别为 15 100 m$^3$/s 和 15 700 m$^3$/s）。即使不按照最大上浮空间运行，考虑 3 天预见期和 2 天预见期情况下最小上浮空间，相应李庄站预泄控制流量为最大预泄判别流量，分别为 16 500 m$^3$/s 和 15 100 m$^3$/s，上述判别流量相比于汛期李庄站流量仍然偏低，在实际运行中当采用上述预泄控制流量可能出现频繁预泄的情况，极大增加了调度运行的复杂度，且降低了水量利用率。而实际洪水过程中因天然洪水影响下游河道通航时段不因短期预泄的增加而有显著变化，因此，本章在将航运作为软约束的情况下，分析运行水位进一步上浮对下游航运影响程度，计算结果如图 6.12～图 6.14 所示。

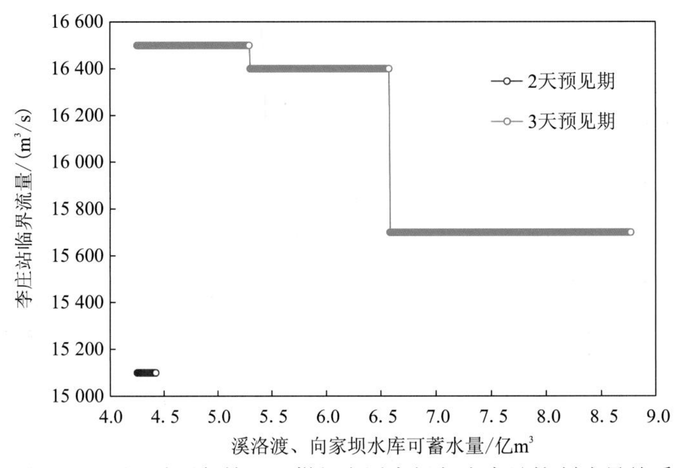


图 6.12　不影响通航情况下梯级上浮空间与李庄站控制流量关系

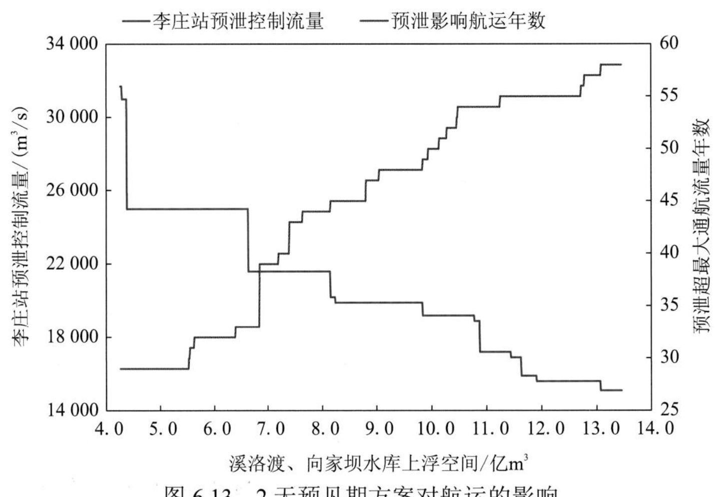


图 6.13　2 天预见期方案对航运的影响

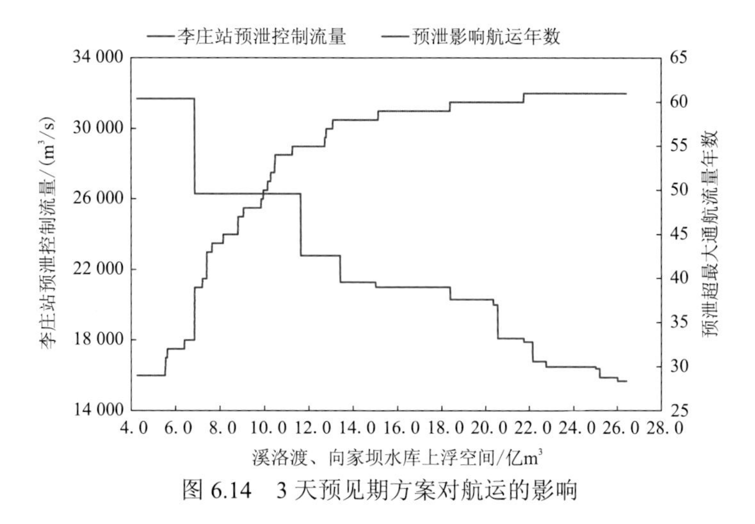

图 6.14　3 天预见期方案对航运的影响

上述结果表明，随着汛期运行水位上浮空间的逐步加大，预见期内预泄流量逐步增大，因预泄导致向家坝水库下泄流量超过航运适宜流量的概率相应增加，预泄超过最大通航流量的年数也逐步增加。因此，汛期对开展运行水位上浮运用，仍会对航运造成一定的影响。

## 2. 汛期不同时段水库启动预泄次数分析

考虑到 6～9 月各月来水情况存在一定差异，7～9 月主汛期多年平均水量高于 6 月来水，当预泄控制流量过低，6 月洪水资源无法得到充分利用，也可能造成溪洛渡、向家坝水库频繁预泄的情况。为此，根据 1954～2014 年长系列的 6～9 月实测洪水中李庄站流量的分布情况，统计 2 天预见期和 3 天预见期情况下溪洛渡、向家坝水库启动预泄次数，结果见表 6.7、表 6.8。

**表 6.7　2 天预见期梯级水库预泄情况统计**

| 梯级上浮空间/亿 m³ | 李庄站预泄控制流量/（m³/s） | 预泄启动次数 | | | |
|---|---|---|---|---|---|
| | | 6 月 | 7 月 | 8 月 | 9 月 |
| 4.27 | 31 700 | 2 | 18 | 35 | 5 |
| 4.36 | 31 000 | 2 | 21 | 40 | 5 |
| 6.62 | 25 000 | 5 | 64 | 78 | 27 |
| 8.13 | 21 600 | 11 | 102 | 121 | 57 |
| 8.22 | 20 200 | 18 | 123 | 137 | 69 |
| 9.82 | 19 900 | 19 | 130 | 140 | 73 |
| 10.76 | 19 200 | 21 | 138 | 149 | 82 |
| 10.86 | 18 900 | 23 | 144 | 153 | 86 |
| 11.42 | 17 200 | 29 | 177 | 180 | 114 |
| 11.61 | 16 900 | 35 | 185 | 185 | 116 |
| 11.89 | 15 900 | 42 | 202 | 197 | 135 |
| 13.05 | 15 600 | 48 | 211 | 206 | 139 |
| 13.44 | 15 100 | 52 | 222 | 211 | 142 |

表 6.8　3 天预见期梯级水库预泄情况统计

| 梯级上浮空间/亿 $m^3$ | 李庄站预泄控制流量/（$m^3/s$） | 预泄启动次数 | | | |
|---|---|---|---|---|---|
| | | 6 月 | 7 月 | 8 月 | 9 月 |
| 6.83 | 31 700 | 2 | 18 | 32 | 5 |
| 11.60 | 26 300 | 5 | 48 | 60 | 20 |
| 13.39 | 22 800 | 8 | 80 | 89 | 39 |
| 14.98 | 21 300 | 13 | 92 | 110 | 56 |
| 18.36 | 21 000 | 15 | 94 | 112 | 59 |
| 20.34 | 20 300 | 16 | 105 | 118 | 63 |
| 20.54 | 20 000 | 17 | 111 | 120 | 67 |
| 21.73 | 18 100 | 22 | 128 | 141 | 84 |
| 22.13 | 17 900 | 22 | 132 | 142 | 87 |
| 22.73 | 16 800 | 29 | 152 | 150 | 104 |
| 24.99 | 16 500 | 34 | 159 | 154 | 105 |
| 25.17 | 16 400 | 34 | 159 | 154 | 107 |
| 25.99 | 15 900 | 34 | 161 | 157 | 113 |
| 26.40 | 15 700 | 38 | 164 | 161 | 115 |

考虑到溪洛渡、向家坝水库汛期预留防洪库容时间为 7 月 1 日～9 月 10 日，两水库分别于 9 月上旬、中旬开始蓄水，因此本次汛期运行水位进一步上浮运用主要出现在 7～8 月。因此，综合考虑溪洛渡、向家坝水库汛期运行水位上浮的兴利效益和控制溪洛渡、向家坝水库频繁预泄两个方面考虑，以平均每年汛期上浮预泄频率不超过 2 次考虑，建议溪洛渡、向家坝水库在 2 天、3 天预见期内梯级上浮空间不超过 8.13 亿 $m^3$、14.6 亿 $m^3$。

### 3. 进一步上浮预泄对长江中下游的影响

溪洛渡、向家坝水库汛期运行水位进一步上浮运用后，水库预泄将增加三峡水库入库流量，从而进一步抬高三峡水库水位；如长江中下游底水不高时，三峡水库还可在预见期内加大泄量以降低汛期实时运行水位，但在一定程度上增加了下游荆江河段、城陵矶地区防洪压力。为此，分别从两个方面分析溪洛渡、向家坝水库汛期水位进一步上浮对长江中下游的影响：一是在不考虑三峡水库加大下泄的情况下，上游预泄水量对三峡水库汛期运行水位的影响；二是溪洛渡、向家坝水库预泄水量既加大了三峡水库下泄水量，又不增加三峡水库自身防洪压力，从而分析抬高沙市站、城陵矶站水位的程度。计算结果见表 6.9～表 6.11。

表 6.9 溪洛渡、向家坝水库进一步上浮对三峡水库汛期运行水位的影响

| 三峡水库实时运行水位/m | 2天预见期 | | | 3天预见期 | | |
|---|---|---|---|---|---|---|
| | 溪向预泄水量/亿 $m^3$ | 预泄后三峡水库水位/m | 抬高三峡水库水位/m | 溪向预泄水量/亿 $m^3$ | 预泄后三峡水库水位/m | 抬高三峡水库水位/m |
| 145 | 8.13 | 146.60 | 1.60 | 14.6 | 147.87 | 2.87 |
| 146.5 | 8.13 | 148.10 | 1.60 | 14.6 | 149.37 | 2.87 |
| 147 | 8.13 | 148.60 | 1.60 | 14.6 | 149.87 | 2.87 |
| 148 | 8.13 | 149.60 | 1.60 | 14.6 | 150.71 | 2.71 |
| 149 | 8.13 | 150.49 | 1.49 | 14.6 | 151.53 | 2.53 |
| 150 | 8.13 | 151.31 | 1.31 | 14.6 | 152.35 | 2.35 |
| 151 | 8.13 | 152.31 | 1.31 | 14.6 | 153.35 | 2.35 |
| 152 | 8.13 | 153.31 | 1.31 | 14.6 | 154.35 | 2.35 |
| 153 | 8.13 | 154.31 | 1.31 | 14.6 | 155.32 | 2.32 |
| 154 | 8.13 | 155.28 | 1.28 | 14.6 | 156.23 | 2.23 |
| 155 | 8.13 | 156.20 | 1.20 | 14.6 | 157.15 | 2.15 |

表 6.10 溪洛渡、向家坝水库考虑航运后上浮对三峡水库汛期运行水位的影响

| 三峡水库实时运行水位/m | 2天预见期 | | | 3天预见期 | | |
|---|---|---|---|---|---|---|
| | 溪向预泄水量/亿 $m^3$ | 预泄后三峡水库水位/m | 抬高三峡水库水位/m | 溪向预泄水量/亿 $m^3$ | 预泄后三峡水库水位/m | 抬高三峡水库水位/m |
| 145 | 4.42 | 145.87 | 0.87 | 8.77 | 146.73 | 1.73 |
| 146.5 | 4.42 | 147.37 | 0.87 | 8.77 | 148.23 | 1.73 |
| 147 | 4.42 | 147.87 | 0.87 | 8.77 | 148.73 | 1.73 |
| 148 | 4.42 | 148.87 | 0.87 | 8.77 | 149.73 | 1.73 |
| 149 | 4.42 | 149.87 | 0.87 | 8.77 | 150.59 | 1.59 |
| 150 | 4.42 | 150.71 | 0.71 | 8.77 | 151.41 | 1.41 |
| 151 | 4.42 | 151.71 | 0.71 | 8.77 | 152.41 | 1.41 |
| 152 | 4.42 | 152.71 | 0.71 | 8.77 | 153.41 | 1.41 |
| 153 | 4.42 | 153.71 | 0.71 | 8.77 | 154.41 | 1.41 |
| 154 | 4.42 | 154.71 | 0.71 | 8.77 | 155.38 | 1.38 |
| 155 | 4.42 | 155.65 | 0.65 | 8.77 | 156.29 | 1.29 |

表 6.11　预泄水量进一步上浮对长江中下游水位的影响

| 溪向预泄水量/亿 $m^3$ | | 三峡水库 2 天内下泄水量 | | | 三峡水库 3 天内下泄水量 | | |
|---|---|---|---|---|---|---|---|
| | | 增加下泄水量/（$m^3/s$） | 抬高下游水位/m | | 增加下泄水量/（$m^3/s$） | 抬高下游水位/m | |
| | | | 沙市站 | 城陵矶站 | | 沙市站 | 城陵矶站 |
| 2 天 | 8.13 | 4 705 | 0.85 | 0.23 | 3 137 | 0.57 | 0.20 |
| 3 天 | 14.6 | 8 449 | 1.46 | 0.41 | 5 633 | 1.02 | 0.36 |
| 2 天 | 4.42 | 2 558 | 0.46 | 0.12 | 1 705 | 0.31 | 0.11 |
| 3 天 | 8.77 | 5 075 | 0.92 | 0.25 | 3 383 | 0.62 | 0.22 |

当不考虑三峡水库加大下泄水量的情况下，随着溪洛渡、向家坝水库上浮空间的逐步增加，上游水库预泄水量对三峡水库水位影响逐步增加。当三峡水库加大下泄水量以维持实时运行水位，随溪洛渡、向家坝水库上浮空间的增大，影响沙市站、城陵矶站水位值加大；随预报期增长，影响下游水位值减小。而水库预泄水量对长江中下游影响以沙市站水位最为显著，按照最不利情况考虑，溪洛渡、向家坝水库按照 3 天预见期上浮 14.6 亿 $m^3$，预泄水量增加三峡水库入库以后，在 2 天内下泄水量将提高下游沙市站水位 1.46 m，3 天内下泄水量将增加下游水位 1.02 m。而当溪洛渡、向家坝水库上浮空间考虑的预见期与三峡水库加大下泄时间保持同步时，增加的下游水位不超过 1 m。上述计算对三峡水库及中下游的影响均考虑单一影响因素，当溪洛渡、向家坝水库预泄水量和三峡水库加大下泄水量同时影响时，三峡水库抬高水位和下游控制站涨幅还将进一步降低。因此，溪洛渡、向家坝水库汛期运行水位进一步上浮对长江中下游防洪影响风险可控。

综合上述溪洛渡、向家坝水库汛期运行水位进一步上浮影响分析表明，通过延长预见期能够在保障防洪安全的情况下显著增加溪洛渡、向家坝水库汛期运行水位上浮空间。同时调度决策者也可以根据拟采用的梯级水库上浮空间，选择相应的李庄站预泄控制流量，在保障下游重要城市防洪安全的同时，减少对下游航运、长江中下游防洪等方面的影响，提高水库汛期综合效益。

#### 4. 水库汛期运行水位上浮方式

通过开展溪洛渡、向家坝水库汛期运行水位上浮运用研究表明，溪洛渡、向家坝水库汛期分别上浮 2 m 和 2.5 m 在一定水文预报和洪水预警条件下是可行的，同时考虑流域水雨情、防洪形势、洪水预报及航运要求，溪洛渡、向家坝水库还可以进一步上浮。综合考虑长江流域上、下游防洪形势和实时水雨情，结合不同预见期梯级水库可上浮空间与预泄控制流量间的关系，拟定溪洛渡、向家坝水库汛期运行水位上浮运用方式。

（1）溪洛渡、向家坝水库汛期水位分别按照防洪限制水位 560 m、370 m 控制运行，实时调度中库水位可在防洪限制水位以上一定范围内变动。考虑到泄水设施启闭时效、水雨情预报误差、电站日调节需要等引起水位波动，实时调度中溪洛渡、向家坝水库水位可在防洪限制水位 2 m、2.5 m 范围内变动。在保证防洪安全的前提下，为有效利用洪水资源，当长江上游来水不大，或者长江中下游底水不高、三峡水库具备实施常遇洪水调度时，溪洛渡、向家坝水库可在上述基础上进一步上浮。考虑到水库下游防洪安全、洪水预报精度、河道通航要求等控制因素，溪洛渡、向家坝水库进一步上浮空间及控制条件见表 6.12，建议以上浮溪洛渡水库汛期运行水位为主。

**表 6.12　溪洛渡、向家坝水库进一步上浮空间及控制条件**

| 运行工况 | 预见期 | 梯级最大上浮/亿 $m^3$ | 预泄控制流量/（$m^3$/s） | | 建议上浮水位/m | |
|---|---|---|---|---|---|---|
| | | | 李庄站 | 高场站 | 溪洛渡水库 | 向家坝水库 |
| 不考虑下游河道通航要求 | 2 天 | 8.13 | 21 600 | 26 000 | 565.8 | 372.5 |
| | 3 天 | 14.6 | 21 300 | 26 000 | 571.9 | 372.5 |
| 考虑下游河道通航要求 | 2 天 | 4.42 | 15 100 | 26 000 | 562.2 | 372.5 |
| | 3 天 | 8.77 | 15 700 | 26 000 | 566.4 | 372.5 |

（2）当溪洛渡、向家坝水库水位在防洪限制水位以上允许的幅度内运行时，应加强对水库上下游水雨情监测和水文气象预报，密切关注长江流域上、下游防洪形势和枢纽工程运行状态。当预报川渝河段或者长江中下游河段将发生洪水时，应及时、有效地采取预泄措施，将库水位降低至防洪限制水位。当预报 2 天后李庄站流量达到 31 700 $m^3$/s，或高场站流量达到 26 000 $m^3$/s 时，若溪洛渡、向家坝水库水位分别位于 562 m、372.5 m，水库应根据其上下游水情状况，在不增加川渝河段和长江中下游防洪压力的条件下，及时将水位分别降低至 560 m、370 m。若溪洛渡、向家坝水库汛期运行水位分别在 562 m、372.5 m 以上，当短期预报李庄站或高场站流量将达到表 6.12 所示预泄控制流量或预报长江上、中游流域可能发生较大洪水时，需要溪洛渡、向家坝、三峡水库对川渝河段或荆江河段、城陵矶地区实施防洪补偿调度时，应根据上下游水情状况，及时将溪洛渡、向家坝水库水位降低至防洪限制水位运行。

# 第7章

# 三峡水库汛期运行水位动态控制运用方式

随着三峡工程及长江上游水库群陆续建成，现有的成库规模所构筑的长江防洪体系已基本具备了防御和调蓄长江洪水的能力，流域防洪能力增强为开展洪水资源利用提供了有利条件。同时，气象学科相关的气象观测、数值预报及信息传输技术的进步为洪水资源化利用的风险控制提供了强有力的技术支撑（赵文焕 等，2020）。

本章根据洪水规律，综合考虑发电、航运、中下游防洪形势需求、预报水平等，分析提出三峡汛期运行水位动态控制运用的阈值及判别条件，并采用历史洪水，验证、优化提出的三峡汛期水位动态运用方式。

## 7.1　三峡水库汛期运行水位动态控制影响因素

基于长江上中游已建水库的分布格局和主要水库的防洪、蓄水调度安排，采用长系列径流调节计算和典型洪水调洪计算成果，分析上游水库群联合调度对三峡水库入库径流洪水的变化影响。采用长江中游枝城站、螺山站、汉口站等典型站点不同时期的水位-流量关系曲线，开展长江中游防洪形势变化分析工作，明确了本章调度相关站点的控制条件。同时，采用历史实测洪水典型定量分析汛末（8 月 1 日以后）城陵矶地区的防洪需求。

### 1. 长江流域防洪调度格局变化分析

截至 2020 年汛前，长江流域已建成大型水库（总库容在 1 亿 $m^3$ 以上）300 座，总调节库容超 1 800 亿 $m^3$，防洪库容约 800 亿 $m^3$。其中，长江上游（宜昌以上）大型水库 112 座，总调节库容超 800 亿 $m^3$、预留防洪库容 421 亿 $m^3$。目前，纳入《2020 年长江流域水工程联合调度运用计划》的长江上游水库包括：金沙江梨园、阿海、金安桥、龙开口、鲁地拉、观音岩、乌东德、溪洛渡、向家坝，雅砻江锦屏一级水库、二滩，岷江紫坪铺、瀑布沟，嘉陵江碧口、宝珠寺、亭子口、草街，乌江构皮滩、思林、沙沱、彭水，长江干流三峡共 22 座水库。22 座水库的总库容共计约 1 170 亿 $m^3$、调节库容约 490 亿 $m^3$、防洪库容约 390 亿 $m^3$。

考虑到金沙江叶巴滩、拉哇、梨园、阿海、金安桥、龙开口、鲁地拉、观音岩、乌东德、白鹤滩、溪洛渡、向家坝，雅砻江两河口、锦屏一级、二滩，岷江紫坪铺、双江口、瀑布沟，嘉陵江碧口、宝珠寺、亭子口、草街，乌江洪家渡、东风、乌江渡、构皮滩、思林、沙沱、彭水等已建及在建的长江上游控制性水库群联合调度的影响，按照常规水库调度方法，构建梯级水库群联合径流调节计算程序。

采用 1959～2014 年长系列径流资料开展计算，结果表明：受水库拦洪或蓄水的影响，汛期三峡水库多年平均入库径流较天然情况减少 4380 $m^3/s$，减少比例 18%。其中，8 月 1 日前三峡水库主要受其上游水库拦洪或上浮运用的影响，最大旬平均减少流量 5 050 $m^3/s$，发生在 7 月上旬。8 月开始，三峡水库受上游水库蓄水的影响，入库流量减少幅度有所增大，8 月上旬三峡水库平均减少入库流量 6 080 $m^3/s$，减少比例 24%；之后，根据前期蓄水进程适当控制拦蓄水量，三峡水库入库流量减少幅度有所降低。9 月份，随着上游水库待蓄水量的进一步增大，三峡水库入库流量减少幅度再次增大，旬平均入库流量减少 7 750 $m^3/s$，减少比例 31%。需要说明的是，表 7.1 中 7 月中旬与 7 月下旬较 7 月上旬减少幅度有所降低，这主要是因为长江上游部分水库消落期末水位较低，6 月底库水位尚位于防洪限制水位以下，水库群的防洪库容多在 7 月开始预留，在 7 月上旬水库通过拦蓄后水位均达到或接近防洪限制水位，之后通过水位上浮拦蓄的水量相对减少；而 8 月 1 日开始，长江上游水库开始进入蓄水期，径流调节模拟计算时会在 8 月上旬集中蓄水，而后根据蓄水程度调整蓄水进程。

表 7.1　长江上游水库群联合调度对三峡水库径流洪水的影响

| 项目 | 6月 | | 7月 | | | 8月 | | | 9月 | 汛期多年平均 |
|---|---|---|---|---|---|---|---|---|---|---|
| | 中旬 | 下旬 | 上旬 | 中旬 | 下旬 | 上旬 | 中旬 | 下旬 | 上旬 | |
| 平均减少入库流量/（$m^3/s$） | 2 580 | 3 570 | 5 050 | 3 580 | 1 900 | 6 080 | 4 730 | 4 470 | 7 750 | 4 380 |
| 平均减少/% | 16 | 17 | 19 | 12 | 7 | 24 | 19 | 19 | 31 | 18 |

可见，长江上游水库群联合调度削减了进入三峡水库的入库洪量，在一定程度上将提升三峡水库汛期运行水位动态控制运用的灵活性，特别是对汛期末段三峡水库的上浮运用。

## 2 长江中游防洪形势变化分析

### 1）长江中游社会经济发展情况

长江出三峡后，进入中游冲积平原，长江宜昌至江西鄱阳湖湖口为长江中游河段，干流长 955 km，面积约 68 万 $km^2$，左岸有沮漳河、汉江，右岸有清江、洞庭湖水系的湘江、资江、沅江、澧水四水和鄱阳湖水系的赣江、抚河、信江、饶河、修水五河。长江中游地处我国华中经济区，人口众多，工农业发达，地区内分布多个重要的商品粮、棉、油生产基地和重要的特大城市，经济社会发展迅速，需水量大。长江中游干流沿江两岸分布着宜昌、荆州、岳阳、武汉、九江等重要城市。

长江中游防洪工程建设应用情况。堤防工程：长江中游堤防包括长江干堤、主要支流堤防，以及洞庭湖、鄱阳湖区堤防等，是长江防洪的基础。目前，长江中游近 2 000 km 的干堤已全部完成达标建设。1972 年、1980 年，国家两次召开长江中下游防洪座谈会，确定长江中下游干流宜昌—湖口河段堤防设计洪水位分别为沙市站 45.00 m、城陵矶站 34.40 m、汉口站 29.73 m、湖口站 22.50 m。水库工程：长江中游河段已建具有防洪作用的大型水库均位于支流或两湖水系。其中纳入《2020 年长江流域水工程联合调度运用计划》的中游水库共 19 座，包括：清江水布垭、隔河岩水库，洞庭湖水系资江柘溪水库，沅江凤滩、五强溪水库，澧水江垭、皂市水库，陆水水库，汉江石泉、安康、丹江口、潘口、黄龙滩、三里坪、鸭河口水库，鄱阳湖水系赣江万安、峡江水库，抚河廖坊水库，修水柘林水库。19 座水库总库容超 740 亿 $m^3$，调节库容近 370 亿 $m^3$，防洪库容 210 亿 $m^3$。蓄滞洪区：按照长江流域防洪总体布局，长江中游的荆江河段、城陵矶地区、武汉地区、湖口地区等共安排了 42 处蓄滞洪区。《长江流域综合规划（2012～2030 年）》根据长江中下游防洪现状，考虑三峡工程及长江上游控制性水库群建成后长江中下游防洪形势的变化，按照蓄滞洪区启用概率和保护对象的重要性，制定蓄滞洪区总体布局。除荆江河段分洪区为重点蓄滞洪区外，其余长江中下游蓄滞洪区分为重要蓄滞洪区、一般蓄滞洪区和蓄滞洪区保留区三类。

### 2）长江中游主要站点泄流能力分析

根据长江中下游的江湖分布，防洪主要控制站为荆江沙市站、荆江与洞庭湖汇合处的城陵矶（莲花塘）站、汉江汇入后的汉口站、鄱阳湖与长江汇合处的湖口站，而莲花塘站作为一水位站，基本借用下游的螺山站流量，故螺山站水位-流量关系实际上反映了城陵矶河段的泄流能力。本次主要针对沙市站、螺山站、汉口站开展水位-流量关系研究，以反映各河段泄洪能力。

（1）沙市站。根据长系列实测资料的统计分析，沙市站水位-流量关系主要受洪水涨落影响，中高水位级水位-流量关系曲线为绳套曲线，低水部分以下基本可单一线定线（图 7.1）。沙市站水位-流量关系变化情况如下：①中低水部分（流量在 3 000～≤37 000 $m^3/s$），由于 2003 年以来，受河段冲淤变化、下游变动回水顶托、洪水涨落影响等，其中建库后低水位下断面冲刷较多，断面形态变化大，河段冲淤变化对该站低水部分水位流量关系影响较大，沙市站的水位流量变化主要体现在低水部分，水位流量关系线较原成果下移；②高水部分（流量大于 37 000 $m^3/s$），无明显的变化趋势，沿用《长江流域综合规划（2009 年修订）水文专题报告》中成果。综合看来，三峡工程蓄水以来沙市站各年水位-流量关系经常摆动，与 20 世纪 90 年代各年综合线相比并无趋势变化，尤其是高水部分。

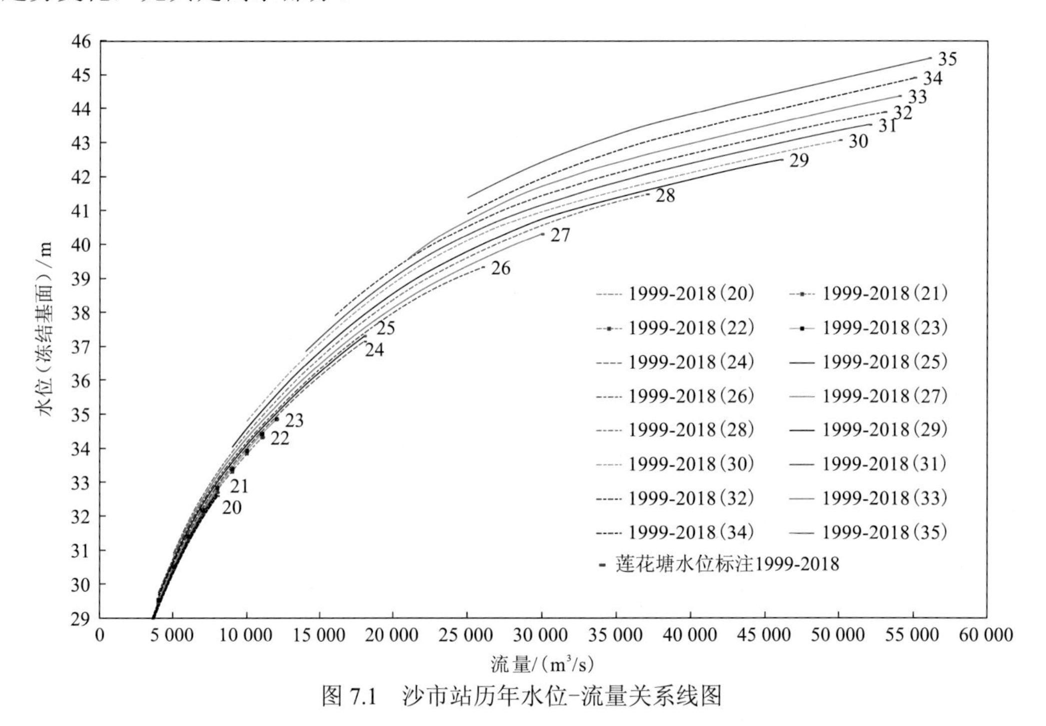

图 7.1 沙市站历年水位-流量关系线图

（2）螺山站。城陵矶地区防洪控制点为城陵矶站，城陵矶站位于荆江与洞庭湖汇合处，城陵矶站（莲花塘，余同）保证水位为 34.4 m。由于该站为一水位站，相应某一水位的泄量是采用城陵矶站与螺山站水位相关性，再用螺山站水位-流量关系查得，相当于借用了下游的螺山站流量。因此，螺山站水位-流量关系实际上反映了城陵矶地区的泄流能力。

螺山站水位-流量关系主要受洪水涨落率、下游变动回水顶托、河段冲淤变化及特殊水情因素的影响，年内、年际间变化幅度较大。对经顶托和涨落率改正后的水位、流量资料进行综合分析，拟定历年水位-流量关系综合线，如图 7.2 所示。

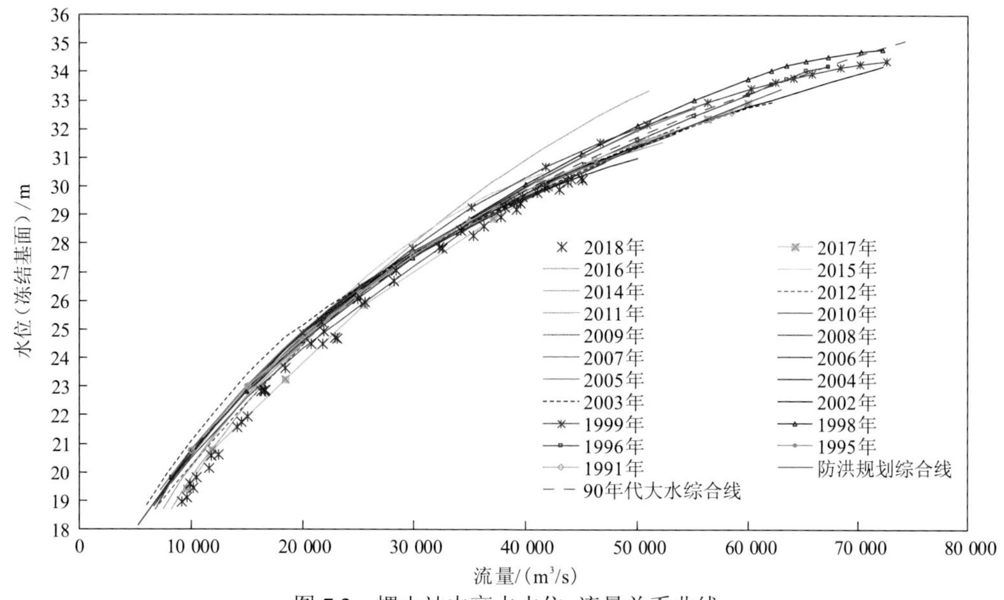


图 7.2 螺山站中高水水位-流量关系曲线

螺山站历年水位-流量关系综合线随洪水特性及其地区组成的不同而上下摆动，变幅较大。从图 7.2 分析，螺山站水位-流量关系变化情况如下：①中水部分（流量在 25 000～≤35 000 $m^3/s$），历年水位-流量关系线变化较小，基本稳定；②高水部分（流量大于 35 000 $m^3/s$），年际间水位-流量关系线波动较大，但无明显的变化趋势。

综上所述，螺山站历年水位-流量关系综合线尽管变幅较大，但经分析主要是不同水情条件的作用，年际间随洪水特性的不同而上下摆动，均无趋势性变化。螺山站高水水位-流量关系变化趋势还有待进一步观测与分析。

（3）汉口站。汉口站是武汉地区防洪代表站，相应水位的流量直接关系武汉地区的防洪形势（图 7.3）。总的来看，根据 2003～2018 年沙市站、螺山站、汉口站，以及 20 世纪 90 年代大水年实测水文资料系列，分析了三峡工程蓄水运行以来各站水位-流量关系变化，得到如下主要结论：①根据 2003～2018 年三峡蓄水以来各水文站实测资料拟定各年线和历年综合线，受河道枯水河槽冲刷影响，各水文站各年低水水位-流量关系总体呈逐年下降趋势。②三峡工程运行以来，受不同水情条件影响，长江干流宜昌站、枝城站、沙市站、螺山站中高水各年水位-流量关系综合线，年际间随洪水特性的不同而经常摆动，变幅较大，但均在以往变化范围之内，三峡工程蓄水以来各水文站与 20 世纪 90 年代大水年份综合线相比，并无趋势变化。③三峡工程蓄水以来，通过对水位-流量关系明显偏左的 2010 年、2012 年等年份高洪水位成因的初步分析，结论表明历年水位-流量关系主要与中高水洪水持续过程、河段槽蓄壅水作用、洪水的起涨水位较高有关。

三峡工程蓄水运行以来，各水文站实测高水水位-流量资料仍较少，高水水位-流量关系及其变化趋势还有待进一步观测与分析。

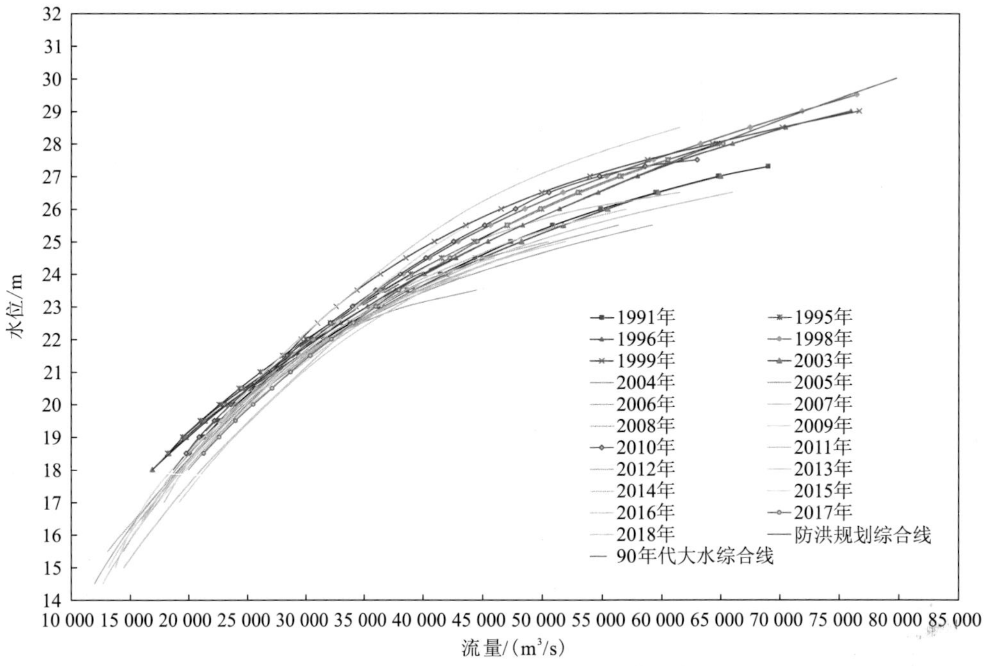


图 7.3　汉口站中高水水位-流量关系曲线图

### 3. 城陵矶河段汛期防洪需求分析

根据《长江流域综合规划（2012～2030 年）》，长江中下游总体防洪标准为防御中华人民共和国成立以来发生的最大洪水，即 1954 年洪水，在发生类似 1954 年洪水时，保证重点保护地区的防洪安全。由于长江中下游洪水来量大而河道泄洪能力不足，遇大洪水有大量超额洪量需妥善安排。

三峡工程运行后，长江中下游防洪能力有了较大提高，但长江中下游河道安全泄量与洪水峰高量大的矛盾仍然突出，遇流域防御标准的 1954 年洪水，中下游干流还将长期维持较高水位，尤其是城陵矶地区仍有较大超额洪量需要安排处理。目前，城陵矶河段依靠堤防可防御 10～20 年一遇洪水，考虑本地区蓄滞洪区的运用，基本可防御 1954 年洪水。然而由于蓄滞洪区建设滞后，且运用条件较为困难，城陵矶附近地区成为近年长江中下游防洪的焦点地区。

考虑目前已建成的三峡水库等防洪控制性水库群联合调度（三峡水库为城陵矶地区防洪补偿调度水位按 155 m 控制），按现状江湖蓄泄能力，在计划调度及分洪条件下，遇 1954 年洪水，城陵矶地区及以下河段超额洪量为 350 亿 $m^3$，其中，城陵矶地区为 255 亿 $m^3$、武汉地区为 55 亿 $m^3$、湖口地区为 40 亿 $m^3$。

总的来看，随着以三峡水库为核心的控制性水库建成投运，流域洪水调控能力显著增强，长江中下游超额洪量有所减少。但主汛期城陵矶地区遇 1954 年洪水的超额洪量仍占中下游总超额洪量的 70%左右，主汛期防洪形势依旧严峻。

城陵矶地区洪水主要来源于长江干流宜昌洪水与区间的洞庭湖水系。宜昌与洞庭湖水系的洪水组成及遭遇分析表明，8 月以后两湖来水开始减少，9 月以后宜昌站来水也开始减退，8 月中下旬以后洞庭湖已基本无洪水发生，与长江干流洪水遭遇概率很低，且量级不大，因此三峡水库需要兼顾对城陵矶地区补偿调度的机会相应减少。

### 4. 汛期洪水特性分析及预报精度评定

#### 1）汛期洪水特性分析

（1）长江上游暴雨洪水规律分析。根据宜昌站以上近 50 年降水资料，统计分析宜昌站以上流域多年平均旬降水量。宜昌站以上流域汛期 5～10 月降水占全年降水量的 85%，各旬降水总量基本呈现由少至多，然后由多至少的季节变化规律；降水总量以 6 月下旬，7 月上旬、下旬最大，三旬各占汛期降水总量的 7.5%以上，在 8 月各旬，降水量相差不大（图 7.4）。6 月下旬～8 月下旬降水量均在 50 mm 以上，9 月下旬降水量明显减少。

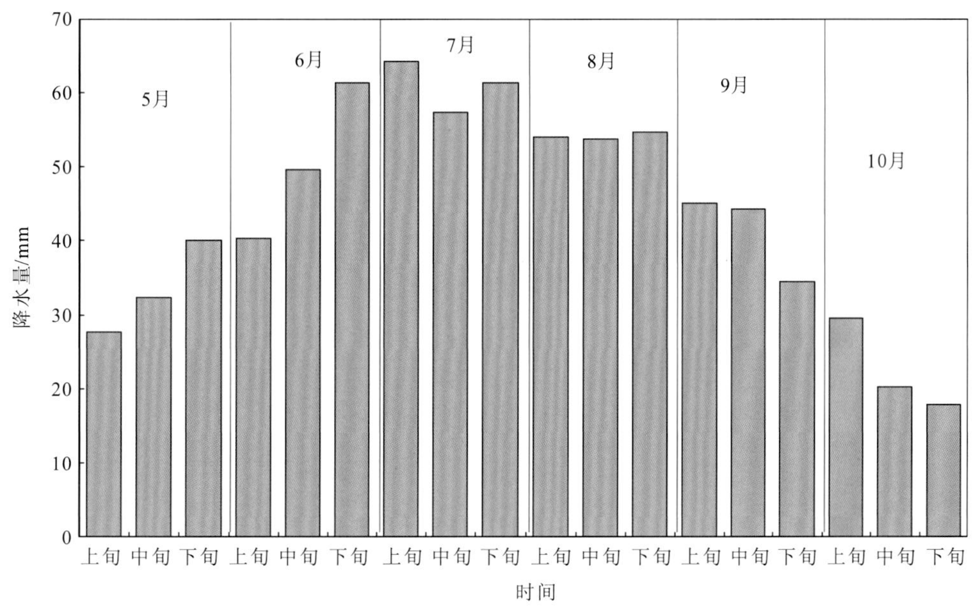


图 7.4　宜昌站以上流域面平均降水量

根据 1890～2018 年宜昌站实测资料，其中（2003～2018 年资料已对三峡水库影响进行了还原）统计分析了宜昌站洪水特性。为了分析判断宜昌站汛期洪水汛初期、主汛期、汛末期三个阶段的洪水特性和控制时间节点，对宜昌站历年汛期洪水过程进行了分析。

根据分析结果可知：宜昌站年最大洪峰主要集中在 7 月第 1 候～8 月第 4 候，8 月第 5～6 候是一个分界点；6 月出现的年最高洪峰都偏于 6 月下旬，而且其量级不会很大；7 月上旬以前造成峰高量大的洪水也较少。50 000 $m^3/s$ 以上的年最大洪峰流量约有 70%集中在 7 月中旬～8 月中旬这段时期（图 7.5）。

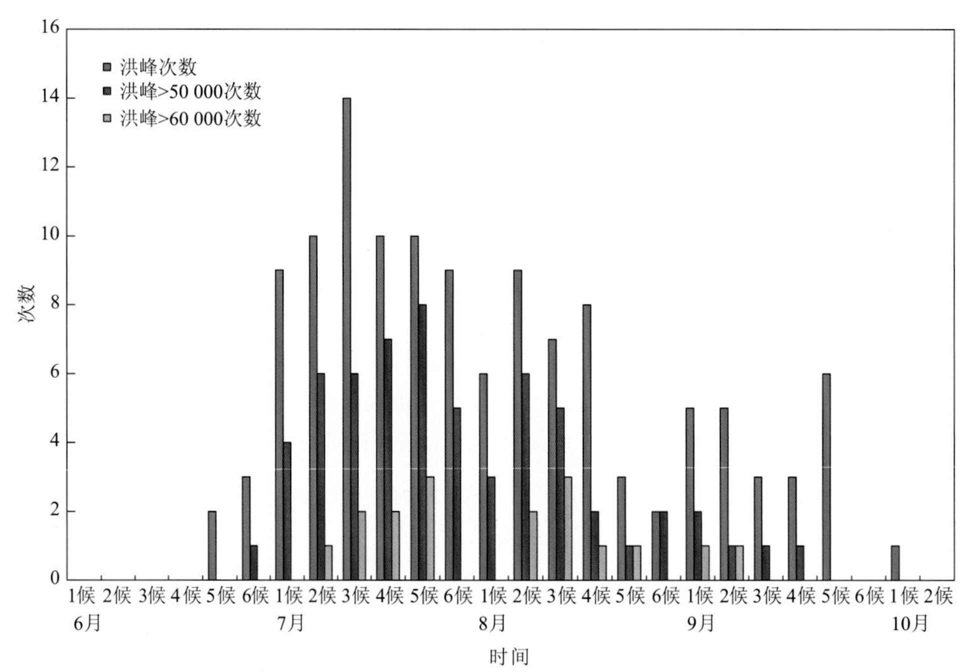

图 7.5　宜昌站年最大洪峰出现次数的时间分布

综合统计分析结果，宜昌站 8 月 20 日之后发生的洪峰量级较大的 1896 年、1945 年、1966 年、2004 年等年份洪水，其洪量排位较小，同时相应年份长江中下游洪水量级也不显著，且宜昌站洪水未与长江中游洞庭湖水系、汉江发生遭遇。可见长江中下游洪水主要集中在 7～8 月两个月，8 月 20 日以后防洪形势已趋于缓和，对长江中下游防洪形势不会造成大的威胁。

（2）清江暴雨洪水规律分析。清江洪水是长江荆江河段洪水的组成部分，清江与三峡区间（万县至宜昌）同属于一个暴雨区，清江洪水常与宜昌洪峰遭遇，导致长江洪水“峰上加冠”。但由于地理位置、自然条件的不同，清江洪水与上游洪水具有不同的特性。

以长阳站为清江流域代表站，根据 1951～2018 年最大洪峰流量资料，以及年最大日流量资料，分别绘制散点分布图如图 7.6 和图 7.7 所示，可以看出洪峰有以下特征：①洪峰散点的频次、大小基本呈现由弱至强，再由强至弱的规律性，但 9 月出现一小簇洪峰，这与秋汛相对应。②洪峰在 6～7 月出现次数最多，且洪峰最大，其余各月流量相对较小，出现频率也较低。最大的洪峰流量和日流量都出现在 7 月中旬。③洪峰流量与日流量在各时段的分布规律基本一致。

因此，根据年最大洪峰统计分析，清江流域基本可将 5 月初～6 月上旬划分为汛初期、6 月中旬～7 月下旬划分为主汛期、8 月上旬～9 月底划分为汛末期。

（3）洞庭湖区暴雨洪水规律分析。湘江、资江、沅江、澧水四水洪水是洞庭湖洪水的主要来源，本章根据洞庭湖湘江、资江、沅江、澧水四水控制站湘潭站、桃江站、桃源站、石门站及城陵矶站资料分析洞庭湖的洪水特征。

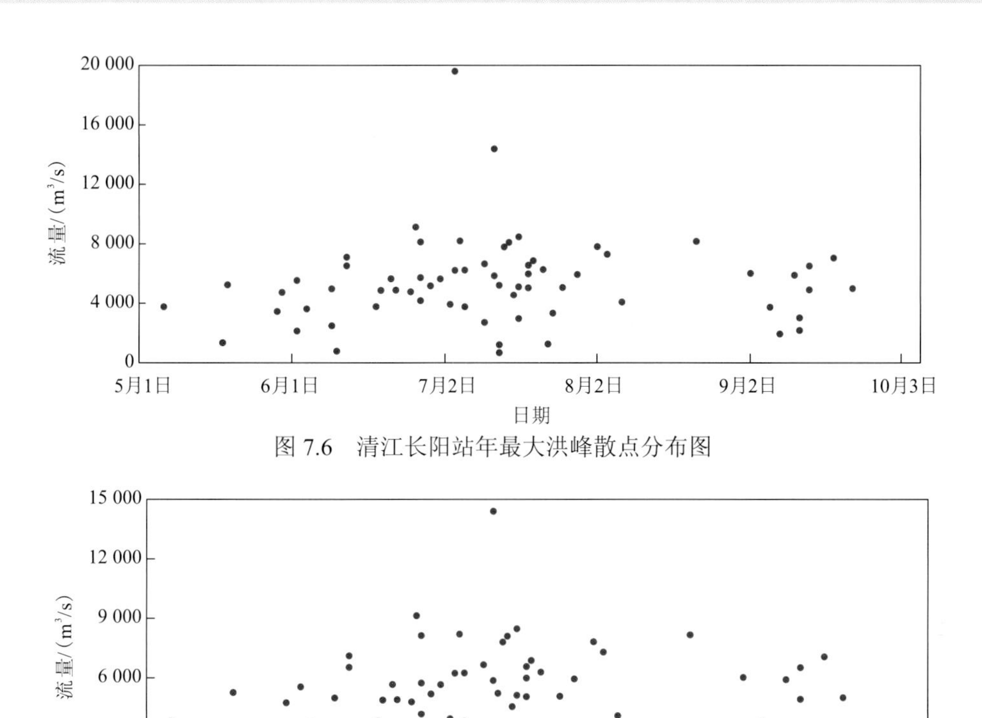


图 7.6　清江长阳站年最大洪峰散点分布图



图 7.7　清江长阳站年最大日流量散点分布图

总体而言，洞庭湖四水 8 月之后发生大洪水的可能性显著减小，8 月以后，洪水量级也减小明显。

（4）洪水地区组成分析。宜昌站洪水地区组成分析，从宜昌站洪水多年平均与典型年组成分析，金沙江流域面积虽然大，但是洪水流量比较平稳，是宜昌站洪水的基础。嘉陵江流域呈扇形，汇流迅速，洪水涨势猛，并常与寸滩—宜昌区间洪水遭遇，对形成宜昌站洪峰影响最大。

金沙江以上地区来水比较稳定，是宜昌站洪水的基础部分。根据大量的历史洪水资料和近百年的实测水文资料分析，这些暴雨来源地区不大可能同时出现特大洪水，例如四川西部和四川东部就没有同时出现特大洪水的实例，往往是其中几个地区出现特大洪水，其他地区出现一般洪水而形成特大洪峰。从实测和调查的洪水资料来看，来自岷江的大洪水主要有 1949 年，来自嘉陵江的大洪水主要有 1981 年、1870 年等，来自乌江及三峡区间的洪水主要有 1935 年等，说明宜昌站洪水由不同的典型年组成。

螺山站总入流洪水组成。根据 1951～2018 年长系列实测资料分析，螺山站（总入流）汛期 5～10 月来水量地区组成为螺山站以上各地区来水占螺山站的比重以宜昌站最大，其来水量占螺山站水量的比例为 71.3%；其次是沅江桃源站，其来水量占螺山站水量的比例为 9.3%。

从螺山站洪水多年平均与典型年组成分析，宜昌站以上面积占螺山站控制面积的77.7%，但洪水流量比较平稳，是螺山站洪水的基础。洞庭湖洪水也是对螺山站洪水的重要组成部分，常与宜昌—螺山区间洪水遭遇，对形成螺山站洪峰影响最大。

长江与洞庭湖洪水遭遇规律分析。长江城陵矶地区洪水以宜昌站以上来水占主导地位，洞庭湖洪水是其重要组成部分，本次重点分析宜昌站洪水与洞庭湖水系洪水遭遇规律。

根据分析：洞庭湖发生洪水的时间明显早于宜昌站洪水，进入 7 月中下旬后洞庭湖洪水已基本结束，最大洪峰并未曾遭遇，从最大 5 日洪量、洪峰流量散点分布看，两站洪水遭遇也以中小洪水遭遇为主；8 月下旬以后因区间来水快速消退，洞庭湖已基本无洪水发生，与长江干流洪水遭遇概率很小，且量级不大，因此三峡水库需要兼顾对城陵矶地区补偿调度的机会相应减少，为释放三峡水库兼顾城陵矶地区防洪调度的库容创造了条件。

**2）水文预报精度评定**

（1）三峡水库入库流量预报。三峡水库洪水主要来源于长江上游寸滩站以上，乌江及三峡区间来水量比重较小。目前，上游入库站的短期洪水预报主要依据上游干流寸滩站及乌江武隆站流量预报制作，支流乌江洪水相对较小，其水量占水库总来量的比例较小，不足以使水库总来水量的预报误差受到太多影响，入库流量预报误差主要受制于干流寸滩站流量预报误差。

总体而言：随着预见期的延长，相对误差呈增长趋势，预报合格率呈下降趋势；1～3 天预报平均误差均小于 9%，预报合格率在 89.35%～90.54%；4～5 天预见期预报值虽为日平均流量，但预见期 4～5 天预报平均误差仅为 10.52%、12.92%，预报合格率分别为 86.21%、79.00%（表 7.2）。

**表 7.2　三峡入库流量预报精度评定**

| 预见期/天 | 预报次数 | 平均误差/% | 合格率/% |
|---|---|---|---|
| 1 | 1 840 | 4.31 | 90.54 |
| 2 | 1 840 | 6.65 | 89.46 |
| 3 | 1 840 | 8.99 | 89.35 |
| 4 | 319 | 10.52 | 86.21 |
| 5 | 319 | 12.92 | 79.00 |

将三峡水库入库流量的实况值按 0～<10 000 $m^3/s$、10 000～<20 000 $m^3/s$、20 000～<30 000 $m^3/s$、30 000～<40 000 $m^3/s$、40 000～<50 000 $m^3/s$ 和≥50 000 $m^3/s$ 分为 6 个等级，分析预报入库流量级别对预报误差的影响。分析计算结果表明，不同量级入库流量对应的预报平均绝对相对误差随着预见期长度的增加总体基本呈下降趋势。但是由于预报入库流量大于 40 000 $m^3/s$ 且预见期为 4～5 天的样本数量较少，其代表性还需累计资料后进一步分析（图 7.8）。

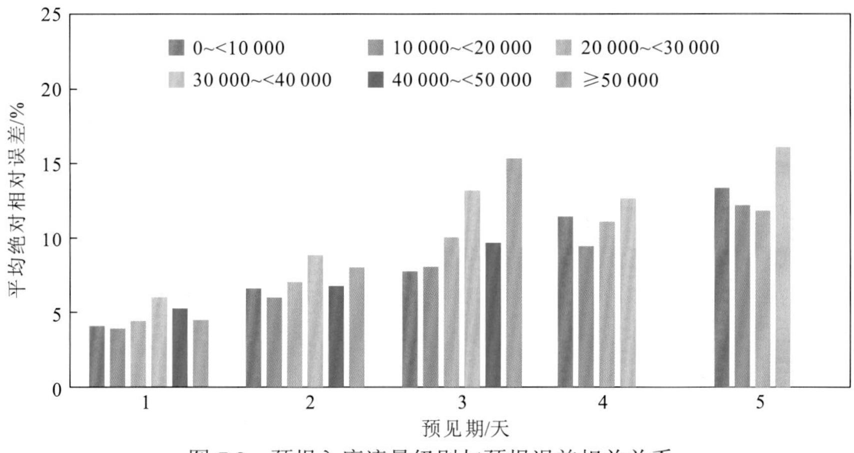


图 7.8　预报入库流量级别与预报误差相关关系

（2）沙市站精度评定。统计 2008～2018 年沙市站 1～3 天预见期水位 40 m 以上时水位预报平均误差及合格率，见表 7.3。由表 7.3 可知：当沙市站位于高水位时，水位预报精度处于一个较高的水平，随着预见期的延长，水位预报的平均误差呈增长趋势，合格率呈下降趋势；1 天、2 天、3 天预见期平均误差分别为 0.16 m、0.24 m、0.37 m，1 天、2 天预见期合格率均大于 70%，3 天预见期合格率较低，为 60.2%。总体来说，沙市站水位预报主要受三峡水库调度影响，尤其电网在日均进行调峰时，出库流量最大日内变化可达 5 000 $m^3/s$，对沙市站水位的影响达 1.5 m，是造成沙市站水位预报精度偏低的主要原因。

**表 7.3　沙市站水位预报精度评定（40 m 以上较高水位）**

| 预见期/天 | 预报次数 | 平均误差/m | 合格率/% |
|---|---|---|---|
| 1 | 155 | 0.16 | 80.1 |
| 2 | 153 | 0.24 | 72.5 |
| 3 | 153 | 0.37 | 60.2 |

（3）莲花塘站精度评定。由表 7.4 可知：随着预见期的延长，水位预报的平均误差呈增长趋势，合格率呈下降趋势；莲花塘站水位预报 1 天、2 天、3 天、4 天、5 天预见期平均误差分别为 0.06 m、0.11 m、0.17 m、0.22 m、0.28 m；1～3 天预见期合格率均大于 89%，4～5 天预见期合格率均大于 76%。

**表 7.4　莲花塘站水位预报精度评定**

| 预见期/天 | 预报次数 | 平均误差/m | 合格率/% |
|---|---|---|---|
| 1 | 708 | 0.06 | 98.73 |
| 2 | 708 | 0.11 | 95.85 |
| 3 | 708 | 0.17 | 89.24 |
| 4 | 699 | 0.22 | 82.74 |
| 5 | 684 | 0.28 | 76.48 |

**3）三峡水库汛期运行水位上浮运用原则**

三峡水库汛期运行水位上浮会占用三峡水库对长江中下游特别是对城陵矶地区的防洪空间，如何在不影响三峡水库对长江中下游的防洪作用和不增加长江中下游防洪压力的前提下上浮三峡水库汛期运行水位，科学协调三峡水库汛期水位上浮与三峡水库对长江中下游防洪的空间及风险关系，是三峡水库汛期运行水位动态控制的关键。

三峡水库汛期运行水位上浮运用原则如下。

（1）为保证不影响三峡水库对长江中下游的防洪作用，三峡主汛期水位上浮运行的前提条件是该上浮运行的水位能够通过“预报预泄”方式及时降下来，即当预报发生洪水、三峡水库需要对中下游防洪实施拦洪前，通过预泄将库水位及时降至防洪限制水位，以保证三峡水库有足够的防洪库容为中下游拦蓄洪水和保证枢纽工程度汛安全。

（2）目前，长江流域统一确定的防汛特征水位有警戒水位、保证水位二级。警戒水位是我国防汛部门规定的各江河堤防需要处于防守戒备状态的水位。到达这一水位时，堤身随时可能出现险情甚至重大险情，需昼夜巡查，并增加巡堤查险次数，堤防防汛进入重要时期；保证水位是堤防工程设计防御标准洪水位，相应流量为河道安全泄量，是根据防洪标准设计的堤防设计洪水位，或历史上防御过的最高洪水位。目前，沙市站和城陵矶站警戒水位分别为 43.0 m、32.5 m，保证水位分别为 45.0 m、34.4 m。

因此，为不改变下游防汛态势，三峡水库汛期水位向上浮动运行及水库预泄至防洪限制水位 145.0 m 期间，应控制沙市站、城陵矶站水位距警戒水位有充足的余地，以使水库预泄后，上述控制站水位仍可保持在安全状态。考虑到长江中下游防洪原在警戒水位以下设有设防水位，为原防汛特征水位中的第三级水位，是汛期河道堤防开始进入防汛阶段的水位，在河道水位达到设防水位时，防汛人员开始巡堤查险，并需要做好抢险人力和物料准备。目前，沙市站和城陵矶站设防水位分别为 42.0 m、31.0 m，距警戒水位有一定空间。

## 7.2　三峡水库汛期运行水位上浮及进一步上浮运用方式

本章从防洪、预报、发电、泥沙等方面分析了三峡水库汛期运行水位上浮的影响因素；在此基础上，基于 1～3 天洪水预报，按照上浮预泄后分别不超沙市站、城陵矶站的警戒水位和设防水位，拟定了不同上浮计算方案，计算分析了预泄对长江中下游防洪的影响；结合沙市站、城陵矶站长系列还原及近期实测水位情况，提出了三峡水库汛期运行水位上浮空间。

### 7.2.1　汛期运行水位上浮空间论证

三峡工程 2003 年开始蓄水，工程历经围堰发电期、初期运行期运用，三峡水库试验性蓄水，以及正常蓄水位至 175 m 后的正常运行期等阶段。为满足三峡水库 2003 年蓄水以来各方面对水库调度运用提出的更高要求，同时对三峡水库正常运行期调度规程的编制提供技术支撑，2009 年开展了三峡水库优化调度方案的研究工作，对初步设计拟定的水库调度方式进行优化，提出《三峡水库优化调度方案》（水建管〔2009〕519 号）。

《三峡水库优化调度方案》围绕汛期水位上浮对中下游防洪安全、泥沙淤积影响分析，提出三峡水库汛期运行水位上浮方式：考虑泄水设施启闭时效、水情预报误差和电站日调节需要，实时调度中水库水位可在防洪限制水位 145.0 m 以下 0.1～1.0 m 变动；在保证防洪安全的前提下，为有效利用洪水资源，在满足沙市站水位在 41.0 m 以下、城陵矶站水位在 30.5 m 以下，且三峡水库入库流量小于 30 000 $m^3/s$ 时，库水位的变动上限在 146.0 m 的基础上再增加 0.5 m。即在满足下游沙市站水位在 41.0 m 以下、城陵矶站水位在 30.5 m 以下前提下，汛期三峡水库水位可在 144.9～146.5 m 运行，上浮水位最高不超过 146.5 m。这一上浮水位范围也在 2015 年批复的《三峡（正常运行期）—葛洲坝水利枢纽梯级调度规程》（水建管〔2015〕360 号）中继续沿用。

前述分析可知，当长江中下游主要控制站水位较低、不需要三峡水库防洪蓄水时，库水位在一定的变幅范围内向上浮动运行，以提高洪水资源利用效率和枢纽工程综合效益；当预报洪水或长江中下游河段防洪压力逐步显现时，应根据水库上下游水情状况，将水位及时预泄。在水库预泄期间，“预报来水+预泄流量”不得超过荆江河段允许泄量，相应沙市站和城陵矶站水位不得超过设定安全控制条件的水位。因此预泄能力（此处预泄能力主要是指在有效预见期时间范围内下泄的流量，而不是水库枢纽工程的泄流能力）的综合分析至关重要，是合理确定三峡水库上浮空间的关键环节。

为分析水库预泄能力对三峡水库汛期运行水位的影响，采取按设防水位为控制条件，拟定三峡水库汛期运行水位上浮方式如下。

（1）当坝下游沙市站和城陵矶站水位均在设防水位（沙市站设防水位为 42.0 m、城陵矶站设防水位为 31.0 m）以下一定范围时，三峡水库可适当抬高汛期运行水位运行；

（2）如预报 1～3 天内，沙市站或城陵矶站将达到设防水位时，三峡水库加大下泄流量实施预泄，将水位降至防洪限制水位 145.0 m。水库预泄后，须保证在泄流过程中坝下游沙市站和城陵矶站不因三峡水库出库流量的增加而超过设防水位。

按照汛期运行水位上浮运行不增加中下游防洪负担的原则，需要在设防水位以下为上浮水位库容留有预泄的空间，根据三峡水库预泄引起的长江中下游各站水位最高抬高值，分析各站不同预报水平时需要预留的水位空间，见表 7.5。由表 7.5 可知：以控制泄水时期下游控制站水位影响为条件，若沙市站及城陵矶站在设防水位的情况下分别按 1.0 m、0.5 m 为控制条件（即开始预泄），146.5 m、147.0 m 方案可基本消化预泄的影响；148.0 m 方案则需要分别在设防水位下预留 1.0～1.5 m、0.5 m；149.0 m 方案则需要分别在设防水位下预留 1.4～2.0 m、0.6 m；150.0 m 方案则需要分别在设防水位下预留 1.7～2.5 m、0.7 m。

表 7.5 设防水位以下需预留水位表 （单位：m）

| 水位方案 | 预泄时间 1 天 | | 预泄时间 2 天 | | 预泄时间 3 天 | |
|---|---|---|---|---|---|---|
| | 沙市站 | 城陵矶站 | 沙市站 | 城陵矶站 | 沙市站 | 城陵矶站 |
| 146.5 | 0.86 | 0.27 | 0.80 | 0.21 | 0.54 | 0.19 |
| 147.0 | 1.14 | 0.37 | 1.06 | 0.29 | 0.71 | 0.26 |
| 148.0 | — | — | 1.52 | 0.43 | 1.06 | 0.38 |
| 149.0 | — | — | 1.96 | 0.57 | 1.37 | 0.51 |
| 150.0 | — | — | 2.39 | 0.71 | 1.68 | 0.63 |

根据表 7.5 计算结果，考虑 3 天预见期：设防水位相应上浮至 147.0 m、148.0 m 时，须沙市站、城陵矶站水位分别在 41.0 m、30.5 m 以下；设防水位相应上浮至 149.0 m 时，须沙市站、城陵矶站水位分别在 40.6 m、30.4 m 以下；设防水位相应上浮至 150.0 m 时，须沙市站、城陵矶站水位分别在 40.3 m、30.3 m 以下。

结合已有研究成果和流域洪水特性，三峡水库汛期水位上浮空间初步定为以下情况。

（1）考虑泄水设施启闭时效、水情预报误差和电站日调节需要，实时调度中库水位可在防洪限制水位以下 0.1～1.0 m 变动。

（2）在保证防洪安全的前提下，为提高机组效率和保障电网运行安全，有效利用洪水资源，考虑未来 3 天水文气象预报，预报洞庭湖水系未来 3 天无中等强度以上降雨过程，且沙市站和城陵矶站水位均在设防水位以下一定范围时，三峡水库可适当抬高汛期运行水位运行：即在满足沙市站、城陵矶站水位分别在 41.0 m、30.5 m 以下时，库水位可在 148.0 m 以下浮动运行。

（3）8 月 1 日以后，洞庭湖水系洪水已进入后汛期，在满足沙市站、城陵矶站水位分别在 40.6 m、30.4 m 以下时，库水位可在 149.0 m 以下浮动运行；在满足沙市站、城陵矶站水位分别在 40.3 m、30.3 m 以下时，库水位可在 150.0 m 以下浮动运行。

（4）当预报三峡水库洪水即将来临时，沙市站或城陵矶站可能达到设防水位时，三峡水库加大下泄流量，尽快降低水库水位至合理区间。水库预泄过程中，应保证坝下游沙市站和城陵矶站不因三峡水库出库流量的增加而超过设防水位。

### 7.2.2 汛期运行水位上浮运用方式

本小节在三峡水库汛期运行水位上浮空间论证的基础上，以《三峡（正常运行期）—葛洲坝水利枢纽梯级调度规程》（水建管〔2015〕360 号）为基础，拟定了运行水位上浮上限 148.0 m 的不同计算方案，采用长系列实测径流资料，从不同计算方案预泄后对长江中下游防洪影响和不同计算方案对发电效益影响角度出发，分析提出了三峡水库运行水位上浮上限 148.0 m 的运用方式。在此基础上，考虑 8 月 1 日以后流域洪水发展特性，分析并提出三峡水库运行水位进一步上浮至 149.0 m 的运用方式。

与《三峡（正常运行期）—葛洲坝水利枢纽梯级调度规程》（水建管〔2015〕360 号）相比，本次汛期运行水位动态控制研究延长了水文气象预见期，充分考虑了未来 3 天的水文气象预报。因此，本着继承发扬、便于操作的原则，调度方式应从实时入库和未来预报入库两个层面对三峡水库入库流量予以明确。首先，对《三峡（正常运行期）—葛洲坝水利枢纽梯级调度规程》（水建管〔2015〕360 号）中有关 146.0 m 进一步上浮至 146.5 m 的条款进行细化，在《三峡（正常运行期）—葛洲坝水利枢纽梯级调度规程》（水建管〔2015〕360 号）中，明确提出“在保证防洪安全的前提下，为有效利用洪水资源，在满足沙市站水位 41.0 m 以下、城陵矶站水位 30.5 m 以下，且三峡水库来水流量小于 30 000 $m^3/s$ 时，库水位可在 146.0 m 的基础上上浮至 146.5 m”，本小节拟进一步细化上述条款中有关“三峡水库来水流量小于 30 000 $m^3/s$”的判别条件；同时，考虑与库水位上浮至 148.0 m 的有关入库流量级别判别条件的协调，本小节拟定了不同入库流量级别的判别条件，结合沙市站、城陵矶站等站点的水位判别条件，初步拟定汛期运行水位上浮至 148.0 m 的不同计算方案（表 7.6）。

**表 7.6　三峡水库汛期运行水位上浮至 148.0 m 的不同计算方案**

| 时间 | 项目 | 方案 1 | 方案 2 | 方案 3 | 方案 4 | 方案 5 |
|---|---|---|---|---|---|---|
| 6 月 11 日～9 月 10 日 | 上浮水位/m | 146.0～146.5 | | 146.5～148.0 | | |
| | 三峡水库实时入库流量/（$m^3/s$） | <28 000 | <30 000 | <25 000 | <28 000 | <30 000 |
| | 三峡水库预报入库流量/（$m^3/s$） | ≤30 000 | ≤32 000 | ≤30 000 | ≤30 000 | ≤32 000 |
| | 沙市站水位/m | <41 | <41 | <41 | <41 | <41 |
| | 城陵矶站水位/m | <30.5 | <30.5 | <30.5 | <30.5 | <30.5 |

**1）不同上浮方案对长江中下游防洪的影响分析**

本小节采用宜昌站 1954～2014 年共计 61 年的汛期实测径流数据，按照表 7.6 方案拟定的计算条件和调度方式，预泄期间控制下游不超过设防水位进行汛期实测洪水调度计算。水位上浮 146.0 m-146.5 m-148.0 m 时不同调度方案结果分析见表 7.7。

**表 7.7　水位上浮 146.0 m-146.5 m-148.0 m 时不同调度方案结果分析**

| 项目 | | 方案 1 | 方案 2 | 方案 3 | 方案 4 | 方案 5 |
|---|---|---|---|---|---|---|
| 汛期水位浮动范围 | 上限/m | 146.5 | | 148.0 | | |
| | 下限/m | 146.0 | | 146.5 | | |
| 判别流量/（$m^3/s$） | 实时入库 | 28 000 | 30 000 | 25 000 | 28 000 | 30 000 |
| | 预报入库 | 30 000 | 32 000 | 30 000 | 30 000 | 32 000 |
| 预泄总次数 | | 227 | 209 | 250 | 227 | 209 |
| 上限水位 | 可安全预泄次数 | 207 | 184 | 219 | 198 | 175 |
| | 占比/% | 91 | 88 | 88 | 87 | 84 |
| 下限水位 | 可安全预泄次数 | 210 | 188 | 232 | 207 | 184 |
| | 占比/% | 93 | 90 | 93 | 91 | 88 |

同时考虑短期预报误差对汛期水位上浮运用方式的影响，结合预报误差的分析，第1天、第2天、第3天分别按照3%、5%、10%预报误差（偏大）考虑。考虑预报误差后上浮146.0 m-146.5 m-148.0 m时不同调度方案结果分析见表7.8。

**表7.8　考虑预报误差后上浮146.0 m-146.5 m-148.0 m时不同调度方案结果分析**

| 项目 | | 方案1 | 方案2 | 方案3 | 方案4 | 方案5 |
|---|---|---|---|---|---|---|
| 汛期水位浮动范围 | 上限/m | 146.5 | | 148.0 | | |
| | 下限/m | 146.0 | | 146.5 | | |
| 判别流量/（$m^3/s$） | 实时入库 | 28 000 | 30 000 | 25 000 | 28 000 | 30 000 |
| | 预报入库 | 30 000 | 32 000 | 30 000 | 30 000 | 32 000 |
| 预泄总次数 | | 227 | 209 | 250 | 227 | 209 |
| 上限水位 | 可安全预泄次数 | 201 | 178 | 207 | 188 | 163 |
| | 占比/% | 89 | 85 | 83 | 83 | 78 |
| 下限水位 | 可安全预泄次数 | 204 | 182 | 223 | 201 | 178 |
| | 占比/% | 90 | 87 | 89 | 89 | 85 |

根据表7.8的结果分析，从水库预泄保障中下游防洪安全的角度考虑，对上浮至146.5～148.0 m的流量分级判别条件，优先推荐方案3和方案4。

**2）不同上浮方案对发电效益的影响分析**

根据长江上游干支流控制性水库群常规调度径流调节计算模型，三峡水库汛期运行水位上浮146.0 m-146.5 m-148.0 m时不同方案发电效益计算结果见表7.9。对比上浮上限146.5 m和148.0 m的各方案可知，汛期运行水位上浮越高，三峡水库多年平均年发电量和多年平均6～9月发电量均同步增加，6～9月加权平均水头也有所增加，但水量利用率有所下降。

**表7.9　三峡水库汛期运行水位上浮146.0 m-146.5 m-148.0 m时不同方案发电效益计算结果**

| 项目 | 方案1 | 方案2 | 方案3 | 方案4 |
|---|---|---|---|---|
| 多年平均年发电量/（亿kW·h） | 890.06 | 889.98 | 891.35 | 891.60 |
| 多年平均6～9月发电量/（亿kW·h） | 439.92 | 439.84 | 441.19 | 441.45 |
| 加权平均水头/m | 96.58 | 96.58 | 96.58 | 96.58 |
| 6～9月加权平均水头/m | 79.68 | 79.69 | 80.03 | 80.08 |
| 水量利用率/% | 94.04 | 94.02 | 93.86 | 93.83 |

对比方案1和方案2可知，方案1较方案2的多年平均年发电量增加0.08亿kW·h，增加电量时段为6～9月，加权平均水头和水量利用率相差无几。

对比方案3和方案4可知，方案4较方案3的多年平均年发电量增加0.25亿kW·h，增加电量时段为 6～9 月，加权平均水头和水量利用率相差无几。

**3）三峡水库汛期运行水位进一步上浮至 148.0 m 的运用方式**

综合考虑三峡水库汛期运行水位上浮后预泄的安全占比、不同流量级间的衔接、水库的发电效益和触发预泄条件的频次等多个方面，本小节推荐方案 2 和方案 4 为三峡水库汛期运行水位由 146.0 m 上浮至 146.5 m、146.5 m，进一步上浮至 148.0 m 的运用方式。根据长江中下游地区洪水组成，城陵矶站水位情况不仅取决于三峡水库来水情况，还与洞庭湖水系来水密切相关。对此，应该结合洞庭湖流域气象水文预报过程，对此风险予以控制，根据洞庭湖区的水文气象预报水平，可按照洞庭湖水系未来 3 天是否有中等强度以上降雨过程对上浮条件予以控制。结合前期研究成果，提出三峡水库主汛期运行水位上浮至 148.0 m 的运用方式为以下几种情况。

（1）考虑泄水设施启闭时效、水情预报误差和电站日调节需要，实时调度中库水位可在防洪限制水位以下 0.1～1.0 m 变动。

（2）考虑未来 1～3 天水文气象预报，在保证防洪安全的前提下，在 6 月 11 日～9 月 10 日期间：当实时三峡水库入库流量小于 30 000 $m^3/s$、预报未来 3 天三峡水库入库流量均不大于 32 000 $m^3/s$，且沙市站、城陵矶站水位分别在 41.0 m、30.5 m 以下、预报洞庭湖水系未来 3 天无中等强度以上降雨过程时，库水位的变动上限可在 146.0 m 的基础上增加 0.5～146.5 m。当实时三峡水库入库流量小于 28 000 $m^3/s$、预报未来 3 天三峡水库入库流量均不大于 30 000 $m^3/s$，且沙市站、城陵矶站水位分别在 41.0 m、30.5 m 以下、预报洞庭湖水系未来 3 天无中等强度以上降雨过程时，库水位可在 146.5～148.0 m 浮动运行。

（3）当库水位在防洪限制水位之上允许的幅度内运行时，应加强对三峡水库上下游水雨情监测和水文气象预报，密切关注来水变化和枢纽运行状态。当预报长江上游或者长江中游河段将发生洪水时，应及时、有效地采取预泄措施，将库水位降低至防洪限制水位。

当沙市站、城陵矶站水位分别在 41.0 m、30.5 m 以下，但实时三峡水库入库流量不小于 28 000 $m^3/s$ 或预报未来 3 天三峡水库入库流量将达到 30 000 $m^3/s$ 时，若三峡水库水位在 146.5 m 以上，则应根据上下游水情状况，及时将库水位降至 146.5 m 以下。

当满足以下条件之一时：①沙市站水位达到 41.0 m 且预报继续上涨；②城陵矶站水位达到 30.5 m 且预报继续上涨；③三峡水库实时入库流量达到 30 000 $m^3/s$；④预报未来 3 天三峡水库入库流量将达到 32 000 $m^3/s$；⑤预报洞庭湖水系未来 3 天将发生中等强度以上降雨过程，若三峡水库水位在 146.0 m 以上，则应根据上下游水情状况，及时将库水位降至 146.0 m 以下运行。

当预报城陵矶站水位将达到 30.8 m 或预报未来 3 天三峡入库流量将达到 35 000 $m^3/s$ 时，应根据上下游水情状况，及时将库水位降至防洪限制水位运行。

**4）进一步上浮运行至 149.0 m 和 150.0 m 方案拟定**

根据流域洪水特性和分期洪水规律，8 月 1 日以后，考虑洞庭湖区来水逐渐衰退，四水合成洪水进入后汛期，运行水位进一步上浮至 149.0 m 和 150.0 m 可在该时段予以考虑。

根据计算的三峡水库上浮至 149.0 m 和 150.0 m 的空间论证结果，充分衔接上浮至 148.0 m 成果，进一步考虑三峡水库上浮运行的上限按照 148.0～150.0 m 考虑，具体可细分为 146.5 m-148.0 m-149.0 m 工况和 146.5 m-148.0 m-150.0 m 工况，即：

（1）对于 146.5 m-148.0 m-149.0 m 工况，按照前述方案 4 拟定的调度方式，在其基础上，以沙市站、城陵矶站水位为控制条件，当沙市站、城陵矶站水位分别在 40.6 m、30.4 m 以下时，主汛期三峡水库水位可上浮至 149.0 m。

（2）对于 146.5 m-148.0 m-150.0 m 工况，同样按照前述方案 4 拟定的调度方式，在其基础上，当沙市站、城陵矶站水位分别在 40.3 m、30.3 m 以下时，主汛期三峡水库水位可上浮至 150.0 m。

（3）在水位分级的基础上，同样考虑三峡实时及预报入库流量大小，按照来水大时严格控制水位，来水小时适当扩大上浮空间的原则进行控制。

表 7.10 为三峡水库汛期运行水位上浮 146.5 m-148.0 m-149.0 m 工况和 146.5 m-148.0 m-150.0 m 工况。以方案 6 为例，具体调度方式为：当实时三峡水库入库流量小于 28 000 m$^3$/s、预报未来 3 天三峡水库入库流量均不大于 30 000 m$^3$/s，且沙市站、城陵矶站水位分别在 41.0 m、30.5 m 以下时，库水位可在 146.5 m 的基础上上浮至 148.0 m；当实时三峡水库入库流量小于 25 000 m$^3$/s、预报未来 3 天三峡水库入库流量均不大于 28 000 m$^3$/s，且沙市站、城陵矶站水位分别在 40.6 m、30.4 m 以下时，库水位可在 148.0 m 的基础上上浮至 149.0 m。

**表 7.10　三峡水库汛期运行水位上浮的 146.5 m-148.0 m-149.0 m 工况和 146.5 m-148.0 m-150.0 m 工况**

| 项目 | | 方案 4 | 方案 6 | 方案 7 | 方案 8 | 方案 9 |
|---|---|---|---|---|---|---|
| 汛期水位浮动范围 | 上限/m | 148.0 | 149.0 | | 150.0 | |
| | 下限/m | 146.5 | 148.0 | | 148.0 | |
| 判别流量/（m$^3$/s） | 实时入库 | 28 000 | 22 000 | 25 000 | 22 000 | 25 000 |
| | 预报入库 | 30 000 | 25 000 | 28 000 | 25 000 | 28 000 |
| 判别水位/m | 沙市站 | 41.0 | 40.6 | 40.6 | 40.3 | 40.3 |
| | 城陵矶站 | 30.5 | 30.4 | 30.4 | 30.3 | 30.3 |

**1）不同上浮方案对长江中下游防洪影响分析**

采用宜昌站 1954～2014 年共计 61 年的汛期实测径流数据，按照上述方案拟定的计算条件和三峡水库的调度方式，预泄期间控制下游不超设防水位进行汛期实测洪水调度计算。进一步上浮 146.5 m-148.0 m-149.0 m 工况和 146.5 m-148.0 m-150.0 m 工况结果分析见表 7.11。

**表 7.11　进一步上浮 146.5 m-148.0 m-149.0 m 工况和 146.5 m-148.0 m-150.0 m 工况结果分析**

| 项目 | | 方案 4 | 方案 6 | 方案 7 | 方案 8 | 方案 9 |
|---|---|---|---|---|---|---|
| 汛期水位浮动范围 | 上限/m | 148.0 | 149.0 | | 150.0 | |
| | 下限/m | 146.5 | 148.0 | | 148.0 | |
| 判别流量/（$m^3/s$） | 实时入库 | 28 000 | 22 000 | 25 000 | 22 000 | 25 000 |
| | 预报入库 | 30 000 | 25 000 | 28 000 | 25 000 | 28 000 |
| 判别水位/m | 沙市站 | 41.0 | 40.6 | 40.6 | 40.3 | 40.3 |
| | 城陵矶站 | 30.5 | 30.4 | 30.4 | 30.3 | 30.3 |
| 预泄总次数 | | 227 | 236 | 232 | 232 | 226 |
| 浮动至上限水位 | 可安全预泄次数 | 198 | 218 | 197 | 207 | 184 |
| | 占比/% | 87 | 92 | 85 | 89 | 81 |
| 浮动至下限水位 | 可安全预泄次数 | 207 | 223 | 205 | 219 | 199 |
| | 占比/% | 91 | 94 | 88 | 94 | 88 |

同样按照第 1 天、第 2 天、第 3 天分别 3%、5%、10%预报误差（偏大）考虑。对于 146.5 m-148.0 m-149.0 m 工况和 146.5 m-148.0 m-150.0 m 工况，计算考虑预报误差后汛期运行水位上浮方案。考虑预报误差后进一步上浮 146.5 m-148.0 m-149.0 m 工况和 146.5 m-148.0 m-150.0 m 工况的结果分析见表 7.12。

**表 7.12　考虑预报误差后进一步上浮 146.5 m-148.0 m-149.0 m 工况和 146.5 m-148.0 m-150.0 m 工况的结果分析**

| 项目 | | 方案 4 | 方案 6 | 方案 7 | 方案 8 | 方案 9 |
|---|---|---|---|---|---|---|
| 汛期水位浮动范围 | 上限/m | 148.0 | 149.0 | | 150.0 | |
| | 下限/m | 146.5 | 148.0 | | 148.0 | |
| 判别流量/（$m^3/s$） | 实时入库 | 28 000 | 22 000 | 25 000 | 22 000 | 25 000 |
| | 预报入库 | 30 000 | 25 000 | 28 000 | 25 000 | 28 000 |
| 判别水位/m | 沙市站 | 41.0 | 40.6 | 40.6 | 40.3 | 40.3 |
| | 城陵矶站 | 30.5 | 30.4 | 30.4 | 30.3 | 30.3 |
| 预泄总次数 | | 227 | 236 | 232 | 232 | 226 |
| 浮动至上限水位 | 可安全预泄次数 | 188 | 209 | 186 | 198 | 166 |
| | 占比/% | 83 | 89 | 80 | 85 | 73 |
| 浮动至下限水位 | 可安全预泄次数 | 201 | 216 | 192 | 212 | 187 |
| | 占比/% | 89 | 92 | 83 | 91 | 83 |

对比各方案来看，考虑 3 天预报误差后，方案 7 和方案 9 较不考虑预报误差的方案安全预泄比例下降明显。因此，从水库预泄保障中下游防洪安全的角度考虑，对进一步上浮至 149.0～150.0 m 的流量分级判别条件，优先推荐方案 6 和方案 8。

**2）不同上浮方案对发电效益的影响分析**

采用 1954～2014 年逐日径流系列，按照前述拟定的三峡水库汛期运行水位上浮空间及相应运用方式，结合《上游水库群联合调度模式下溪洛渡、向家坝、三峡三库洪水资源利用研究》中有关三峡水库汛期末段防洪库容释放与水位控制运用方式进行发电效益计算，并与原调度规程设计调度方式成果进行比较，计算了汛期运行水位进一步上浮至 149.0 m 和 150.0 m 上限的各方案发电效益。汛期运行水位进一步上浮至 149.0 m 和 150.0 m 各方案发电效益计算结果见表 7.13。

**表 7.13　汛期运行水位进一步上浮至 149.0 m 和 150.0 m 各方案发电效益计算结果**

| 项目 | 方案 4 | 方案 6 | 方案 7 | 方案 8 | 方案 9 |
|---|---|---|---|---|---|
| 多年平均年发电量/（亿 kW·h） | 891.60 | 892.44 | 892.46 | 892.81 | 892.95 |
| 多年平均 6～9 月发电量/（亿 kW·h） | 441.45 | 442.29 | 442.30 | 442.66 | 442.79 |
| 加权平均水头/m | 96.58 | 96.58 | 96.58 | 96.58 | 96.58 |
| 6～9 月加权平均水头/m | 80.08 | 80.22 | 80.30 | 80.32 | 80.52 |
| 水量利用率/% | 93.83 | 93.80 | 93.73 | 93.76 | 93.59 |

对比上浮上限 149.0 m 和 150.0 m 的各方案可知，汛期运行水位上浮越高，三峡水库多年平均年发电量和 6～9 月发电量均同步增加，6～9 月加权平均水头也有所增加，但水量利用率有所下降。

对比方案 6 和方案 7 可知，两方案各项指标相差不大，方案 7 的发电效益略优于方案 6；对比方案 8 和方案 9 可知，方案 9 较方案 8 多年平均年发电量增加 0.14 亿 kW·h，增加电量时段为 6～9 月，6～9 月加权平均水头增加 0.2 m，水量利用率下降 0.17%。总的来看，各方案之间发电效益差异较小。

**3）三峡水库汛期运行水位进一步上浮推荐运用方式**

综合考虑三峡水库汛期运行水位上浮后预泄的安全占比、不同流量级间的衔接、水库的发电效益和触发预泄条件的频次等多个方面，本小节研究初步确定三峡水库汛期运行水位由 148.0 m 进一步上浮的推荐方式——方案 6，结合前期研究成果和流域洪水特性，提出 8 月 1 日以后三峡水库主汛期运行水位进一步上浮 149.0 m 的运用方式为以下几种情况。

（1）考虑泄水设施启闭时效、水情预报误差和电站日调节需要，实时调度中库水位可在防洪限制水位以下 0.1～1.0 m 变动。

（2）考虑未来 1～3 天水文气象预报，在保证防洪安全的前提下，在 6 月 11 日～8 月 31 日期间：当实时三峡水库入库流量小于 30 000 $m^3/s$、预报未来 3 天三峡水库入库流量均不大于 32 000 m$^3$/s，且沙市站、城陵矶站水位分别在 41.0 m、30.5 m 以下、预报洞庭湖水系未来 3 天无中等强度以上降雨过程时，库水位的变动上限可在 146.0 m 的基础上增加 0.5 m，上限可至 146.5 m。当实时三峡水库入库流量小于 28 000 m$^3$/s、预报未来 3 天三峡水库入库流量均不大于 30 000 m$^3$/s，且沙市站、城陵矶站水位分别在 41.0 m、30.5 m 以下、预报洞庭湖水系未来 3 天无中等强度以上降雨过程时，库水位可在 146.5～148.0 m 浮动运行。

8 月 1 日以后，实时三峡水库入库流量小于 22 000 m$^3$/s、预报未来 3 天三峡水库入库流量均不大于 25 000 m$^3$/s，且沙市站、城陵矶站水位分别在 40.6 m、30.4 m 以下、预报洞庭湖水系未来 3 天无中等强度以上降雨过程时，库水位可在 148.0～149.0 m 浮动运行。

当满足以下条件之一时：①实时三峡水库入库流量不小于 22 000 m$^3$/s；②预报未来 3 天三峡水库入库流量将达到 25 000 m$^3$/s；③沙市站水位达到 40.6 m 且预报继续上涨；④城陵矶站水位达到 30.4 m 且预报继续上涨；⑤预报洞庭湖水系未来 3 天将发生中等强度以上降雨过程，若三峡水库水位在 148.0 m 以上，则应根据上下游水情状况，及时将库水位降至 148.0 m 以下运行。

当沙市站、城陵矶站水位分别在 41.0 m、30.5 m 以下，但实时三峡水库入库流量不小于 28 000 m$^3$/s 或预报未来 3 天三峡水库入库流量将达到 30 000 m$^3$/s 时，若三峡水库水位在 146.5 m 以上，应根据上下游水情状况，及时将库水位降至 146.5 m 以下。

当满足以下条件之一时：①沙市站水位达到 41.0 m 且预报继续上涨；②城陵矶站水位达到 30.5 m 且预报继续上涨；③三峡水库实时入库流量达到 30 000 m$^3$/s；④预报未来 3 天三峡水库入库流量将达到 32 000 m$^3$/s；⑤预报洞庭湖水系未来 3 天将发生中等强度以上降雨过程，若三峡水库水位在 146.0 m 以上，则应根据上下游水情状况，及时将库水位降至 146.0 m 以下运行。

当预报城陵矶站水位将达到 30.8 m 或预报未来 3 天三峡入库流量将达到 35 000 m$^3$/s 时，应根据上下游水情状况，及时将库水位降至防洪限制水位运行。

### 7.2.3 汛期末段运行水位控制

本小节采用典型年实际洪水，考虑上游溪洛渡、向家坝水库的配合，分析了汛期末段不同阶段城陵矶地区防洪需求；在兼顾 8 月中下旬城陵矶地区防洪需求和保证荆江河段 100 年一遇防洪目标的前提下，计算了汛期末段三峡水库为城陵矶地区预留防洪库容的释放空间。本小节从遭遇汛期末段宜昌实测最大洪水的防洪风险和库区移民淹没风险两个方面，论证了相应的风险可控。在不影响荆江 100 年一遇防洪目标和三峡水库库区移民淹没的前提下，本小节考虑对长江中下游防洪控制留有一定余度、合理衔接 9 月 10 日开始的汛末蓄水，提出了汛期末段 8 月 20 日以后的三峡水库水位运行方式。

#### 1. 汛期末段三峡水库为城陵矶地区预留防洪库容释放空间论证

8 月 1 日之后，洞庭湖水系已进入汛末期，来水明显减少，加上洞庭湖水位较低，自身对洪水具有较大调节作用，一般不会因为洞庭湖水系来水而需要三峡水库对城陵矶地区实施防洪补偿调度，此时三峡水库具备释放对城陵矶地区防洪补偿库容可行性。

根据分析可知，8 月中下旬以后，城陵矶站超过保证水位对应洪量和超过警戒水位对应的洪量均逐步降低。以城陵矶汛期末段峰高量大、较为恶劣的 1954 年、1958 年、1966 年、1969 年、1988 年、1998 年、2002 年洪水为典型，三峡水库自防洪限制水位 145.0 m 开始起调，每隔 5 日左右分别计算了 8 月 10 日、8 月 15 日、8 月 20 日、8 月 25 日、9 月 1 日、9 月 5 日城陵矶地区防洪对三峡水库的库容需求（表 7.14）。

**表 7.14　溪洛渡、向家坝、三峡水库汛期末段拦洪水量**　（单位：亿 $m^3$）

| 典型年份 | 8 月 10 日 | | 8 月 15 日 | | 8 月 20 日 | | 8 月 25 日 | | 9 月 1 日 | | 9 月 5 日 | |
|---|---|---|---|---|---|---|---|---|---|---|---|---|
| | 溪向水库 | 三峡水库 | 溪向水库 | 三峡水库 | 溪向水库 | 三峡水库 | 溪向水库 | 三峡水库 | 溪向水库 | 三峡水库 | 溪向水库 | 三峡水库 |
| 1954 | 0.00 | 33.40 | 0.00 | 1.10 | 0.00 | 1.10 | 0.00 | 1.10 | 0.00 | 0.00 | 0.00 | 0.00 |
| 1958 | 0.00 | 26.51 | 0.00 | 26.51 | 0.00 | 26.51 | 0.00 | 16.85 | 0.00 | 0.00 | 0.00 | 0.00 |
| 1966 | 0.00 | 6.52 | 0.00 | 6.52 | 0.00 | 6.52 | 0.00 | 6.52 | 0.00 | 6.52 | 0.00 | 5.13 |
| 1969 | 0.00 | 0.00 | 0.00 | 0.00 | 0.00 | 0.00 | 0.00 | 0.00 | 0.00 | 0.00 | 0.00 | 0.00 |
| 1988 | 0.00 | 0.00 | 0.00 | 0.00 | 0.00 | 0.00 | 0.00 | 0.00 | 0.00 | 0.00 | 0.00 | 0.00 |
| 1998 | 1.71 | 77.28 | 0.00 | 62.47 | 0.00 | 6.53 | 0.00 | 2.82 | 0.00 | 0.00 | 0.00 | 0.00 |
| 2002 | 0.00 | 76.90 | 0.00 | 76.90 | 0.00 | 43.98 | 0.00 | 0.00 | 0.00 | 0.00 | 0.00 | 0.00 |
| 最大拦蓄 | 1.71 | 77.28 | 0.00 | 76.90 | 0.00 | 43.98 | 0.00 | 16.85 | 0.00 | 6.52 | 0.00 | 5.13 |

由表 7.14 可知，从三峡水库拦蓄洪量来看，三峡水库最大拦蓄洪量由 8 月 10～15 日的 76.90 亿 $m^3$（158.0 m 对应防洪库容），减少至 9 月 5 日以后的 5.13 亿 $m^3$。从典型年洪水来看，8 月 10 日拦蓄洪量主要受 1998 年典型年洪水控制，8 月中旬拦蓄洪量主要受 2002 年典型年洪水控制，8 月下旬拦蓄洪量主要受 1958 年典型年洪水控制，9 月上旬拦蓄洪量主要受 1966 年典型年洪水控制。从时间分布特性来看，8 月 20 日起，三峡水库拦蓄洪量迅速减少至 43.98 亿 $m^3$，至 8 月 25 日仅拦蓄洪量 16.85 亿 $m^3$，均少于三峡水库对城陵矶地区补偿调度所需库容；而 9 月上旬预留防洪库容主要用于防御 1966 年上游型典型年洪水。

考虑三峡水库对城陵矶地区预留防洪库容为 145.0～158.0 m，对于 8 月 20 日以后三峡水库对城陵矶地区的防洪库容释放空间可从三峡水库 158.0 m 向下扣除上述所需预留库容，相应水位为 151.2～155.5 m。考虑到区间来水的不确定性和预报误差，实时调度中可能出现超出上述典型年的洪水过程。因此，本阶段上浮水位不宜过高，应在上述计算水位以下预留一定安全裕度。

按照前述三峡水库汛期末段防洪库容预留方案，分别从 8 月 20 日、25 日起进行洪水调节计算，起调水位按 8 月 20 日三峡水库水位 151.2 m、8 月 25 日水位不超过 155.5 m 控制。

（1）采用 1954～2014 年实测洪水作为输入，8 月 20 日、25 日分别从 151.2 m 和 155.5 m

起调，预留期内调洪高水位均未超过三峡水库对城陵矶地区补偿调度控制水位 158.0 m，同时下游枝城站流量均未超过 56 700 $m^3$/s、城陵矶站流量不超过 60 000 $m^3$/s。表明三峡水库 8 月 20 日、25 日分别预留 43.98 亿 $m^3$、16.85 亿 $m^3$ 防洪库容可满足长江中下游汛期末段防洪要求，该预留库容方案防洪风险可控。

（2）汛期末段洪水逐步衰减，防洪需求也逐步减少，且主要以对城陵矶地区防洪为主。从 8 月 20 日起调，共 6 年需动用三峡水库拦洪，占长系列的 9.8%；8 月 25 日起调共有 5 年需动用三峡水库拦洪，占长系列的 8.2%，且防洪对象均为城陵矶地区，三峡水库均未启动对荆江河段的防洪调度。

（3）从场次洪水调洪结果来看，8 月 20 日和 8 月 25 日起调最高调洪水位均为 158.0 m，且分别受 2002 年和 1958 年洪水控制，两场洪水分别拦蓄 43.98 亿 $m^3$ 和 16.85 亿 $m^3$ 洪量。

（4）结合前述分析，汛期末段溪洛渡、向家坝水库配合三峡水库对中下游防洪的主要目标为城陵矶地区，而上述计算表明，这一时期由于三峡水库拦洪运用未超过 158.0 m，溪洛渡、向家坝水库均未拦蓄洪水，对中下游防洪仍然以三峡水库单库为主。因此，考虑汛期末段在三峡水库中预留防洪库容，8 月 20 日、25 日三峡水库水位相应上浮至 151.2 m、155.5 m 不会影响实测洪水防洪安全。

### 2. 汛期末段三峡水库上浮运用风险分析

#### 1）汛期末段遭遇荆江地区全年 100 年一遇设计洪水调洪分析

研究分析了汛期末段三峡水库水位上浮至 151.2 m、155.5 m 后，遭遇 1954 年、1981 年、1982 年、1998 年典型年的荆江 100 年一遇设计洪水的调洪成果，表 7.15 给出了汛期末段上浮后三峡水库遭遇坝址 100 年一遇洪水时的调洪计算成果。

**表 7.15　汛期末段上浮后三峡水库遭遇坝址 100 年一遇设计洪水时的调洪计算成果**

| 典型年 | 最高调洪水位/m | |
|---|---|---|
| | 起调水位 151.2 | 起调水位 155.5 |
| 1954 | 167.62 | 170.59 |
| 1981 | 165.85 | 168.91 |
| 1982 | 170.63 | 171.27 |
| 1998 | 166.60 | 169.62 |

以偏安全考虑，按照三峡水库使下游荆江河段达到 100 年一遇防洪标准，以最不利 1982 年典型年 100 年一遇洪水调洪最高水位不超过 171.0 m 为控制，倒推汛期末段三峡水库上浮水位不超过 152.0 m，相应对城陵矶地区预留防洪库容约 39 亿 $m^3$（152.0～158.0 m 库容）。当考虑长江上游水库群配合三峡水库对长江中下游防洪时，遭遇最为恶劣的 1982 年型洪水，三峡水库调洪高水位依然低于 171.0 m。

#### 2）遭遇汛期末段宜昌实测最大洪水的防洪风险分析

考虑汛期末段三峡水库上浮运用至 151.2 m、155.5 m 后，三峡水库遭遇 1896 年、

1945 年典型年洪水的情景进行调洪计算分析，有关计算结果见表 7.16。

表 7.16　汛期末段三峡水库调洪计算结果　（单位：m）

| 三峡水库起调水位 | 调度情景 | 洪水典型年 | |
|---|---|---|---|
| | | 1896 | 1945 |
| 151.2 | 三峡水库单库调度 | 158.58 | 155.77 |
| 155.5 | 三峡水库单库调度 | 162.27 | 159.74 |

从表 7.16 的三峡水库调洪计算结果可以看出：采用 8 月 20 日以后的汛期末段实测最大洪水过程，从上浮运行水位起调，从 151.2 m 起调的三峡水库最高蓄洪水位为 155.77～158.58 m；从 155.5 m 起调的三峡水库最高蓄洪水位为 159.74～162.27 m。

与采用 100 年一遇坝址设计洪水过程、按从防洪限制水位 145.0 m 起调的水库调洪结果比较，按在三峡水库 151.2 m、155.5 m 遭遇 8 月 20 日后的汛期末段实测最大洪水，水库蓄洪最高水位均可不超过 167.0 m（100 年一遇洪水最高调洪水位），也低于三峡水库对荆江河段防洪补偿控制水位 171.0 m。

**3）汛期三峡水库上浮运用对库区移民淹没的风险分析**

汛期末段抬高水库运行水位既要保证荆江河段具有 100 年一遇防洪标准，又要分析对三峡库区移民淹没的影响。研究表明，抬高汛期末段运行水位，遭遇较为恶劣洪水调洪高水位不超过 158.0 m，且不影响荆江河段 100 年一遇防洪标准，本小节重点关注水位抬升后对库区移民的淹没影响。

三峡水库的移民标准为 20 年一遇洪水，移民线末端所在控制断面弹子田位于重庆市城区下游约 24 km。三峡水库对城陵矶地区补偿调度控制水位从 156.0～160.0 m 做相应的调洪演算与库区回水推算，结果见表 7.17。

表 7.17　三峡水库不同起调水位遇坝址 20 年一遇洪水时回水结果

| 断面名称 | 距坝里程/km | 移民迁移线/m | 计算方案回水水位/m | | | | |
|---|---|---|---|---|---|---|---|
| | | | 156.0 | 157.0 | 158.0 | 159.0 | 160.0 |
| 令牌丘 | 507.86 | 177.0 | 174.5 | 174.8 | 175.2 | 175.5 | 175.8 |
| 石沱 | 514.41 | 177.0 | 175.8 | 176.0 | 176.3 | 176.6 | 176.9 |
| 周家院子 | 518.20 | 177.3 | 176.4 | 176.6 | 176.9 | 177.2 | 177.4 |
| 瓦罐 | 522.76 | 177.4 | 177.0 | 177.2 | 177.5 | 177.7 | 178.0 |
| 长寿区 | 527.00 | 177.6 | 177.6 | 177.8 | 178.0 | 178.3 | 178.5 |
| 杨家湾 | 544.70 | 180.3 | 179.9 | 180.0 | 180.2 | 180.4 | 180.6 |
| 木洞 | 565.70 | 183.5 | 182.8 | 182.9 | 183.1 | 183.2 | 183.4 |
| 温家沱 | 570.00 | 184.2 | 183.5 | 183.6 | 183.7 | 183.9 | 184.0 |
| 大塘坎 | 573.90 | 184.9 | 184.2 | 184.3 | 184.4 | 184.6 | 184.7 |
| 弹子田 | 579.60 | 186.0 | 185.3 | 185.4 | 185.5 | 185.6 | 185.8 |

由表 7.17 可知，三峡水库水位在 156.0～160.0 m 起调时，遇坝址 20 年一遇洪水，回水均于移民迁移线末端弹子田断面以下尖灭，即各方案回水末端位置不会超过三峡库区移民迁移调查线。但随着调洪起调水位的抬高，使回水线在石沱—木洞区间共计近 50 km 内，出现回水水位高于移民迁移线（157.0 m 起调开始）。

根据提出的溪洛渡、向家坝水库配合三峡水库加大拦蓄方式，做相应的调洪演算与库区回水推算。表 7.17 中受影响的断面周家院子、瓦罐、长寿区和杨家湾在溪洛渡、向家坝水库加大拦蓄运用后相应回水成果见表 7.18 所示。

**表 7.18　三峡水库不同起调水位遇坝址 20 年一遇洪水时回水成果（加大拦蓄方式）**

| 断面名称 | 距坝里程/km | 移民迁移线/m | 计算方案回水水位/m | | | | |
|---|---|---|---|---|---|---|---|
| | | | 156.0 | 157.0 | 158.0 | 159.0 | 160.0 |
| 周家院子 | 518.20 | 177.3 | 174.86 | 175.16 | 175.47 | 175.80 | 176.10 |
| 瓦罐 | 522.76 | 177.4 | 175.45 | 175.73 | 176.03 | 176.34 | 176.63 |
| 长寿区 | 527.00 | 177.6 | 175.98 | 176.26 | 176.54 | 176.84 | 177.12 |
| 杨家湾 | 544.70 | 180.3 | 178.20 | 178.41 | 178.64 | 178.87 | 179.10 |

根据表 7.18 可知，通过加大拦蓄的方式，可有效规避库区的淹没风险，且三峡水库汛期末段的运行方式可进一步抬升至 158.0 m 以上。

### 3. 汛期末段三峡水库运行水位研究

根据汛期末段流域洪水特性，综合长江中下游防洪需求和综合利用风险分析，并考虑库水位控制的操作性，推荐三峡水库在对城陵矶地区实施防洪补偿控制水位 158.0 m 以下的范围内，8 月 20 日、25 日分别为城陵矶地区预留防洪库容不少于 43.98 亿 $m^3$、16.85 亿 $m^3$。考虑到长江上游流域面积大，干支流洪水组合遭遇规律极为复杂，且历史上汛期末段仍有发生较大洪水可能性，从对长江中下游防洪控制留有一定余度，并考虑到对水库水位控制的操作性，本阶段应控制三峡水库 8 月底～9 月上旬水位不超过 155.0 m，以与 9 中旬开始兴利蓄水衔接，即 8 月 21 日～9 月 9 日，当预报三峡水库入库流量不超过 55 000 $m^3/s$、不需要对中下游实施防洪补偿调度，且预报城陵矶地区不会发生大洪水时，三峡水库水位可按不超过 155.0 m 运行。

（1）8 月 20 日以前，三峡水库原则上按防洪限制水位 145.0 m 控制，考虑最大 3 天洪水预报预见期，汛期水位上浮运行按照下游水位应用条件以库水位不超过 148.0～149.0 m 控制，并在洪水来临前通过预报预泄将水位尽快降低至防洪限制水位。

（2）8 月 21 日～9 月 9 日，当预报三峡水库入库流量不超过 55 000 $m^3/s$、无须对下游荆江—城陵矶地区实施防洪补偿调度，且预报城陵矶地区不会发生大洪水时，8 月下旬运行水位可上浮至 150.0 m；经水利部长江水利委员会同意，9 月 9 日运行水位不超过 155.0 m。

### 7.2.4　8 月 20 日以后分期汛限水位

防洪限制水位是水库在汛期允许兴利蓄水的上限水位，是协调水库运行管理过程中防洪与兴利之间矛盾的关键指标。三峡水库防洪限制水位的选择涉及防洪、排沙、航运、发电等多方面影响因素，其中防洪占据主导地位。初步设计阶段，仅考虑对荆江河段的防洪需求，偏安全地提出了三峡水库防洪限制水位 145.0 m。与初步设计阶段不同的是，现阶段三峡水库的防洪调度不仅需要考虑荆江河段的防洪需求，还要兼顾城陵矶地区的防洪需求，因此，设计洪水条件不仅要考虑坝址 100 年一遇的设计洪水，还要采用以螺山站为控制站整体设计洪水。对于分期汛限水位的研究，相应需要分期设计洪水。

本小节针对三峡水库防洪限制水位选择重点涉及的防洪与排沙因素，重点阐述了宜昌及洞庭湖洪水分期特性和设计洪水条件。在此基础上，针对目前以螺山站为控制站整体设计洪水尚无分期成果的现状，采用《三峡水库优化调度方案》和《长江流域主要控制点典型年设计洪水过程分析与计算》中有关以螺山站为控制站整体设计洪水成果，重点对 8 月 1 日、8 月 11 日和 8 月 21 日以后时段进行调洪计算分析，并按照单库和考虑溪洛渡、向家坝水库配合两种情形进行考虑。综合调洪计算成果、流域洪水特性和库区 20 年一遇回水淹没风险，提出了 8 月 21 日以后三峡水库的分期汛限水位为 147.0 m。

1. 三峡水库汛期防洪限制水位研究基础

针对宜昌站汛期洪水分期特性，采用多种分期方法进行计算比较，以年最大值统计分析成果为主，其他方法作为参考与验证，将宜昌站的汛期分为三期（图 7.9）：5 月 1 日～6 月 20 日为前汛期；6 月 21 日～9 月 10 日为主汛期；9 月 11 日～10 月 31 日为后汛期。

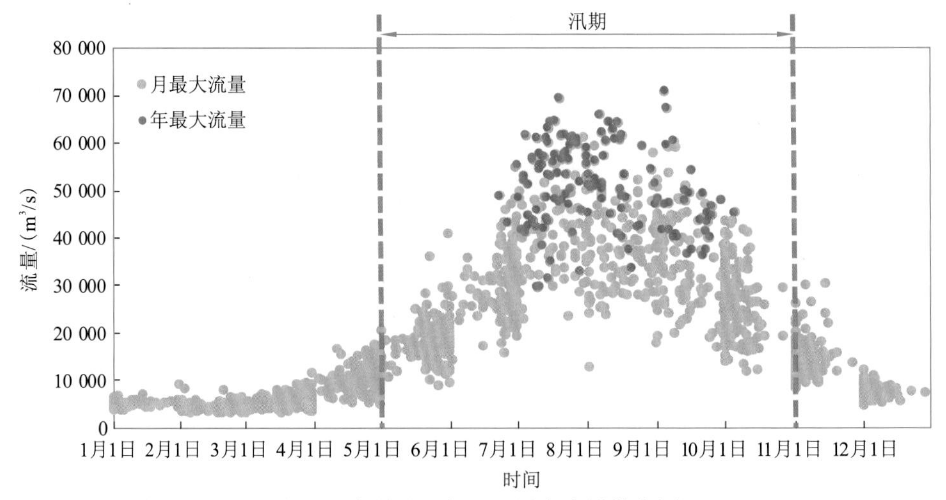


图 7.9　宜昌站历年逐月最大流量散点图

根据 1951～2018 年洞庭四水各控制站（湘江的湘潭站、资江的桃江站、沅江的桃源站和澧水的石门站）逐日还原流量资料分析了洞庭四水合成洪水发生的时间分布特征，点绘了洞庭四水合成 1951～2018 年历年逐月最大流量散点图（图 7.10）。综合考虑洞庭四水来水特性及洪水分布规律，将 4～9 月定为汛期。

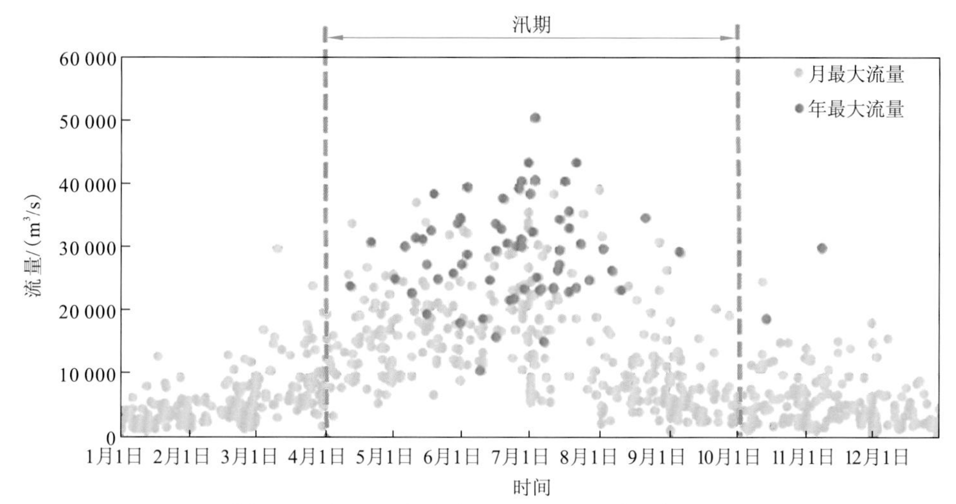


图 7.10　洞庭四水合成历年逐月最大流量散点图

针对洞庭四水合成汛期分期特性，采用多种分期方法进行计算比较，以年最大值统计分析成果为主，其他方法作为参考与验证，将洞庭四水合成的汛期分为三期：4 月 1 日～4 月 30 日为前汛期；5 月 1 日～7 月 31 日为主汛期；8 月 1 日～9 月 30 日为后汛期。

宜昌、洞庭湖洪峰遭遇规律表明：6 月下旬开始洪峰重叠逐渐增多，8 月 1 日以后遭遇次数明显减少，8 月 25 日以后宜昌年最大洪水与洞庭湖洪水无发生遭遇出现。宜昌、洞庭湖洪峰流量如图 7.11 所示。

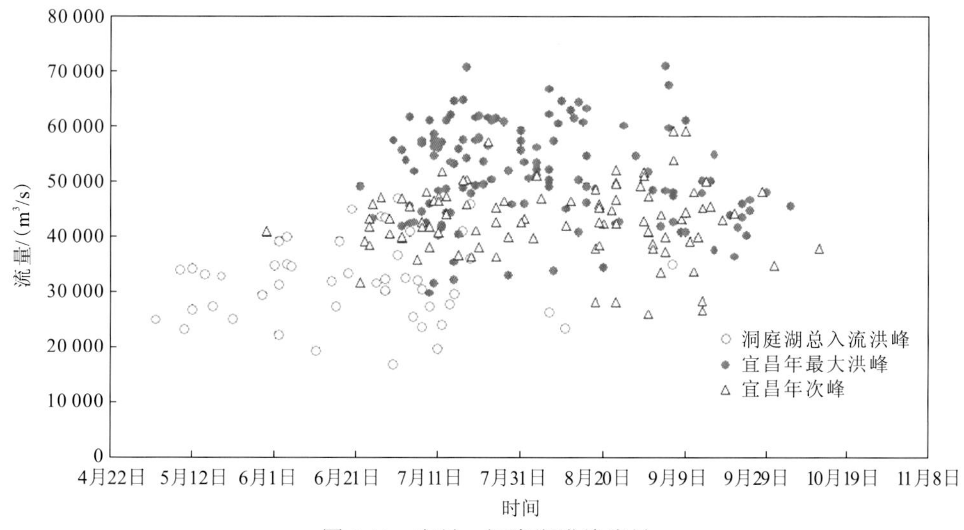


图 7.11　宜昌、洞庭湖洪峰流量

### 2. 三峡水库分期防洪限制水位研究

**1）8 月 1 日前三峡水库防洪限制水位分析**

根据宜昌站洪水特性可以看出，宜昌年最大洪峰最早出现在 6 月下旬，最迟发生在 10 月上旬，主要集中在 7 月～8 月中旬。从洞庭湖洪水特性来看，洞庭四水合成流量峰值出现在 6 月下旬～7 月中旬，8 月之后发生大洪水的可能性显著减小，8 月以后，洪水量级也减小明显。而从宜昌及洞庭湖洪水遭遇规律来看，6 月中旬前宜昌与洞庭湖洪峰基本不重叠，6 月下旬宜昌与洞庭湖洪峰重叠逐渐增多，8 月 20 日以后宜昌年最大洪水与洞庭湖洪水未发生遭遇。

从宜昌站及洞庭四水洪水分期特性来看，宜昌站主汛期为 6 月 21 日～9 月 10 日，洞庭四水合成主汛期为 5 月 1 日～7 月 31 日。可见，二者在 6 月下旬及 7 月均处于主汛期，且该时段宜昌洪水与洞庭湖洪水容易遭遇。

当前长江河道安全泄量与长江洪水峰高量大的矛盾仍然突出，遇流域防御标准的 1954 年洪水，长江中下游干流还将长期维持较高水位，尤其是城陵矶地区仍有较大超额洪量需要处理。从 1954 年洪水发展过程来看：6 月湘江来水已经较大，6 月 30 日出现 1954 年最大洪峰流量 18 300 $m^3/s$；资江 6 月 21 日出现 8 100 $m^3/s$ 洪水过程，6 月 29 日出现 1954 年最大洪峰流量 9 840 $m^3/s$；沅江 6 月 26 日发生洪峰流量 17 800 $m^3/s$ 的洪水；澧水流量过程相对尖瘦，6 月 25 日出现 1954 年最大洪峰流量 11 700 $m^3/s$。长江上游洪水晚于洞庭湖，宜昌来水自 6 月底开始起涨，6 月 29 日出现流量大于 30 000 $m^3/s$ 的来水过程。

综上，考虑长江中下游防洪需求、主汛期洪水特性及典型年洪水发展规律，主汛期 8 月 1 日前三峡水库防洪限制水位宜维持在 145.0 m。

**2）8 月 1 日～8 月 20 日三峡水库防洪限制水位分析**

采用优化调度方案研究阶段选择的 1931 年、1935 年、1954 年、1968 年、1969 年、1980 年、1983 年、1988 年、1996 年、1998 年 10 场螺山站以上同倍比整体设计洪水。

对于 8 月 20 日以后宜昌与洞庭湖来水遭遇的 2002 年洪水典型，提出了螺山站以上的 2002 年整体设计洪水过程，针对上述 11 场典型年设计洪水的过程，三峡水库采用兼顾对城陵矶地区进行防洪补偿的调度方式，按照 8 月 1 日、8 月 11 日和 8 月 21 日不同阶段开始调洪，分别计算了三峡水库单库调洪和考虑溪洛渡、向家坝水库配合三峡水库调洪结果，以对三峡水库汛期末段汛限水位可行域进行分析（表 7.19）。

**表 7.19　不同频率设计洪水三峡水库调洪计算最高水位统计结果（145.0 m 起调）**　（单位：m）

| 年份 | 100 年一遇 | | | 50 年一遇 | | | 20 年一遇 | | |
|---|---|---|---|---|---|---|---|---|---|
| | 8 月 1 日 | 8 月 11 日 | 8 月 21 日 | 8 月 1 日 | 8 月 11 日 | 8 月 21 日 | 8 月 1 日 | 8 月 11 日 | 8 月 21 日 |
| 1931 | 163.4 | 158.3 | 145.9 | 161.6 | 158.0 | 145.3 | 160.4 | 158.0 | 145.0 |
| 1935 | 145.0 | 145.0 | 145.0 | 145.0 | 145.0 | 145.0 | 145.0 | 145.0 | 145.0 |

续表

| 年份 | 100 年一遇 | | | 50 年一遇 | | | 20 年一遇 | | |
|---|---|---|---|---|---|---|---|---|---|
| | 8 月 1 日 | 8 月 11 日 | 8 月 21 日 | 8 月 1 日 | 8 月 11 日 | 8 月 21 日 | 8 月 1 日 | 8 月 11 日 | 8 月 21 日 |
| 1954 | 162.4 | 146.1 | 145.0 | 158.6 | 145.4 | 145.0 | 158.0 | 145.0 | 145.0 |
| 1968 | 145.3 | 145.0 | 145.0 | 145.0 | 145.0 | 145.0 | 145.0 | 145.0 | 145.0 |
| 1969 | 162.2 | 161.2 | 157.6 | 158.2 | 158.0 | 154.1 | 154.6 | 154.4 | 151.9 |
| 1980 | 170.7 | 169.0 | 166.8 | 167.2 | 162.6 | 162.0 | 165.0 | 158.3 | 158.2 |
| 1983 | 160.7 | 153.9 | 153.9 | 157.4 | 150.7 | 150.7 | 153.8 | 148.5 | 148.5 |
| 1988 | 161.3 | 161.3 | 158.9 | 159.5 | 159.5 | 158.2 | 158.0 | 158.0 | 158.0 |
| 1996 | 151.6 | 145.0 | 145.0 | 148.9 | 145.0 | 145.0 | 146.8 | 145.0 | 145.0 |
| 1998 | 168.7 | 162.2 | 150.5 | 160.4 | 158.1 | 146.5 | 157.5 | 153.4 | 145.0 |
| 2002 | 167.6 | 167.0 | 158.5 | 163.9 | 163.9 | 158.0 | 159.6 | 159.6 | 153.5 |
| 最高调洪水位 | 170.7 | 169.0 | 166.8 | 167.2 | 163.9 | 162.0 | 165.0 | 159.6 | 158.2 |

从三峡水库针对以螺山站为控制站的不同频率设计洪水调洪结果来看，8 月 1 日和 8 月 11 日开始调洪，100 年一遇设计洪水最高调洪水位分别高达 170.7 m 和 169.0 m，接近对荆江河段防洪补偿控制水位 171.0 m，大于初步设计阶段 100 年一遇设计洪水调洪最高水位 166.7 m。因此，为长江中下游防洪安全考虑，这一时段的汛限水位宜维持在 145.0 m 不变。

8 月 21 日开始调洪的计算结果表明，100 年一遇设计洪水最高调洪水位 166.8 m，与初步设计阶段 100 年一遇坝址设计洪水调洪最高水位 166.7 m 基本持平。

因此，8 月 20 日以后三峡水库汛限水位可行域，可考虑在 145.0 m 的基础上进一步抬升。

**3）考虑溪洛渡、向家坝水库配合三峡水库 8 月 20 日以后的防洪限制水位分析**

对于 8 月 20 日以后的三峡水库汛限水位可行域研究，考虑溪洛渡、向家坝水库调度配合三峡水库进行防洪调度，调度方式采用经审定的《金沙江溪洛渡、向家坝水库与三峡水库联合调度研究》中提出的联合防洪调度方式。

调洪起始时间为 8 月 21 日，重点针对 1980 年、1988 年设计洪水进行调洪。表 7.20 分别为 146.0 m、147.0 m、148.0 m、149.0 m 和 150.0 m 不同起调水位，三峡水库对 100 年一遇设计洪水的调洪结果。

表 7.20　以螺山站为控制站的 100 年一遇设计洪水三峡水库调洪计算结果

| 起调水位/m | 典型年 | 调洪水位/m | 城陵矶站最大流量/（$m^3/s$） | 枝城站最大流量/（$m^3/s$） | 三峡水库拦洪量/亿 $m^3$ | 溪洛渡、向家坝水库拦洪量/亿 $m^3$ | 采用补偿方式 | 城陵矶站流量超过 60 000 $m^3/s$ 的天数 |
|---|---|---|---|---|---|---|---|---|
| 146.0 | 1980 | 163.5 | 64 600 | 56 700 | 112.4 | 31.1 | 对城陵矶地区、荆江河段补偿 | 6 |
| | 1988 | 158.9 | 87 500 | 56 700 | 77.8 | 24.2 | 对城陵矶地区、荆江河段补偿 | 7 |
| 147.0 | 1980 | 164.2 | 64 600 | 56 700 | 112.4 | 31.1 | 对城陵矶地区、荆江河段补偿 | 6 |
| | 1988 | 158.9 | 87 500 | 56 700 | 72.8 | 24.2 | 对城陵矶地区、荆江河段补偿 | 7 |
| 148.0 | 1980 | 163.4 | 64 600 | 56 700 | 101.9 | 39.7 | 对城陵矶地区、荆江河段补偿 | 7 |
| | 1988 | 158.9 | 87 500 | 56 700 | 67.8 | 24.2 | 对城陵矶地区、荆江河段补偿 | 8 |
| 149.0 | 1980 | 163.7 | 65 600 | 56 700 | 98.9 | 39.7 | 对城陵矶地区、荆江河段补偿 | 7 |
| | 1988 | 158.9 | 87 500 | 56 700 | 62.6 | 24.2 | 对城陵矶地区、荆江河段补偿 | 8 |
| 150.0 | 1980 | 164.4 | 65 600 | 56 700 | 98.9 | 39.7 | 对城陵矶地区、荆江河段补偿 | 7 |
| | 1988 | 158.9 | 87 500 | 56 700 | 57.4 | 24.2 | 对城陵矶地区、荆江河段补偿 | 9 |

根据表 7.20 可知，对于 1980 年型设计洪水，随着起调水位的抬升，调洪水位相应升高，起调水位 146.0 m、147.0 m、148.0 m、149.0 m 和 150.0 m 相应调洪水位分别为 163.5 m、164.2 m、163.4 m、163.7 m 和 164.4 m，说明库水位超过 158.0 m 后，荆江河段仍有防洪补偿调度的需求。从城陵矶地区防洪形势来看：当起调水位达到 146.0 m 和 147.0 m 时，城陵矶站最大流量为 64 600 $m^3/s$、流量超过 60 000 $m^3/s$ 的持续天数均为 6 天；当起调水位达到 148.0 m 时，城陵矶站最大流量为 64 600 $m^3/s$、流量超过 60 000 $m^3/s$ 的持续天数增加为 7 天；当起调水位达到 149.0 m 和 150.0 m 时，城陵矶站最大流量上涨为 65 600 $m^3/s$、流量超过 60 000 $m^3/s$ 的持续天数为 7 天。从溪洛渡、向家坝水库配合拦蓄洪量来看：当起调水位达到 146.0 m 和 147.0 m 时，两库配合拦洪 31.1 亿 $m^3$；当起调水位达到 148.0 m 及以上时，两库配合拦洪 39.7 亿 $m^3$，基本接近两库为长江中下游防洪预留的最大库容 40.93 亿 $m^3$。

同时，结合流域洪水的发展规律，采用以螺山站为控制站的 20 年一遇设计洪水进行调洪，同样重点针对 1980 年、1988 年典型年设计洪水进行调洪。根据表 7.21 可知，对于 1980 年典型年设计洪水，起调水位 146.0 m、147.0 m、148.0 m、149.0 m 和 150.0 m

相应调洪水位分别为 158.5 m、158.4 m、158.8 m、159.6 m 和 159.4 m，随着起调水位的抬升，调洪水位相应升高。从城陵矶地区防洪形势来看：当起调水位达到 146.0 m 和 147.0 m 时，城陵矶站最大流量为 61 800 $m^3/s$、流量超过 60 000 $m^3/s$ 的持续天数均为 1 天；当起调水位达到 148.0 m 和 149.0 m 时，城陵矶站最大流量为 63 000 $m^3/s$、流量超过 60 000 $m^3/s$ 的持续天数增加为 2 天；当起调水位达到 150.0 m 时，城陵矶站最大流量为 63 000 $m^3/s$、流量超过 60 000 $m^3/s$ 的持续天数进一步增加为 3 天。从溪洛渡、向家坝水库配合拦蓄洪量来看：当起调水位达到 146.0 m 时，两库配合拦洪 3.5 亿 $m^3$；当起调水位达到 147.0 m、148.0 m 和 149.0 m 时，两库配合拦洪增加为 8.6 亿 $m^3$；当起调水位达到 150.0 m 时，两库配合拦洪进一步增加为 13.8 亿 $m^3$。

**表 7.21　以螺山站为控制站的 20 年一遇设计洪水三峡水库调洪计算结果**

| 起调水位/m | 典型年 | 调洪水位/m | 城陵矶站最大流量/（$m^3/s$） | 枝城站最大流量/（$m^3/s$） | 三峡水库拦洪量/亿 $m^3$ | 溪洛渡、向家坝水库拦洪量/亿 $m^3$ | 最大坝址流量/（$m^3/s$）/相应水位/m | 最高调洪水位/m 和相应坝址流量/（$m^3/s$） | 采用补偿方式 | 城陵矶站流量超过 60 000 $m^3/s$ 的天数 |
|---|---|---|---|---|---|---|---|---|---|---|
| 146.0 | 1980 | 158.5 | 61 800 | 56 700 | 75.1 | 3.5 | 69 600/155.2 | 158.5 和 64 800 | 对城陵矶地区、荆江河段补偿 | 1 |
| | 1988 | 158.0 | 83 900 | 56 600 | 71.9 | 0 | 57 500/158.0 | 158.0 和 57 500 | 对城陵矶地区补偿 | 3 |
| 147.0 | 1980 | 158.4 | 61 800 | 56 700 | 69.9 | 8.6 | 69 600/155.9 | 158.4 和 58 800 | 对城陵矶地区、荆江河段补偿 | 1 |
| | 1988 | 158.0 | 83 900 | 56 600 | 66.9 | 0 | 57 500/158.0 | 158.0 和 57 500 | 对城陵矶地区补偿 | 3 |
| 148.0 | 1980 | 158.8 | 63 000 | 56 700 | 67.3 | 8.6 | 69 600/156.6 | 158.8 和 58 800 | 对城陵矶地区、荆江河段补偿 | 2 |
| | 1988 | 158.0 | 83 900 | 56 600 | 62.0 | 0 | 55 500/158.0 | 158.0 和 55 500 | 对城陵矶地区补偿 | 4 |
| 149.0 | 1980 | 159.6 | 63 000 | 56 700 | 67.3 | 8.6 | 69 600/157.4 | 159.6 和 58 800 | 对城陵矶地区、荆江河段补偿 | 2 |
| | 1988 | 158.0 | 83 900 | 56 600 | 56.7 | 0 | 55 500/158.0 | 158.0 和 55 500 | 对城陵矶地区补偿 | 4 |
| 150.0 | 1980 | 159.4 | 63 000 | 56 700 | 61.1 | 13.8 | 69 600/158.0 | 159.4 和 58 800 | 对城陵矶地区、荆江河段补偿 | 3 |
| | 1988 | 158.0 | 83 900 | 56 600 | 51.5 | 0 | 55 500/158.0 | 158.0 和 55 500 | 对城陵矶地区补偿 | 5 |

三峡水库的移民标准为 20 年一遇洪水，在三峡水库初步设计中，回水末端控制断面为弹子田，但从长寿区断面开始，回水线高程就已接近移民迁移线，并随着坝前水位的抬高，回水线向移民迁移线慢慢靠近，并在长寿区断面附近相交。

根据表 7.22 的成果，并结合表 7.21 调洪成果可知：对于 1980 年典型年 20 年一遇设计洪水，当起调水位达到 146.0 m 和 147.0 m 时，库区水面线基本可控制在移民迁移线以下；当起调水位达到 148.0 m 及以上时，库区水面线将出现超移民迁移线现象。对于 1988 年典型年 20 年一遇设计洪水，各起调水位相应库区水面线均不超移民迁移线。

**表 7.22 即将超过库区移民迁移线对应的三峡水库入库洪水量级**

| 坝前水位/m | 入库最大流量/（$m^3/s$） | 坝前水位/m | 入库最大流量/（$m^3/s$） |
| --- | --- | --- | --- |
| 145.0 | 72 517 | 158.0 | 67 152 |
| 146.0 | 72 486 | 159.0 | 66 016 |
| 147.0 | 72 456 | 160.0 | 64 594 |
| 148.0 | 72 389 | 161.0 | 63 087 |
| 149.0 | 72 358 | 162.0 | 61 378 |
| 150.0 | 72 376 | 163.0 | 59 419 |
| 151.0 | 72 169 | 164.0 | 57 301 |
| 152.0 | 72 010 | 165.0 | 54 963 |
| 153.0 | 71 607 | 166.0 | 52 290 |
| 154.0 | 70 997 | 167.0 | 49 256 |
| 155.0 | 70 264 | 168.0 | 45 911 |
| 156.0 | 69 264 | 169.0 | 42 146 |
| 157.0 | 68 336 | 170.0 | 38 032 |

### 3. 三峡水库分期防洪限制水位推荐方案

宜昌站主汛期为 6 月 21 日～9 月 10 日；洞庭四水合成 4 月 1 日～4 月 30 日为前汛期，5 月 1 日～7 月 31 日为主汛期，8 月 1 日～9 月 30 日为后汛期。本小节尝试利用三峡水库优化调度方案研究阶段提出的以螺山站为控制站的 10 场整体设计洪水和 2002 年典型年以螺山站为控制站的整体设计洪水开展研究。

考虑到长江中下游防洪形势、主汛期洪水特性及典型年洪水发展规律，汛期 6 月 11 日～8 月 20 日，本小节推荐三峡水库防洪限制水位仍维持在 145.0 m。

8 月 21 日以后，对三峡水库汛限水位可行域分析，可以从上游溪洛渡、向家坝水库配合三峡水库联合运用的角度出发，综合考虑不同汛限水位起调下城陵矶地区防洪形势、上游水库配合拦蓄洪量和 20 年一遇设计洪水库区淹没风险，本小节推荐三峡水库防洪限制水位可抬升至 147.0 m。

# 第8章

# 溪洛渡、向家坝、三峡三库常遇洪水资源利用

针对三峡水库常遇洪水调度问题，本章以长江中下游防洪控制点为判断依据，开展溪洛渡、向家坝水库配合下三峡水库常遇洪水资源利用方式的研究，选取长江中下游荆江河段和城陵矶地区作为控制断面，分别从主汛期和汛期末段两个方面研究溪洛渡、向家坝水库在保障川渝河段防洪安全的基础上，配合三峡水库实施标准洪水以下的常遇洪水资源利用方式，重点探讨汛期末段溪洛渡、向家坝水库以逐步蓄水拦洪的方式预留防洪库容，分析汛期末段三库预留防洪库容在三库间的协调方式。

三库常遇洪水调度时，应加强流域上、下游水雨情监测和水文气象预报，密切关注长江流域上、下游防洪形势和枢纽工程运行状态。当预报可能发生较大降雨过程，或需溪洛渡、向家坝、三峡三库对川渝河段和长江中下游荆江河段或城陵矶地区实施防洪补偿调度时，水库应停止实施常遇洪水调度，并采取预泄措施将水位降低至汛限水位。

# 8.1 研究方法

## 8.1.1 三库常遇洪水资源利用控制条件及分类

本章溪洛渡、向家坝、三峡三库常遇洪水资源利用方式，是在溪洛渡、向家坝水库保障川渝河段防洪安全的基础上，配合三峡水库实施长江中下游标准洪水以下的常遇洪水资源利用方式研究。荆江河段和城陵矶地区既是三库对长江中下游防洪的保护对象，也是三库常遇洪水资源利用的控制断面，因此，溪洛渡、向家坝、三峡三库常遇洪水资源利用控制条件及类型划分主要依据沙市站、城陵矶站水位进行控制。

根据长江中下游的江湖分布，防洪主要控制站为荆江沙市站、荆江与洞庭湖汇合处的城陵矶站、汉江汇入后的汉口站、鄱阳湖与长江汇合处的湖口站，四个控制站的水位-流量关系反映了各河段的泄洪能力。对于荆江河段，防洪主要控制站为沙市站，城陵矶站与沙市站之间存在水位顶托关系，对荆江河段泄洪能力影响明显，同样的沙市站水位，城陵矶站水位低，则泄量大；反之泄量就减少。长江下游沙市站、城陵矶站控制水位表见表 8.1。

**表 8.1　长江下游沙市站、城陵矶站控制水位表**

| 站点 | 设防水位/m | 警戒水位/m | 保证水位/m |
|---|---|---|---|
| 沙市站 | 42.0 | 43.0 | 45.0 |
| 城陵矶站 | 31.0 | 32.5 | 34.4 |

根据水利部批复的《三峡（正常运行期）—葛洲坝水利枢纽梯级调度规程》（水建管〔2015〕360 号），由于三峡水库的防洪库容主要为防御上游大洪水，对荆江河段防洪补偿调度方式为按沙市站水位不超过 44.5 m 控制，三峡水库拦蓄洪水的起蓄流量一般在 55 000 $m^3/s$ 以上，在三峡水库来量不是很大、三峡水库未蓄洪时，三峡水库敞泄流量将会使沙市站水位高于警戒水位 43.0 m，中游沿线测站也会相应超过警戒水位。汛期河道水位达到警戒水位时，下游防汛压力加大，因此希望三峡水库此时能拦蓄部分洪水，减轻压力。

长江流域统一确定的防汛特征水位有警戒水位、保证水位二级水位。其中：长江中下游控制站沙市站和城陵矶（莲花塘）站警戒水位分别为 43.0 m、32.5 m；保证水位分别为 45.0 m、34.4 m。为不改变下游防汛态势，洪水资源利用时应控制沙市站、城陵矶站防洪安全有充足的余地，以使水库预泄后，沙市站、城陵矶站等控制站水位仍可保持在安全状态。

本次洪水资源利用研究的三峡水库对中小洪水滞洪调度的目标是控制中游沿线控制站水位不超过警戒水位。依据沙市站水位-流量关系，对应沙市站警戒水位 43.0 m、城陵矶站警戒水位 32.5 m 的沙市站流量约为 42 200 $m^3/s$，加上两口分流出的流量，再减去清江入汇流量（宜昌—枝城约占三峡坝址控制面积 4%），三峡坝址泄量在 50 000 $m^3/s$ 左右。本次控泄流量的选取从防洪偏安全考虑，即假设下游底水水位已较高，因顶托作用对应流量减小，沙市站警戒水位 43.0 m、留有余地的保证水位 44.5 m 和保证水位 45.0 m 对应的沙市站泄量分别约为 42 000 $m^3/s$、55 000 $m^3/s$ 和 60 600 $m^3/s$。

通过水位-流量关系及近几年实际调度经验分析，当三峡水库下泄流量控制在 40 000～46 000 $m^3/s$ 时，下游沙市站水位可以不超过警戒水位，荆南四河可以不超过保证水位，城陵矶地区防洪压力也大大减轻。考虑到中游地区来水组成复杂、水情多变，为稳妥安全起见应在警戒水位以下留有一定的水位空间，参照以往三峡水库拦蓄洪水情况，为控制中游沿线控制站水位不超过警戒水位，洪水资源化利用时三峡水库的控泄流量按 40 000～42 000 $m^3/s$ 考虑。

### 8.1.2　三库常遇洪水分类

考虑到三峡水电站 32 台机组最大过水能力约为 30 000 $m^3/s$，结合上述分析：三峡水库下泄流量超过 55 000 $m^3/s$ 时进入防洪调度拦蓄洪水，三峡水库下泄流量为 40 000～55 000 $m^3/s$ 时可控制下游水位不超过警戒水位，三峡水库下泄流量为 30 000～40 000 $m^3/s$ 时可在控制下游水位不超过警戒水位的情况下电站满发。因此，探索三峡水库常遇洪水运用方式，拟针对 1954～2017 年长系列宜昌站实测洪水中洪峰小于 55 000 $m^3/s$ 的常遇洪水进行分析和筛选，提出典型洪水过程。6 月 1 日～9 月 30 日宜昌站平均径流过程如图 8.1 所示，1954～2017 年宜昌站汛期洪峰流量分布特性及宜昌站长系列洪峰流量频率曲线分别见表 8.2 和图 8.2。

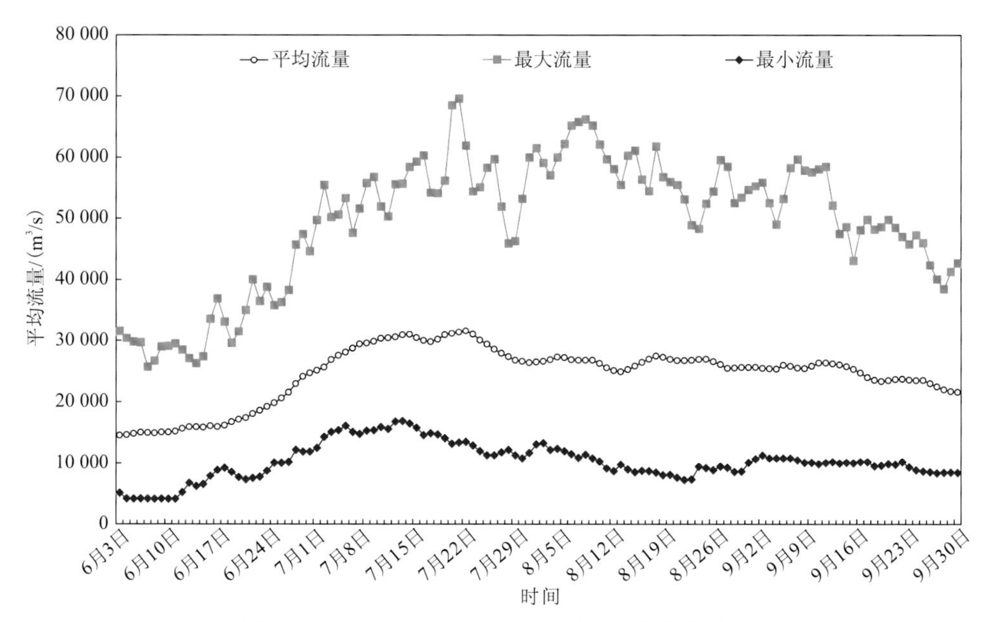


图 8.1　6 月 1 日～9 月 30 日宜昌站平均径流过程

**表 8.2　宜昌站汛期洪峰流量分布特性**　　（单位：m³/s）

| 年份 | 平均流量 | 洪峰流量 | 年份 | 平均流量 | 洪峰流量 | 年份 | 平均流量 | 洪峰流量 |
|---|---|---|---|---|---|---|---|---|
| 1954 | 35 431 | 66 100 | 1976 | 22 877 | 49 300 | 1998 | 35 685 | 61 700 |
| 1955 | 27 787 | 53 800 | 1977 | 22 489 | 38 600 | 1999 | 29 319 | 56 700 |
| 1956 | 25 763 | 55 400 | 1978 | 23 470 | 42 300 | 2000 | 27 432 | 52 300 |
| 1957 | 24 171 | 53 500 | 1979 | 24 212 | 45 500 | 2001 | 22 895 | 40 200 |
| 1958 | 24 949 | 59 500 | 1980 | 26 651 | 54 600 | 2002 | 22 108 | 48 600 |
| 1959 | 20 364 | 53 500 | 1981 | 28 125 | 69 500 | 2003 | 25 198 | 47 300 |
| 1960 | 25 331 | 51 800 | 1982 | 26 526 | 59 000 | 2004 | 22 932 | 58 400 |
| 1961 | 24 316 | 53 200 | 1983 | 28 059 | 52 600 | 2005 | 26 548 | 46 900 |
| 1962 | 28 569 | 55 600 | 1984 | 28 074 | 55 500 | 2006 | 13 377 | 29 900 |
| 1963 | 24 855 | 43 700 | 1985 | 26 568 | 44 900 | 2007 | 24 635 | 46 900 |
| 1964 | 28 441 | 49 700 | 1986 | 21 780 | 43 800 | 2008 | 23 001 | 37 700 |
| 1965 | 28 880 | 48 400 | 1987 | 26 331 | 59 600 | 2009 | 21 302 | 39 800 |
| 1966 | 26 049 | 59 600 | 1988 | 24 638 | 47 400 | 2010 | 24 380 | 41 500 |
| 1967 | 24 272 | 41 200 | 1989 | 25 675 | 60 200 | 2011 | 16 695 | 27 400 |
| 1968 | 29 728 | 56 700 | 1990 | 24 090 | 41 800 | 2012 | 26 274 | 46 500 |
| 1969 | 20 439 | 41 900 | 1991 | 26 189 | 50 400 | 2013 | 20 767 | 35 000 |
| 1970 | 22 634 | 45 300 | 1992 | 21 070 | 47 700 | 2014 | 24 791 | 46 900 |
| 1971 | 20 702 | 33 800 | 1993 | 26 637 | 51 600 | 2015 | 19 293 | 39 000 |
| 1972 | 19 001 | 35 100 | 1994 | 17 014 | 31 500 | 2016 | 20 343 | 48 000 |
| 1973 | 24 874 | 51 500 | 1995 | 24 355 | 40 200 | 2017 | 20 337 | 38 000 |
| 1974 | 30 270 | 61 000 | 1996 | 24 610 | 41 100 | | | |
| 1975 | 22 732 | 39 200 | 1997 | 19 900 | 48 200 | | | |

由上述图表可知：1954～2017 年共 64 年汛期实测洪水中，洪峰流量超过 55 000 m³/s 的有 15 年，占长系列的 23.43%；洪峰流量在 40 000～55 000 m³/s 有 37 年，占长系列的 57.81%；洪峰流量在 30 000～40 000 m³/s 有 10 年，占长系列的 15.63%；洪峰流量小于 30 000 m³/s 的有 2 年，占长系列的 3.13%。可见，在三峡水库未进入防洪调度拦蓄洪水，即入库洪峰流量未超过 55 000 m³/s 时，常遇洪水调度面临的主要对象洪峰流量为 40 000～55 000 m³/s 洪水。

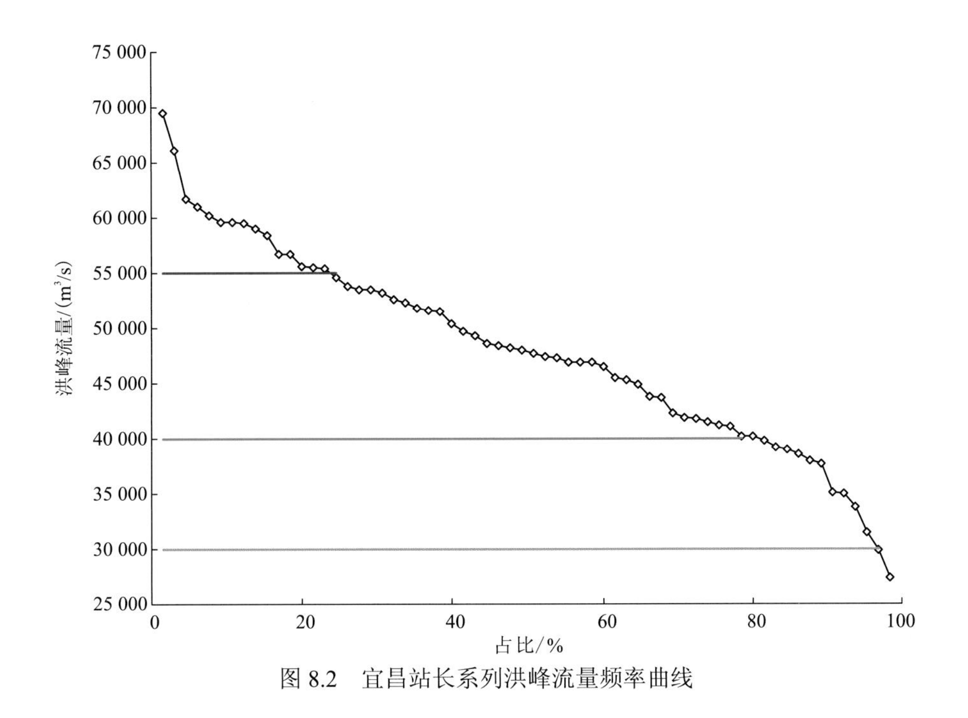

图 8.2 宜昌站长系列洪峰流量频率曲线

## 8.2 三库常遇洪水调度方案拟定

### 1. 三库常遇洪水资源利用的库容分析

三峡水库常遇洪水资源利用库容空间。当洪水较大时，以减少长江中下游防洪压力为目的，运用三峡水库对城陵矶地区防洪调度原理和模式进行调度，隶属于防洪调度范畴，仅需将下游行洪标准从保证水位降低到警戒水位即可；对于入库超过三峡电站满发流量，而长江中下游不成灾的洪水过程，属于纯粹洪水资源化利用。当水库水位上升，将会用掉部分防洪库容，对城陵矶地区防洪和荆江河段防洪均可能产生防洪效果影响，需结合来水水情，综合评估流域防洪形势，确定允许运用最高水位。

以长江中游控制站不超过警戒水位作为控制条件，三峡水库按从防洪限制水位145.0 m 起调，对来量不超过 55 000 $m^3/s$ 的三峡坝址长系列实测洪水进行调节计算，控制下泄流量不超过 40 000 $m^3/s$。表 8.3 给出了三峡水库不同洪水过程滞洪调蓄计算成果。

**表 8.3 三峡水库不同洪水过程滞洪调蓄计算成果**

| 洪水过程序号 | 累计蓄量/亿 $m^3$ | 水库蓄水位/m | 洪水过程序号 | 累计蓄量/亿 $m^3$ | 水库蓄水位/m |
|---|---|---|---|---|---|
| 1 | 63.33 | 156.00 | 4 | 59.44 | 155.43 |
| 2 | 61.26 | 155.70 | 5 | 57.72 | 155.18 |
| 3 | 59.62 | 155.46 | 6 | 56.51 | 155.00 |

续表

| 洪水过程序号 | 累计蓄量/亿 $m^3$ | 水库蓄水位/m | 洪水过程序号 | 累计蓄量/亿 $m^3$ | 水库蓄水位/m |
|---|---|---|---|---|---|
| 7 | 55.73 | 154.88 | 26 | 34.82 | 151.51 |
| 8 | 53.40 | 154.50 | 27 | 34.30 | 151.43 |
| 9 | 52.27 | 154.32 | 28 | 32.05 | 151.07 |
| 10 | 49.25 | 153.83 | 29 | 31.71 | 151.01 |
| 11 | 48.73 | 153.75 | 30 | 31.62 | 151.00 |
| 12 | 44.50 | 153.07 | 31 | 30.07 | 150.75 |
| 13 | 43.80 | 152.96 | 32 | 30.07 | 150.75 |
| 14 | 42.94 | 152.82 | 33 | 30.07 | 150.75 |
| 15 | 42.60 | 152.76 | 34 | 29.72 | 150.69 |
| 16 | 42.25 | 152.71 | 35 | 29.55 | 150.67 |
| 17 | 41.90 | 152.65 | 36 | 29.29 | 150.63 |
| 18 | 41.13 | 152.53 | 37 | 29.03 | 150.58 |
| 19 | 40.35 | 152.40 | 38 | 28.08 | 150.43 |
| 20 | 38.53 | 152.11 | 39 | 27.99 | 150.42 |
| 21 | 36.03 | 151.71 | 40 | 27.48 | 150.33 |
| 22 | 36.03 | 151.71 | 41 | 26.96 | 150.25 |
| 23 | 35.86 | 151.68 | 42 | 25.92 | 150.08 |
| 24 | 35.34 | 151.60 | 43 | 25.83 | 150.07 |
| 25 | 34.99 | 151.54 | | | |

从表 8.3 可以看出，对于来量未超过 55 000 $m^3/s$ 的洪水过程，三峡水库按控制下泄流量 40 000 $m^3/s$ 进行滞洪调度，水库蓄水位最高可达 156.00 m，最大蓄洪量约 63.33 亿 $m^3$，其中蓄水位略超 155.00 m 的仅有 5 次。可见，对于汛期已发生的历史洪水过程，依据洪水预报分析，对可能出现的最大流量在预计不超过 55 000 $m^3/s$ 情况下，酌情启用常遇洪水调度是合理、可行的。

按照上述计算结果，对于三峡水库常遇洪水利用的库容空间，库水位 156.00 m 以下的库容空间，可满足遭遇预报入库不超过 55 000 $m^3/s$ 时水库下泄使得中下游不超过警戒水位。考虑到三峡水库兼顾对城陵矶地区防洪调度的库容也是在三峡水库发生一般洪水的情况下对城陵矶地区发挥减灾作用，该部分库容的确定综合协调了不同方面的影响因素，比较安全稳妥。《金沙江溪洛渡、向家坝水库与三峡水库联合调度研究》提出，在上游溪洛渡、向家坝水库的配合运用下，三峡水库对城陵矶地区防洪补偿控制水位可由原有 155.00 m 抬升至 158.00 m，并满足荆江河段、城陵矶地区防洪和库区淹没影响的要求。而三峡水库对城陵矶地区防洪补偿控制水位由原有的 155.00 m 抬升至 158.00 m，这一水位区间防洪调度方式仍采用原有的对城陵矶地区防洪补偿方式，对长江中下游不成灾洪的常遇洪水调度目前暂无明确方式。

随着长江上游水库群的投入，配合三峡水库联合防洪调度后使得三峡水库开展洪水资源利用的空间更大，从防洪安全稳妥和前期研究成果衔接与支持等方面考虑，目前三峡水库常遇洪水运用的空间按照对城陵矶地区防洪补偿控制库容控制，即按最大控制在 158.00 m 水位以下约 76.9 亿 $m^3$ 库容内考虑与兼顾对城陵矶地区防洪调度的水位、库容一致。

### 2. 溪洛渡、向家坝水库常遇洪水资源利用库容空间

根据溪洛渡、向家坝水库汛期运行水位上浮运用的研究成果，在一定预警条件下，溪洛渡、向家坝水库汛期运行水位可分别进行上浮运用，当预见期内李庄站或高场站控制断面达到相应预泄控制流量，梯级水库启动预泄，在不增加下游防洪压力的情况下，可及时将水位降低到汛限水位。因此，溪洛渡、向家坝水库配合三峡水库进行常遇洪水调度时，在汛期上浮空间内实施常遇洪水调度，可不增加川渝河段的防洪压力。溪洛渡、向家坝水库进一步上浮空间及控制条件见表 8.4。

**表 8.4 溪洛渡、向家坝水库进一步上浮空间及控制条件**

| 运行工况 | 预见期 | 梯级最大上浮/亿 $m^3$ | 预泄控制流量/（$m^3/s$） | | 建议上浮水位/m | |
|---|---|---|---|---|---|---|
| | | | 李庄站 | 高场站 | 溪洛渡水库 | 向家坝水库 |
| 不考虑下游河道通航要求 | 2天 | 8.13 | 21 600 | 26 000 | 565.8 | 372.5 |
| | 3天 | 14.60 | 21 300 | 26 000 | 571.9 | 372.5 |
| 考虑下游河道通航要求 | 2天 | 4.42 | 15 100 | 26 000 | 562.2 | 372.5 |
| | 3天 | 8.77 | 15 700 | 26 000 | 566.4 | 372.5 |

（1）当不考虑下游河道通航要求时。

2 天预见期：7～8 月溪洛渡、向家坝水库上浮库容不超过 8.13 亿 $m^3$，李庄站预泄控制流量 21 600 $m^3/s$，高场站预泄控制流量 26 000 $m^3/s$，相应溪洛渡水库汛期运行水位上浮至 565.8 m，向家坝水库汛期运行水位上浮至 372.5 m。

3 天预见期：7～8 月溪洛渡、向家坝水库上浮空间不超过 14.6 亿 $m^3$，对应李庄站临界流量 21 300 $m^3/s$，高场站预泄控制流量 26 000 $m^3/s$，相应溪洛渡水库汛期运行水位上浮至 571.9 m，向家坝水库汛期运行水位上浮至 372.5 m。

（2）当考虑下游河道通航要求时。

2 天预见期：7～8 月溪洛渡、向家坝水库上浮库容不超过 4.42 亿 $m^3$，李庄站预泄控制流量 15 100 $m^3/s$，高场站预泄控制流量 26 000 $m^3/s$，相应溪洛渡水库汛期运行水位上浮至 562.2 m，向家坝水库汛期运行水位上浮至 372.5 m。

3 天预见期：7～8 月溪洛渡、向家坝水库上浮空间不超过 8.77 亿 $m^3$，对应李庄站临界流量 15 700 $m^3/s$，高场站预泄控制流量 26 000 $m^3/s$，相应溪洛渡水库汛期运行水位上浮至 566.4 m，向家坝水库汛期运行水位上浮至 372.5 m。

### 3. 三库联合常遇洪水调度方案

#### 1）三峡水库常遇洪水调度方式

综合考虑不同洪水资源利用方案防洪影响和发电效益分析，并考虑三峡水库水资源有效利用的防洪、泥沙等风险因素，本小节拟采用以下方案作为三峡水库常遇洪水调度方式，作为后续三库常遇洪水调度的研究基础。拟采用三峡水库常遇洪水调度方式为以下两种情况。

（1）当三峡水库水位不高于对城陵矶地区补偿调度控制水位，且下游水位不高时：预见期内平均流量不超过机组满发流量，如果此时库水位为 145.0 m，按入库流量下泄；如果此时库水位高于 145.0 m，可按机组最大过流能力下泄。

如果预见期内平均流量大于机组满发流量但不超过判别流量 42 000 $m^3/s$，按机组满发流量下泄。如果预见期内平均流量大于判别流量 42 000 $m^3/s$，按控泄流量 42 000 $m^3/s$ 下泄。

（2）当三峡水库水位高于对城陵矶地区补偿调度控制水位或来水大于 55 000 $m^3/s$ 或下游水位将超过警戒水位时，停止实施洪水资源利用调度，转入防洪调度。

#### 2）溪洛渡、向家坝、三峡三库常遇洪水调度方案拟定

通过分析洪水资源利用条件及调度原则，拟定三库常遇洪水调度方式为：在溪洛渡、向家坝、三峡三库尚不需要对川渝河段和长江中下游荆江河段或城陵矶地区实施防洪补偿调度，且有充分把握保障防洪安全时，根据实时水雨情和预测预报，三库可以在主汛期和汛期末段相机进行常遇洪水调洪。其中，三峡水库可在沙市站及城陵矶站水位低于警戒水位，且水文预报预见期以内将来水量和水库汛限水位以上的水量在安全泄量以内下泄时，利用对城陵矶地区补偿调度的防洪库容实施常遇洪水调度；溪洛渡、向家坝水库以预见期内李庄站、高场站的预报来水为控制条件，利用汛期运行水位上浮空间配合三峡水库进行常遇洪水调度。

（1）启动时机。

溪洛渡、向家坝水库：从防洪限制水位开始起调，当预见期内李庄站、高场站流量小于相应预泄控制流量，且三峡水库水位低于相应控制水位时，溪洛渡、向家坝水库汛期运行水位开始上浮；当来水小于电站满发流量时，水库按照来水进行发电，当来水大于满发流量时，电站按满发流量下泄，控制溪洛渡、向家坝水库水位不超过水库上浮控制水位。按 3 天预见期考虑，溪洛渡水库汛期运行水位分别上浮至 571.9 m，向家坝水库汛期运行水位上浮至 372.5 m。

三峡水库：当三峡水库水位不高于对城陵矶地区补偿调度控制水位，且下游水位不高时，按照如下方式进行控制。预见期内平均流量不超过机组满发流量，如果此时库水位为 145.0 m，按入库流量下泄；如果此时库水位高于 145.0 m，可按机组最大过流能力下泄。如果预见期内平均流量大于机组满发流量但不超过判别流量 42 000 $m^3/s$，按机组满发流量下泄。如果预见期内平均流量大于判别流量 42 000 $m^3/s$，按控泄流量 42 000 $m^3/s$ 下泄。

其中，预见期平均流量的计算方法为

$$Q_{\mathrm{ave}}=\frac{1}{T}\sum_{t=1}^{T}Q_t+\frac{1}{T}\cdot V/86\,400 \tag{8.1}$$

式中：$T$ 为预见期，单位为日；$V$ 为汛限水位以上库容，单位为 $m^3$；$Q_t$ 为第 $t$ 预见期的三峡水库平均入库流量，单位为 $m^3/s$。

（2）预报预泄。

溪洛渡、向家坝水库：①主汛期。当李庄站或高场站预报流量可能达到预泄控制流量时，水库应在预见期内逐步预泄，直至库水位消落至汛限水位。②汛期末段。当李庄站或高场站预报流量可能达到预泄控制流量时，水库应在预见期内逐步预泄，直至 8 月 20 日溪洛渡水库水位消落至 580 m、向家坝水库水位不高于 375 m，预留 29.6 亿 $m^3$ 库容对川渝河段防洪。

三峡水库：①主汛期。当预报遇见期内预报来水、水库汛限水位以上的水量将超过安全泄量时，在安全泄量以内加泄水量将水位降至汛限水位。②汛期末段。当预报遇见期内预报来水、水库汛限水位以上的水量将超过安全泄量时，在安全泄量以内加泄水量，将 8 月 20 日水位降至不超过 151.0 m，8 月 25 日水位降至不超过 155.0 m。

（3）常遇洪水调度的终止。

溪洛渡、向家坝水库：当三峡水库水位高于相应控制水位，或需要对川渝河段和配合三峡水库对长江中下游进行防洪时，停止实施洪水资源利用调度，按照防洪调度方式运行。

三峡水库：当三峡水库水位高于对城陵矶地区补偿调度控制水位或来水大于 55 000 $m^3/s$，或下游水位将超过警戒水位时，停止实施洪水资源利用调度，转入防洪调度。

### 4. 主汛期三库联合常遇洪水调度方案研究

溪洛渡、向家坝水库配合三峡水库实施常遇洪水调度时，既要考虑不增加川渝河段宜宾、泸州等沿江城市的防洪压力，同时也要兼顾长江中下游的防洪情势。三峡水库作为长江上中游水库群的总阀门，对中下游防洪减灾起到最直接的控制作用。因此，溪洛渡、向家坝水库实施常遇洪水调度的启动条件，除满足 6.1.3 小节中提出的李庄站、高场站预泄控制流量要求，还设置了三峡水库水位的控制条件。

当允许溪洛渡、向家坝水库运行水位上浮的三峡水库控制水位越高时，溪洛渡、向家坝水库可实施常遇洪水调度的时间越长，溪洛渡、向家坝水库洪水资源利用综合利用效益越大，同时溪洛渡、向家坝水库预泄后影响三峡水库防洪能力的风险也相应较大；当允许溪洛渡、向家坝水库运行水位上浮的三峡水库控制水位较低时，上游水库预泄后不至于过多影响三峡水库防洪库容，但溪洛渡、向家坝水库常遇洪水调度时间较短，洪水资源利用程度较低。因此，为合理选择溪洛渡、向家坝水库可启动常遇洪水调度的三峡水库控制水位，研究分别拟定了三峡水库水位为 151.0 m、152.0 m、153.0 m、154.0 m、155.0 m、156.0 m、157.0 m、158.0 m 共 8 个控制水位比选方案，在该控制水位以下时，溪洛渡、向家坝水库按照前述运行方式开展洪水资源化利用，三库洪水资源利用方案结果见表 8.5。

表 8.5　三库洪水资源利用方案结果

| 三峡水库水位/m | 溪洛渡水库发电量/亿 kW·h | 向家坝水库发电量/亿 kW·h | 溪洛渡水库加权水头/m | 向家坝水库加权水头/m | 溪向水库弃水量/亿 kW·h | 三峡水库电量/亿 kW·h | 三峡水库加权水头/m | 三峡水库弃水量/亿 kW·h | 三峡水库超 158.0 m 年数 | 莲花塘站超 60 000 m³/s 年数 |
|---|---|---|---|---|---|---|---|---|---|---|
| 151.0 | 226.56 | 116.77 | 180.89 | 96.06 | 180.70 | 359.48 | 80.45 | 152.84 | 5 | 31 |
| 152.0 | 226.90 | 116.87 | 181.08 | 96.09 | 180.49 | 359.42 | 80.44 | 152.79 | 5 | 31 |
| 153.0 | 227.01 | 116.89 | 181.14 | 96.10 | 180.44 | 359.38 | 80.43 | 152.68 | 5 | 31 |
| 154.0 | 227.20 | 116.94 | 181.23 | 96.12 | 180.32 | 359.43 | 80.41 | 152.37 | 5 | 31 |
| 155.0 | 227.16 | 116.92 | 181.24 | 96.12 | 180.22 | 359.44 | 80.41 | 152.36 | 5 | 31 |
| 156.0 | 227.21 | 116.93 | 181.27 | 96.13 | 180.12 | 359.40 | 80.41 | 152.20 | 5 | 31 |
| 157.0 | 227.24 | 116.94 | 181.29 | 96.13 | 180.10 | 359.48 | 80.42 | 152.03 | 5 | 31 |
| 158.0 | 227.29 | 116.95 | 181.31 | 96.13 | 180.07 | 359.56 | 80.43 | 152.03 | 5 | 31 |
| 单库常遇洪水 | 222.64 | 116.00 | 176.75 | 95.31 | 189.13 | 360.84 | 80.41 | 152.33 | 4 | 31 |

分析上述结果可知：

（1）实施溪洛渡、向家坝、三峡三库常遇洪水调度，可显著提高三库汛期整体的发电效益，增量效果随着三峡水库控制水位的提高而逐步增加。仅三峡水库单库实施洪水资源利用，三库汛期多年平均发电量为 699.48 亿 kW·h，而 158.0 m 方案中三库联合洪水资源利用调度后，汛期平均发电量 703.80 亿 kW·h，年均增发电量 4.32 亿 kW·h，相应减少弃水 9.36 亿 m³。

（2）一方面，三库联合常遇洪水资源利用调度中，兴利效益的提高主要集中在溪洛渡、向家坝水库。以 158.0 m 方案为例，相比于三峡水库单库实施洪水资源利用方案，溪洛渡、向家坝水库加权平均水头分别增加 4.57 m、0.82 m，相应两水库总发电量增加 5.65 亿 kW·h；另一方面，三库联合常遇洪水调度对三峡电站发电水头无显著影响，但长江上游水库拦蓄作用导致三峡入库减少，水量效益的降低使得三峡电站发电量减少 1.28 亿 kW·h，从三库整体角度出发，洪水资源化对增加兴利效益作用显著。

（3）三库常遇洪水资源利用不影响三峡水库对长江中下游的防洪能力。在 61 年长系列实测洪水过程中，三峡水库水位超过 158.0 m 主要有 1954 年、1966 年、1981 年、1989 年、1998 年 5 个典型年，仅占总年数的 8%，其水位过程如图 8.3 所示。由三峡水库调度过程可知，上述 5 个典型年均为长江流域型或区域型大洪水，三峡水库水位较高主要是由于三峡水库对荆江河段、城陵矶地区实施补偿调度、拦蓄洪水控制下泄所致；从中下游枝城站流量、莲花塘站流量也可以看出，枝城站流量控制均未超过 56 700 m³/s，而莲花塘站流量超过 60 000 m³/s 的年份仅出现在上述典型年中，最多天数为 1998 年洪水（40 天），其次为 1954 年洪水（39 天）。针对这一情景，实时调度中可以对这些年份的来水过程总结经验、分类评价，在水文预报中出现相似洪水特征时，可以事先做出预判，停止洪水资源利用调度，转入防洪调度，确保防洪安全。

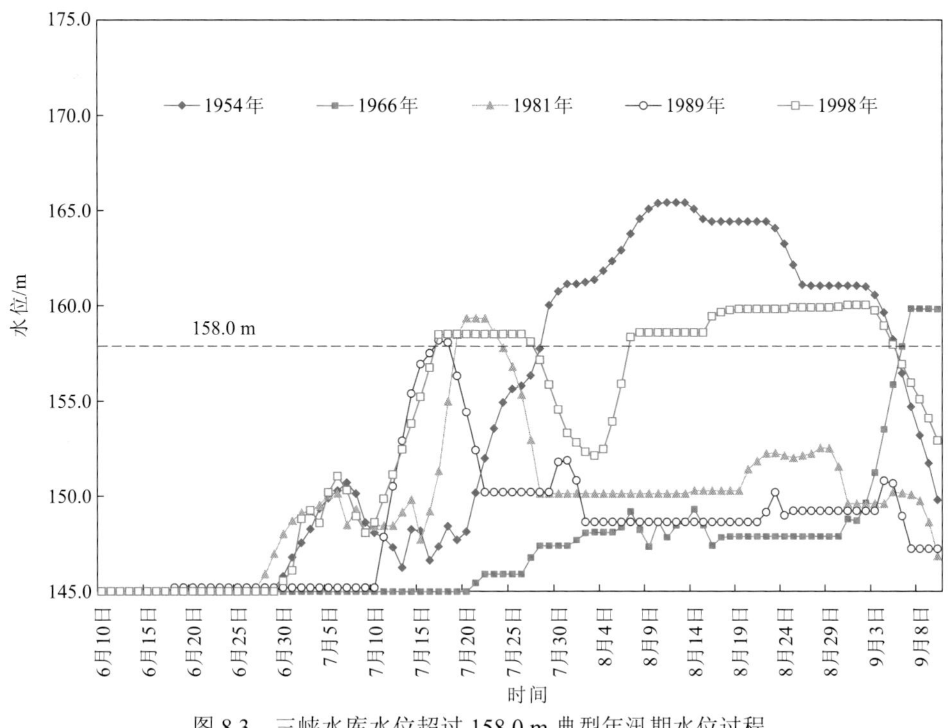


图 8.3　三峡水库水位超过 158.0 m 典型年汛期水位过程

（4）本次计算分析主汛期三库联合常遇洪水调度研究，采用前面提出的三库常遇和洪水调度方式对长系列汛期实测洪水进行运行调度，三库根据其上下游水雨情和水库运行状态反复进行启动上浮和预报预泄，在这一过程中，三峡水库的水位变化及长江中下游控制断面流量已经考虑溪洛渡、向家坝水库受主汛期水位上浮预泄的影响，而计算结果表明，在完整汛期调度过程中，溪洛渡、向家坝水库汛期运行水位上浮对长江中下游防洪的影响可控，三库实施联合常遇洪水调度在技术上具备可行性和合理性。

综合上述分析，主汛期三库实施联合常遇洪水调度时，溪洛渡、向家坝水库可以启动常遇洪水调度的三峡水库控制水位越高，溪洛渡、向家坝水库可以实施常遇洪水调度的时间越长，三库总体洪水资源利用综合利用效益越大，同时三库联合常遇洪水调度时并未增加长江中下游防洪压力。综合考虑防洪风险和兴利效益，从溪洛渡、向家坝、三峡三库整体的角度出发，推荐溪洛渡、向家坝水库在三峡水位不高于 158.0 m 时，可以启动常遇洪水调度。

### 5. 汛期末段三库联合常遇洪水调度方案研究

前面研究分析提出了 8 月 20 日以后三峡水库为城陵矶地区防洪需要预留防洪库容 16.85 亿～43.98 亿 $m^3$，分别采用汛期末段实测最大洪水、全年 100 年一遇频率设计洪水，从流域防洪、库区淹没两个方面对汛期末段拦洪的风险进行全面系统地论证，证实上述预留防洪库容的可行性和合理性。本小节在上述研究成果的基础上，分析汛期末段防洪库容不同分配方式对防洪的影响规律，提出汛期末段预留防洪库容在三库内协调方式；

进而结合主汛期三库联合常遇洪水调度方案，深化研究汛期末段溪洛渡、向家坝水库配合三峡水库对长江中下游实施常遇洪水调度方式。

**1）汛期末段三库预留防洪库容在三库内协调方式**

溪洛渡、向家坝和三峡三库汛期末段拦蓄洪量与溪洛渡、向家坝水库配合三峡水库的防洪方式密切相关。根据《金沙江溪洛渡、向家坝水库与三峡水库联合调度研究》的研究成果，溪洛渡、向家坝水库拦蓄洪量有三种情景：第一种情景是当川渝河段出现较大洪水时，溪洛渡、向家坝水库适时拦蓄洪水；第二种情景是当三峡水库水位低于对城陵矶地区防洪补偿控制水位 158.0 m 时，溪洛渡、向家坝水库采用对川江防洪的方式削减三峡入库洪量；第三种情景是当三峡水库水位高于对城陵矶地区防洪补偿控制水位 158.0 m 时，溪洛渡、向家坝水库视三峡入库和枝城站流量采用不同洪水拦蓄方式和速率，以配合三峡水库对荆江河段进行防洪。其中第一、二种情景基本等效于对川渝河段进行方式。因此，三峡水库对城陵矶地区防洪补偿控制水位 158.0 m 作为溪洛渡、向家坝水库由对川渝河段防洪转为对荆江河段防洪的重要控制条件，也是影响溪洛渡、向家坝、三峡三库拦蓄洪量和防洪库容预留的重要参数。为此，本小节拟从溪洛渡、向家坝水库转为对荆江河段防洪的启动条件着手，通过分析不同投入时机对三库拦蓄洪量的影响，从而提出汛期末段预留防洪库容在三库内的协调方式。

**2）溪洛渡、向家坝对荆江河段防洪启动时机**

《金沙江溪洛渡、向家坝水库与三峡水库联合调度研究》推荐当三峡水库水位超过对城陵矶地区防洪补偿控制水位 158.0 m 后，溪洛渡、向家坝水库视三峡入库和枝城站流量采用不同洪水拦蓄方式和速率，以配合三峡水库对荆江河段进行防洪。为分析溪洛渡、向家坝、三峡三库预留防洪库容在三库内协调方式，本小节通过拟定三峡水库水位 158.0 m 以下的 150.0 m、151.0 m、152.0 m、153.0 m、154.0 m、155.0 m、156.0 m、157.0 m 等溪洛渡、向家坝水库启动条件，对比分析不同启动条件对三库拦蓄洪量的影响程度，为汛期末段三库防洪库容预留方式提供数量依据。

其中，溪洛渡、向家坝水库配合三峡水库防洪调度方式采用等蓄量的拦洪方式，分级拦蓄流量采用以下方式，即：

（1）当预报 2 天后枝城站流量将超过 56 700 $m^3/s$，两库拦蓄速率为 2 000 $m^3/s$；

（2）当预报 2 天后枝城站流量将超过 56 700 $m^3/s$，三峡水库入库流量超过 55 000 $m^3/s$ 时，两库拦蓄速率为 4 000 $m^3/s$；

（3）当预报 2 天后枝城站流量将超过 56 700 $m^3/s$，三峡水库入库流量超过 60 000 $m^3/s$ 时，两库拦蓄速率为 6 000 $m^3/s$；

（4）当预报 2 天后枝城站流量将超过 56 700 $m^3/s$，三峡水库入库流量超过 70 000 $m^3/s$ 时，两库拦蓄速率为 10 000 $m^3/s$。

采用上述防洪调度方式计算各方案成果见表 8.6～表 8.13。

表 8.6　溪洛渡、向家坝水库水位 157.0 m 时启动对荆江河段防洪　（单位：亿 $m^3$）

| 典型年 | 拦洪时间 | | | | | | | | | |
|---|---|---|---|---|---|---|---|---|---|---|
| | 8月5日 | | 8月10日 | | 8月15日 | | 8月20日 | | 8月25日 | |
| | 溪洛渡、向家坝水库 | 三峡水库 | 溪洛渡、向家坝水库 | 三峡水库 | 溪洛渡、向家坝水库 | 三峡水库 | 溪洛渡、向家坝水库 | 三峡水库 | 溪洛渡、向家坝水库 | 三峡水库 |
| 1954 | 5.18 | 88.61 | 0.00 | 33.40 | 0.00 | 1.10 | 0.00 | 1.10 | 0.00 | 1.10 |
| 1958 | 0.00 | 26.51 | 0.00 | 26.51 | 0.00 | 26.51 | 0.00 | 26.51 | 0.00 | 16.85 |
| 1966 | 0.00 | 0.00 | 0.00 | 0.00 | 0.00 | 0.00 | 0.00 | 0.00 | 0.00 | 0.00 |
| 1988 | 0.00 | 0.00 | 0.00 | 0.00 | 0.00 | 0.00 | 0.00 | 0.00 | 0.00 | 0.00 |
| 1998 | 5.18 | 85.80 | 1.73 | 77.14 | 0.00 | 60.60 | 0.00 | 4.78 | 0.00 | 1.00 |
| 2002 | 1.73 | 76.90 | 1.73 | 76.90 | 1.73 | 76.90 | 0.00 | 43.98 | 0.00 | 0.00 |
| 最大拦蓄 | 5.18 | 88.61 | 1.73 | 77.14 | 1.73 | 76.90 | 0.00 | 43.98 | 0.00 | 16.85 |

表 8.7　溪洛渡、向家坝水库水位 156.0 m 时启动对荆江河段防洪　（单位：亿 $m^3$）

| 典型年 | 拦洪时间 | | | | | | | | | |
|---|---|---|---|---|---|---|---|---|---|---|
| | 8月5日 | | 8月10日 | | 8月15日 | | 8月20日 | | 8月25日 | |
| | 溪洛渡、向家坝水库 | 三峡水库 | 溪洛渡、向家坝水库 | 三峡水库 | 溪洛渡、向家坝水库 | 三峡水库 | 溪洛渡、向家坝水库 | 三峡水库 | 溪洛渡、向家坝水库 | 三峡水库 |
| 1954 | 6.91 | 88.61 | 0.00 | 33.40 | 0.00 | 1.10 | 0.00 | 1.10 | 0.00 | 1.10 |
| 1958 | 0.00 | 26.51 | 0.00 | 26.51 | 0.00 | 26.51 | 0.00 | 26.51 | 0.00 | 16.85 |
| 1966 | 0.00 | 0.00 | 0.00 | 0.00 | 0.00 | 0.00 | 0.00 | 0.00 | 0.00 | 0.00 |
| 1988 | 0.00 | 0.00 | 0.00 | 0.00 | 0.00 | 0.00 | 0.00 | 0.00 | 0.00 | 0.00 |
| 1998 | 6.91 | 82.78 | 1.73 | 77.14 | 0.00 | 60.60 | 0.00 | 4.78 | 0.00 | 1.00 |
| 2002 | 1.73 | 76.90 | 1.73 | 76.90 | 1.73 | 76.90 | 0.00 | 43.98 | 0.00 | 0.00 |
| 最大拦蓄 | 6.91 | 88.61 | 1.73 | 77.14 | 1.73 | 76.90 | 0.00 | 43.98 | 0.00 | 16.85 |

表 8.8　溪洛渡、向家坝水库水位 155.0 m 时启动对荆江河段防洪　（单位：亿 $m^3$）

| 典型年 | 拦洪时间 | | | | | | | | | |
|---|---|---|---|---|---|---|---|---|---|---|
| | 8月5日 | | 8月10日 | | 8月15日 | | 8月20日 | | 8月25日 | |
| | 溪洛渡、向家坝水库 | 三峡水库 | 溪洛渡、向家坝水库 | 三峡水库 | 溪洛渡、向家坝水库 | 三峡水库 | 溪洛渡、向家坝水库 | 三峡水库 | 溪洛渡、向家坝水库 | 三峡水库 |
| 1954 | 6.91 | 88.61 | 0.00 | 33.40 | 0.00 | 1.10 | 0.00 | 1.10 | 0.00 | 1.10 |
| 1958 | 0.00 | 26.51 | 0.00 | 26.51 | 0.00 | 26.51 | 0.00 | 26.51 | 0.00 | 16.85 |
| 1966 | 0.00 | 0.00 | 0.00 | 0.00 | 0.00 | 0.00 | 0.00 | 0.00 | 0.00 | 0.00 |
| 1988 | 0.00 | 0.00 | 0.00 | 0.00 | 0.00 | 0.00 | 0.00 | 0.00 | 0.00 | 0.00 |
| 1998 | 10.37 | 79.32 | 3.46 | 77.14 | 3.46 | 60.60 | 0.00 | 4.78 | 0.00 | 1.00 |
| 2002 | 3.46 | 76.90 | 3.46 | 76.90 | 3.46 | 76.90 | 0.00 | 43.98 | 0.00 | 0.00 |
| 最大拦蓄 | 10.37 | 88.61 | 3.46 | 77.14 | 3.46 | 76.90 | 0.00 | 43.98 | 0.00 | 16.85 |

**表 8.9　溪洛渡、向家坝水库水位 154.0 m 时启动对荆江河段防洪**　（单位：亿 $m^3$）

| 典型年 | 拦洪时间 | | | | | | | | | |
|---|---|---|---|---|---|---|---|---|---|---|
| | 8 月 5 日 | | 8 月 10 日 | | 8 月 15 日 | | 8 月 20 日 | | 8 月 25 日 | |
| | 溪洛渡、向家坝水库 | 三峡水库 | 溪洛渡、向家坝水库 | 三峡水库 | 溪洛渡、向家坝水库 | 三峡水库 | 溪洛渡、向家坝水库 | 三峡水库 | 溪洛渡、向家坝水库 | 三峡水库 |
| 1954 | 10.37 | 85.16 | 0.00 | 33.40 | 0.00 | 1.10 | 0.00 | 1.10 | 0.00 | 1.10 |
| 1958 | 0.00 | 26.51 | 0.00 | 26.51 | 0.00 | 26.51 | 0.00 | 26.51 | 0.00 | 16.85 |
| 1966 | 0.00 | 0.00 | 0.00 | 0.00 | 0.00 | 0.00 | 0.00 | 0.00 | 0.00 | 0.00 |
| 1988 | 0.00 | 0.00 | 0.00 | 0.00 | 0.00 | 0.00 | 0.00 | 0.00 | 0.00 | 0.00 |
| 1998 | 15.55 | 77.86 | 3.46 | 77.14 | 5.18 | 60.60 | 0.00 | 4.78 | 0.00 | 1.00 |
| 2002 | 3.46 | 76.90 | 3.46 | 76.90 | 3.46 | 76.90 | 0.00 | 43.98 | 0.00 | 0.00 |
| 最大拦蓄 | 15.55 | 85.16 | 3.46 | 77.14 | 5.18 | 76.90 | 0.00 | 43.98 | 0.00 | 16.85 |

**表 8.10　溪洛渡、向家坝水库水位 153.0 m 时启动对荆江河段防洪**　（单位：亿 $m^3$）

| 典型年 | 拦洪时间 | | | | | | | | | |
|---|---|---|---|---|---|---|---|---|---|---|
| | 8 月 5 日 | | 8 月 10 日 | | 8 月 15 日 | | 8 月 20 日 | | 8 月 25 日 | |
| | 溪洛渡、向家坝水库 | 三峡水库 | 溪洛渡、向家坝水库 | 三峡水库 | 溪洛渡、向家坝水库 | 三峡水库 | 溪洛渡、向家坝水库 | 三峡水库 | 溪洛渡、向家坝水库 | 三峡水库 |
| 1954 | 10.37 | 85.16 | 0.00 | 33.40 | 0.00 | 1.10 | 0.00 | 1.10 | 0.00 | 1.10 |
| 1958 | 0.00 | 26.51 | 0.00 | 26.51 | 0.00 | 26.51 | 0.00 | 26.51 | 0.00 | 16.85 |
| 1966 | 0.00 | 0.00 | 0.00 | 0.00 | 0.00 | 0.00 | 0.00 | 0.00 | 0.00 | 0.00 |
| 1988 | 0.00 | 0.00 | 0.00 | 0.00 | 0.00 | 0.00 | 0.00 | 0.00 | 0.00 | 0.00 |
| 1998 | 17.28 | 77.68 | 6.91 | 76.90 | 6.91 | 60.60 | 0.00 | 4.78 | 0.00 | 1.00 |
| 2002 | 3.46 | 76.90 | 3.46 | 76.90 | 3.46 | 76.90 | 0.00 | 43.98 | 0.00 | 0.00 |
| 最大拦蓄 | 17.28 | 85.16 | 6.91 | 76.90 | 6.91 | 76.90 | 0.00 | 43.98 | 0.00 | 16.85 |

**表 8.11　溪洛渡、向家坝水库水位 152.0 m 时启动对荆江河段防洪**　（单位：亿 $m^3$）

| 典型年 | 拦洪时间 | | | | | | | | | |
|---|---|---|---|---|---|---|---|---|---|---|
| | 8 月 5 日 | | 8 月 10 日 | | 8 月 15 日 | | 8 月 20 日 | | 8 月 25 日 | |
| | 溪洛渡、向家坝水库 | 三峡水库 | 溪洛渡、向家坝水库 | 三峡水库 | 溪洛渡、向家坝水库 | 三峡水库 | 溪洛渡、向家坝水库 | 三峡水库 | 溪洛渡、向家坝水库 | 三峡水库 |
| 1954 | 10.37 | 85.16 | 0.00 | 33.40 | 0.00 | 1.10 | 0.00 | 1.10 | 0.00 | 1.10 |
| 1958 | 0.00 | 26.51 | 0.00 | 26.51 | 0.00 | 26.51 | 0.00 | 26.51 | 0.00 | 16.85 |
| 1966 | 0.00 | 0.00 | 0.00 | 0.00 | 0.00 | 0.00 | 0.00 | 0.00 | 0.00 | 0.00 |
| 1988 | 0.00 | 0.00 | 0.00 | 0.00 | 0.00 | 0.00 | 0.00 | 0.00 | 0.00 | 0.00 |
| 1998 | 22.46 | 77.12 | 6.91 | 76.90 | 6.91 | 60.60 | 0.00 | 4.78 | 0.00 | 1.00 |
| 2002 | 3.46 | 76.90 | 3.46 | 76.90 | 3.46 | 76.90 | 1.73 | 43.98 | 0.00 | 0.00 |
| 最大拦蓄 | 22.46 | 85.16 | 6.91 | 76.90 | 6.91 | 76.90 | 1.73 | 43.98 | 0.00 | 16.85 |

表 8.12　溪洛渡、向家坝水库水位 151.0 m 时启动对荆江河段防洪　（单位：亿 $m^3$）

| 典型年 | 拦洪时间 | | | | | | | | | |
|---|---|---|---|---|---|---|---|---|---|---|
| | 8 月 5 日 | | 8 月 10 日 | | 8 月 15 日 | | 8 月 20 日 | | 8 月 25 日 | |
| | 溪洛渡、向家坝水库 | 三峡水库 | 溪洛渡、向家坝水库 | 三峡水库 | 溪洛渡、向家坝水库 | 三峡水库 | 溪洛渡、向家坝水库 | 三峡水库 | 溪洛渡、向家坝水库 | 三峡水库 |
| 1954 | 13.82 | 81.83 | 0.00 | 33.40 | 0.00 | 1.10 | 0.00 | 1.10 | 0.00 | 1.10 |
| 1958 | 0.00 | 26.51 | 0.00 | 26.51 | 0.00 | 26.51 | 0.00 | 26.51 | 0.00 | 16.85 |
| 1966 | 0.00 | 0.00 | 0.00 | 0.00 | 0.00 | 0.00 | 0.00 | 0.00 | 0.00 | 0.00 |
| 1988 | 0.00 | 0.00 | 0.00 | 0.00 | 0.00 | 0.00 | 0.00 | 0.00 | 0.00 | 0.00 |
| 1998 | 29.38 | 76.90 | 6.91 | 76.90 | 8.64 | 58.87 | 0.00 | 4.78 | 0.00 | 1.00 |
| 2002 | 5.18 | 76.90 | 5.18 | 76.90 | 5.18 | 76.90 | 3.46 | 43.98 | 0.00 | 0.00 |
| 最大拦蓄 | 29.38 | 81.83 | 6.91 | 76.90 | 8.64 | 76.90 | 3.46 | 43.98 | 0.00 | 16.85 |

表 8.13　溪洛渡、向家坝水库水位 150.0 m 时启动对荆江河段防洪　（单位：亿 $m^3$）

| 典型年 | 拦洪时间 | | | | | | | | | |
|---|---|---|---|---|---|---|---|---|---|---|
| | 8 月 5 日 | | 8 月 10 日 | | 8 月 15 日 | | 8 月 20 日 | | 8 月 25 日 | |
| | 溪洛渡、向家坝水库 | 三峡水库 | 溪洛渡、向家坝水库 | 三峡水库 | 溪洛渡、向家坝水库 | 三峡水库 | 溪洛渡、向家坝水库 | 三峡水库 | 溪洛渡、向家坝水库 | 三峡水库 |
| 1954 | 13.82 | 81.83 | 1.73 | 33.40 | 0.00 | 1.10 | 0.00 | 1.10 | 0.00 | 1.10 |
| 1958 | 0.00 | 26.51 | 0.00 | 26.51 | 0.00 | 26.51 | 0.00 | 26.51 | 0.00 | 16.85 |
| 1966 | 0.00 | 0.00 | 0.00 | 0.00 | 0.00 | 0.00 | 0.00 | 0.00 | 0.00 | 0.00 |
| 1988 | 0.00 | 0.00 | 0.00 | 0.00 | 0.00 | 0.00 | 0.00 | 0.00 | 0.00 | 0.00 |
| 1998 | 31.10 | 76.90 | 19.01 | 75.06 | 8.64 | 58.87 | 0.00 | 4.78 | 0.00 | 1.00 |
| 2002 | 5.18 | 76.90 | 5.18 | 76.90 | 5.18 | 76.90 | 3.46 | 43.98 | 0.00 | 0.00 |
| 最大拦蓄 | 31.10 | 81.83 | 19.01 | 76.90 | 8.64 | 76.90 | 3.46 | 43.98 | 0.00 | 16.85 |

#### 3）汛期末段拦蓄洪量计算结果比较分析

综合上述计算结果，统计分析不同溪洛渡、向家坝梯级水库启动时机对溪洛渡水库和三峡水库防洪作用的影响。其中，溪洛渡、向家坝水库配合三峡水库对荆江河段防洪拦蓄洪量以溪洛渡、向家坝水库拦蓄洪量表示，对比结果见表 8.14 和表 8.15。

表 8.14　不同启动时机对应三库拦蓄洪量　（单位：亿 $m^3$）

| 三峡水库水位/m | 8月5日 | | 8月10日 | | 8月15日 | | 8月20日 | | 8月25日 | |
|---|---|---|---|---|---|---|---|---|---|---|
| | 溪洛渡、向家坝水库 | 三峡水库 | 溪洛渡、向家坝水库 | 三峡水库 | 溪洛渡、向家坝水库 | 三峡水库 | 溪洛渡、向家坝水库 | 三峡水库 | 溪洛渡、向家坝水库 | 三峡水库 |
| 158.0 | 5.18 | 89.05 | 0.00 | 77.14 | 0.00 | 76.90 | 0.00 | 43.98 | 0.00 | 16.85 |
| 157.0 | 5.18 | 88.61 | 1.73 | 77.14 | 1.73 | 76.90 | 0.00 | 43.98 | 0.00 | 16.85 |
| 156.0 | 6.91 | 88.61 | 1.73 | 77.14 | 1.73 | 76.90 | 0.00 | 43.98 | 0.00 | 16.85 |
| 155.0 | 10.37 | 88.61 | 3.46 | 77.14 | 3.46 | 76.90 | 0.00 | 43.98 | 0.00 | 16.85 |
| 154.0 | 15.55 | 85.16 | 3.46 | 77.14 | 5.18 | 76.90 | 0.00 | 43.98 | 0.00 | 16.85 |
| 153.0 | 17.28 | 85.16 | 6.91 | 76.90 | 6.91 | 76.90 | 0.00 | 43.98 | 0.00 | 16.85 |
| 152.0 | 22.46 | 85.16 | 6.91 | 76.90 | 6.91 | 76.90 | 1.73 | 43.98 | 0.00 | 16.85 |
| 151.0 | 29.38 | 81.83 | 6.91 | 76.90 | 8.64 | 76.90 | 3.46 | 43.98 | 0.00 | 16.85 |
| 150.0 | 31.10 | 81.83 | 19.01 | 76.90 | 8.64 | 76.90 | 3.46 | 43.98 | 0.00 | 16.85 |

表 8.15　不同启动时机对三峡水库防洪影响

| 三峡水库水位/m | 8月5日 | | 8月10日 | | 8月15日 | | 8月20日 | | 8月25日 | |
|---|---|---|---|---|---|---|---|---|---|---|
| | 入库洪量/亿 $m^3$ | 最高水位/m | 入库洪量/亿 $m^3$ | 最高水位/m | 入库洪量/亿 $m^3$ | 最高水位/m | 入库洪量/亿 $m^3$ | 最高水位/m | 入库洪量/亿 $m^3$ | 最高水位/m |
| 158.0 | 1 156.29 | 159.79 | 921.97 | 158.04 | 679.28 | 158.00 | 433.81 | 152.99 | 223.60 | 148.32 |
| 157.0 | 1 156.29 | 159.72 | 920.25 | 158.04 | 679.28 | 158.00 | 433.81 | 152.99 | 223.60 | 148.32 |
| 156.0 | 1 154.56 | 159.72 | 920.25 | 158.04 | 679.28 | 158.00 | 433.81 | 152.99 | 223.60 | 148.32 |
| 155.0 | 1 151.11 | 159.72 | 918.52 | 158.04 | 677.55 | 158.00 | 433.81 | 152.99 | 223.60 | 148.32 |
| 154.0 | 1 145.92 | 159.21 | 918.52 | 158.04 | 675.82 | 158.00 | 433.81 | 152.99 | 223.60 | 148.32 |
| 153.0 | 1 144.20 | 159.21 | 915.06 | 158.00 | 674.09 | 158.00 | 433.81 | 152.99 | 223.60 | 148.32 |
| 152.0 | 1 139.01 | 159.21 | 915.06 | 158.00 | 674.09 | 158.00 | 433.81 | 152.99 | 223.60 | 148.32 |
| 151.0 | 1 132.10 | 158.72 | 915.06 | 158.00 | 672.36 | 158.00 | 433.81 | 152.99 | 223.60 | 148.32 |
| 150.0 | 1 130.37 | 158.72 | 904.69 | 158.00 | 672.36 | 158.00 | 433.81 | 152.99 | 223.60 | 148.32 |

分析不同启动时机对三峡水库防洪影响，三峡水库 8 月 10 日及以后调洪高水位基本不高于 158.0 m，表明 8 月 10 日以后三峡水库主要以对城陵矶地区实施补偿调度的防洪调度方式为主。而溪洛渡、向家坝水库在不同启动时机下配合三峡水库对长江中下游防洪，并未改变三峡水库在 8 月中下游的调度方式，但两库削减三峡水库入库（寸滩）洪峰，为扩大三峡水库兼顾城陵矶地区防洪库容创造了有利条件。

对比表 8.14 和表 8.15，从不同启动时机对应三库拦蓄洪量来看，随着溪洛渡、向家坝水库配合三峡水库对长江中游防洪启动时机的逐步提前，溪洛渡、向家坝水库拦蓄洪量逐步增加。三峡水库入库洪量因溪洛渡、向家坝水库拦蓄量呈现等量减少，而三峡水库拦蓄洪量及调洪高水位并未因金沙江梯级水库的拦蓄而显著减少（图 8.4），8 月 15 日以后三峡水库拦蓄洪量不再因溪洛渡、向家坝水库的拦蓄而减少。可见，汛期末段溪洛渡、向家坝、三峡三库联合对长江中下游防洪，溪洛渡、向家坝水库对三峡水库的防洪库容置换效果并不显著。

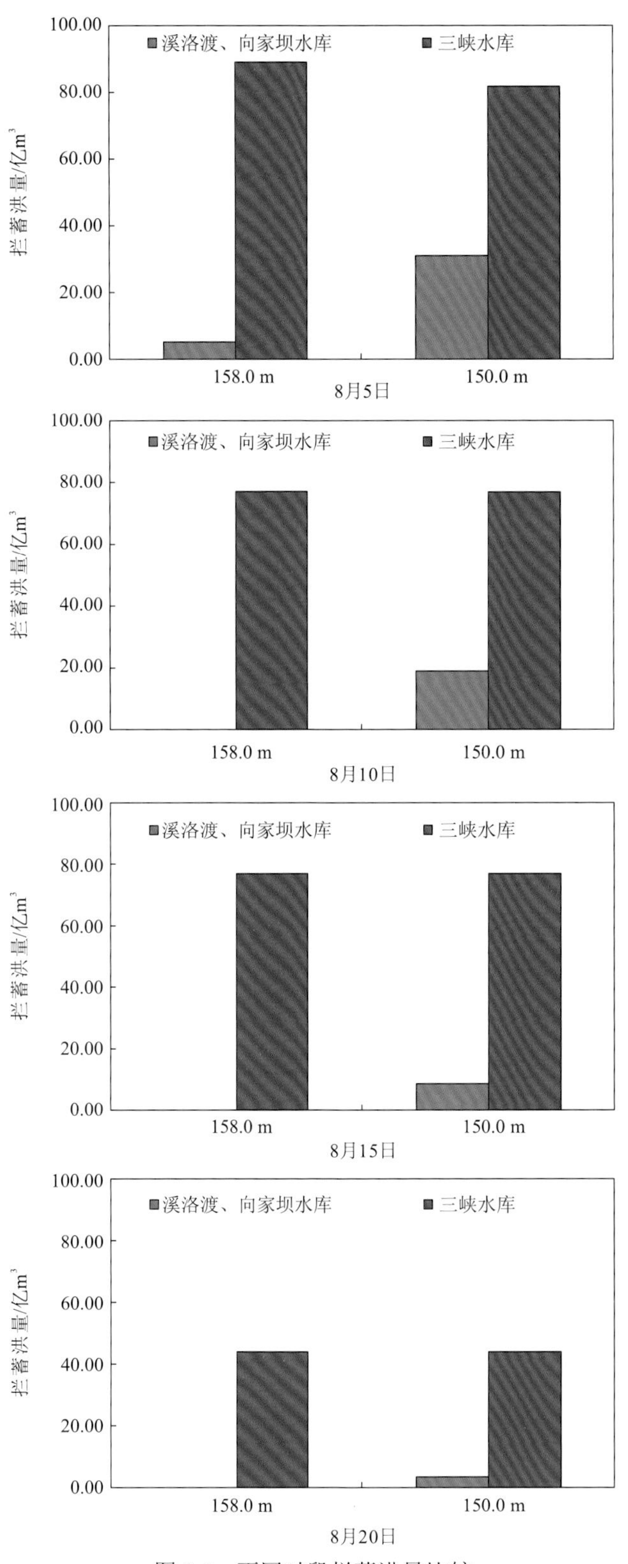


图 8.4　不同时段拦蓄洪量比较

三峡水库入库洪量因长江上游金沙江梯级水库的拦蓄而相应减少，但三峡水库拦蓄洪量则仅有少量减少，或并未减少。经分析，三峡水库入库洪峰减少后的下泄流量有以下两类情景。

对城陵矶地区补偿调度，溪洛渡、向家坝水库可以置换三峡水库防洪库容：当三峡水库入库流量与宜昌—枝城区间洪水、洞庭湖水系洪水叠加后，导致城陵矶站流量超过60 000 $m^3/s$，此时三峡水库需对城陵矶地区进行补偿调度，控制城陵矶站流量不超过60 000 $m^3/s$，因此三峡水库下泄流量主要由宜昌—枝城区间洪水与洞庭湖水系洪水决定。在这种情况下，三峡水库入库洪量因溪洛渡、向家坝水库而减少，下泄流量因对城陵矶地区实施补偿调度而并未减少，从而减少了三峡水库拦蓄洪量，形成了三峡水库防洪库容向溪洛渡、向家坝水库的置换。

对城陵矶地区补偿调度，溪洛渡、向家坝水库无法置换三峡水库防洪库容：当三峡水库入库流量与宜昌—枝城区间洪水、洞庭湖水系洪水叠加后，城陵矶站流量未超过60 000 $m^3/s$，表明天然洪水条件下城陵矶地区并未成灾，未达到三峡水库对城陵矶地区防洪调度的启动条件，此时三峡水库维持出入库平衡。在这一情况下，即使溪洛渡、向家坝水库通过拦蓄其上游洪水减少三峡水库入库流量，三峡水库因维持出入库平衡，出库流量也相应减少，因此并未减少三峡水库的拦蓄洪量，无法形成三峡水库防洪库容向溪洛渡、向家坝水库的置换。

综合上述分析，8 月长江中下游溪洛渡、向家坝水库配合三峡水库联合防洪调度时，荆江河段基本不成灾，三峡水库主要对城陵矶地区实施补偿调度。然而在实施对城陵矶地区补偿调度时，仅当溪洛渡、向家坝水库拦蓄洪水且城陵矶地区成灾时段才能实现防洪库容在三库中的置换。

分析预留防洪库容在三库内协调方式，汛期末段溪洛渡、向家坝水库配合三峡水库对长江中下游防洪的主要目标为城陵矶地区，而在这一时期三峡水库对城陵矶地区防洪补偿调度时，防洪效果和库容利用效率最高，溪洛渡、向家坝水库可以通过拦蓄三峡水库入库洪量，延长三峡水库对城陵矶地区补偿调度的时间。因此，从汛期末段预留防洪库容的使用效率和防洪效果来看，建议汛期末段预留防洪库容主要预留在三峡水库中，即三峡水库在对城陵矶地区实施防洪补偿控制水位 158.0 m 以下的范围内，8 月 20 日以后需要预留防洪库容 16.85 亿～43.98 亿 $m^3$，而溪洛渡、向家坝水库预留 29.6 亿 $m^3$ 防洪库容保障川渝河段防洪安全，剩余库容可配合三峡水库在汛期末段实施常遇洪水调度。

#### 4）汛期末段洪水资源利用对三库常遇洪水调度影响分析

上述研究分析了溪洛渡、向家坝、三峡三库在主汛期实施常遇洪水资源利用的联合调度方式，上游水库在不增加下游防洪压力的情况下，通过拦蓄部分洪水抬高汛期运行水位，实现对中小洪水的资源化利用。随着汛期末段长江中下游洪水逐步衰退，8 月 20 日以后，溪洛渡、向家坝、三峡三库常遇洪水资源利用的空间得到进一步提高。当汛期末段遭遇常遇洪水，可通过拦洪蓄水的方式实现洪水资源利用，从而进一步提高梯级水库群的综合兴利效益。为此，本小节在前述主汛期常遇洪水调度的基础上，进一步考虑溪洛渡、向家坝、三峡三库汛期末段的防洪库容预留空间，开展了不同三峡水库控制水位条件下，考虑汛期末段洪水资源利用的三库常遇洪水调度方式研究。

为说明三库汛期末段洪水资源利用对常遇洪水调度的影响，研究同时计算了不开展汛期水位上浮的调度方案，与仅考虑汛期末段洪水资源利用的调度方案进行对比，三库洪水资源利用方案结果见表8.16。

**表8.16　三库洪水资源利用方案结果**

| 调度方案 | | | 溪洛渡水库发电量/亿kW·h | 向家坝水库发电量/亿kW·h | 溪洛渡水库加权水头/m | 向家坝水库加权水头/m | 溪向水库弃水量/亿$m^3$ | 三峡水库电量/亿kW·h | 三峡水库加权水头/m | 三峡水库弃水量/亿$m^3$ | 三峡水库超158.0 m年数 | 莲花塘站超60 000 $m^3/s$年数 |
|---|---|---|---|---|---|---|---|---|---|---|---|---|
| 三峡水库单库常遇洪水 | | | 222.64 | 116.00 | 176.75 | 95.31 | 189.13 | 360.84 | 80.41 | 152.33 | 4 | 31 |
| 三库汛末常遇洪水调度 | 主汛期水位不上浮 | | 226.24 | 117.76 | 179.68 | 96.42 | 169.57 | 359.31 | 80.84 | 134.32 | 8 | 31 |
| | 主汛期上浮，三峡水库不同控制水位下三库联合调度 | 151.00 m | 229.48 | 118.43 | 182.89 | 97.03 | 167.55 | 359.02 | 80.89 | 133.81 | 10 | 31 |
| | | 152.00 m | 229.67 | 118.46 | 183.05 | 97.05 | 167.36 | 359.00 | 80.88 | 133.54 | 10 | 31 |
| | | 153.00 m | 229.78 | 118.48 | 183.11 | 97.06 | 167.31 | 359.02 | 80.88 | 133.30 | 10 | 31 |
| | | 154.00 m | 229.94 | 118.51 | 183.18 | 97.08 | 167.26 | 359.05 | 80.87 | 132.99 | 10 | 31 |
| | | 155.00 m | 229.93 | 118.51 | 183.18 | 97.08 | 167.27 | 359.05 | 80.87 | 133.07 | 10 | 31 |
| | | 156.00 m | 229.96 | 118.52 | 183.20 | 97.08 | 167.24 | 359.05 | 80.87 | 133.20 | 10 | 31 |
| | | 157.00 m | 229.96 | 118.52 | 183.21 | 97.08 | 167.24 | 359.12 | 80.88 | 133.03 | 10 | 31 |
| | | 158.00 m | 230.02 | 118.53 | 183.23 | 97.08 | 167.21 | 359.18 | 80.89 | 132.79 | 10 | 31 |

表8.16三库洪水资源利用方案结果表明：

（1）汛期末段洪水资源化可在提高汛期末段发电水头的同时，提高水库汛末水位和期末蓄能，增加梯级整体发电效益。从图8.5中可以看出，相比于仅考虑三峡水库单库常遇洪水调度方案，实施汛期末段洪水资源利用后，三库总体汛期平均增发电量3.82亿kW·h，同时减少弃水37.58亿$m^3$。其中，发电量的增加主要体现在溪洛渡、向家坝水库因发电水头的增加而提高平均发电量5.36亿kW·h，三峡水库因入库的减少和水库自身拦蓄，发电量有所降低。但从图8.6可以看出，梯级水库弃水量减少，三库汛末水位和期末蓄能得到显著增加。

（2）在三库联合常遇洪水调度方式的基础上，考虑汛期末段洪水资源利用的增量效益，可以发现，实施汛期末段洪水资源利用和汛期常遇洪水调度，都能提高水库整体的发电效益，而在汛期常遇洪水调度的基础上，汛期末段考虑防洪库容的充分利用，能在常遇洪水调度的基础上进一步提高水库发电效益，同时抬高汛末水位，更好地衔接汛后蓄水。以三峡水库控制水位158.0 m方案为例，采用考虑汛期末段洪水资源利用的三库常遇洪水调度方式，汛期平均发电量较不采用汛期末段洪水资源利用方案提高3.92亿kW·h，较仅采用三峡水库单库常遇洪水调度方案增发电量8.24亿kW·h，水库联合效益得到显著发挥。

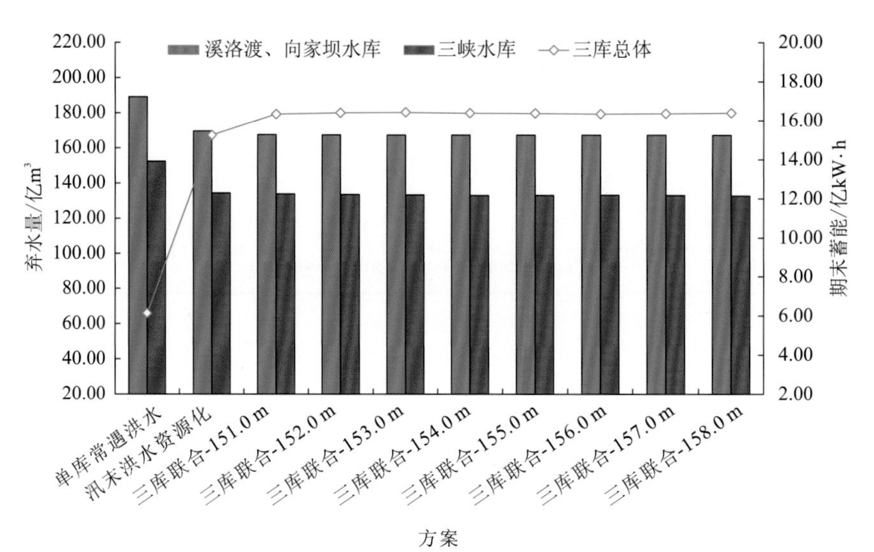

图 8.5　考虑汛期末段洪水资源化的三库常遇洪水调度方案弃水量比较

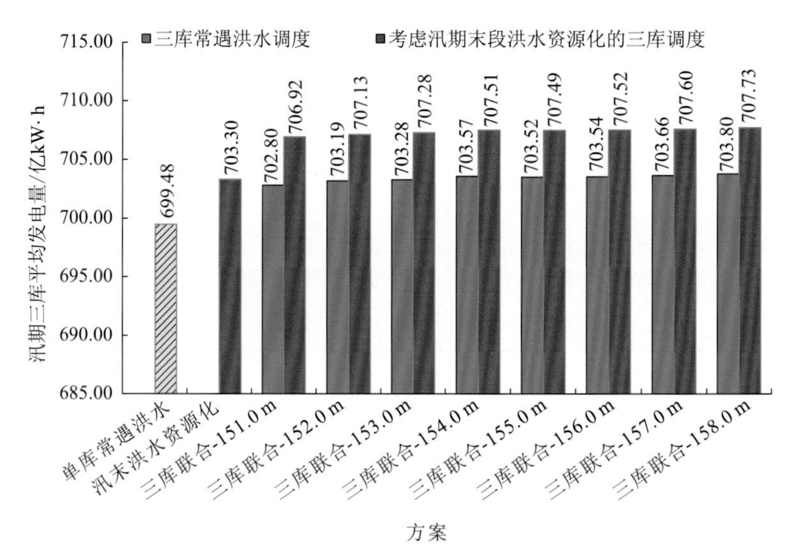

图 8.6　考虑汛期末段洪水资源化的三库常遇洪水调度方案发电量比较

（3）考虑汛期末段洪水资源利用的三库常遇洪水调度方式对三峡水库汛期运行水位产生一定影响，采用 1954～2014 年实测汛期径流系列，相比于三库常遇洪水调度方案三峡水库水位平均升高 0.9 m，但约有 84%的年份三峡水库最高水位仍在 158.0 m 以下。共有 10 个年份三峡水库水位超过 158.0 m，相比于三库常遇洪水调度方案增加了 1962 年、1974 年、1980 年、1993 年、2005 年 5 个典型年，5 个典型年最高运行水位 158.85 m，对水位推高作用影响有限；分析中下游枝城站、莲花塘站流量也可以看出，枝城站流量控制均未超过 56 700 m³/s，而莲花塘站流量超过 60 000 m³/s 的年份与三库常遇洪水调度方案基本一致，最多天数为 1998 年洪水（40 天），其次为 1954 年洪水（39 天）。因此，在实时调度中可通过事先做出预判，调整洪水资源利用调度方式和控制水位，确保防洪安全。

### 6. 溪洛渡、向家坝、三峡三库常遇洪水资源利用方式

本小节分析溪洛渡、向家坝、三峡三库常遇洪水调度方式，选取长江中下游荆江河段和城陵矶地区作为控制断面，分别从主汛期和汛期末段两个方面研究了三峡水库、溪洛渡水库和向家坝水库在保障川渝河段防洪安全的基础上，配合三峡水库实施标准洪水以下的常遇洪水资源利用方式，重点探讨了汛期末段溪洛渡、向家坝水库以逐步蓄水拦洪的方式预留防洪库容，分析了汛期末段三库预留防洪库容在三库间协调方式。通过方案比选和结果分析，拟推荐溪洛渡、向家坝、三峡三库常遇洪水资源利用方式如下。

**1）三库常遇洪水资源利用条件**

在溪洛渡、向家坝、三峡三库尚不需要对川渝河段和长江中下游地区实施防洪补偿调度，且有充分把握保障防洪安全时，根据实时水雨情和预测预报，三库可以相机进行常遇洪水调洪；其中，当 3 天预见期内李庄站、高场站流量分别小于预泄控制流量 21 300 $m^3/s$、26 000 $m^3/s$，且三峡水库水位不高于 158.0 m 时，溪洛渡、向家坝水库以利用汛期运行水位上浮空间配合三峡水库进行常遇洪水调度；三峡水库可在沙市站及城陵矶站水位低于警戒水位，且水文预报预见期以内将来水量和水库汛限水位以上的水量在安全泄量以内下泄时，利用对城陵矶地区补偿调度的防洪库容实施常遇洪水调度。

**2）三库常遇洪水调度空间**

溪洛渡、向家坝水库主汛期常遇洪水资源利用空间为 14.6 亿 $m^3$，即溪洛渡水库水位在 560～571.9 m、向家坝水库水位在 370～372.5 m 配合三峡水库实施常遇洪水调度；8 月 20 日以后的汛期末段，可视预报来水及川渝河段、长江中下游防洪形势，控制溪洛渡、向家坝水库在预留 29.6 亿 $m^3$ 防洪库容保障川渝河段防洪安全的前提下进一步抬升水位。

三峡水库常遇洪水资源利用空间是三峡水库为城陵矶地区防洪补偿调度的库容空间，即水位在 145.0～158.0 m；8 月 20 日以后根据水库上下游防洪形势，控制 8 月 20 日水位不超过 151.2 m，8 月 25 日水位不超过 155.5 m。

**3）三库常遇洪水调度方式**

溪洛渡、向家坝水库以逐步蓄水拦洪的方式配合三峡水库实施常遇洪水调度，当入库来水小于电站满发流量时，水库按照来水进行发电，当入库来水大于电站满发流量时，电站按满发流量下泄，控制溪洛渡、向家坝水库水位不超过水库常遇洪水资源利用空间的相应控制水位。

当三峡水库预见期内平均流量大于机组满发流量但不超过判别流量 42 000 $m^3/s$，按机组满发流量下泄；当三峡水库预见期内平均流量大于判别流量 42 000 $m^3/s$，按控泄流量 42 000 $m^3/s$ 下泄，控制沙市站和城陵矶站水位不超过警戒水位。

**4）常遇洪水调度的终止**

对于溪洛渡、向家坝水库，当李庄站或高场站预报流量可能达到预泄控制流量时，或三峡水库水位高于控制水位 158.0 m，梯级水库应在预见期内逐步预泄，主汛期消落库水位至汛限水位，汛期末段消落库水位至汛期末段控制水位；对于三峡水库，当预报预见期内来水和水库汛限水位以上的水量超过安全泄量 42 000 $m^3/s$ 时，在安全泄量以内加泄水量将水位降至汛限水位，汛期末段降至汛期末段控制水位。当需要对川渝河段进行防洪补偿调度，或长江中下游沙市站、城陵矶站水位将超过警戒水位时，停止实施洪水资源利用调度，按照防洪调度方式运行。

# 第9章

# 长江上中游水库群联合调度方案和应用效果

自 2012 年开始，水利部长江水利委员会组织编制年度水库群联合调度方案，2012 年批复的《2012 年度长江上游水库群联合调度方案》首次将三峡、金安桥、二滩、紫坪铺、瀑布沟、构皮滩、思林、彭水、碧口和宝珠寺 10 座重要水库（水电站）统一纳入联合调度范围，确定了水库群联合调度的原则、目标、方案和调度权限（黄艳 等，2021）。此后，联合调度的深度和广度不断拓展，2013 年增加至 17 座水库，2014～2017 年增加至长江上游 21 座控制性水库。

2018～2020 年长江流域水工程联合调度运用计划有效应对了 2018 年上游区域性洪水、2019 年中下游洪水，以及 2020 年长江流域性特大洪水，2020 年三峡水库连续 11 年实现 175 m 蓄水目标，促进典型鱼类自然繁殖的三峡等水库生态调度试验效果明显，流域水工程防洪、供水、生态、发电、航运等综合效益得到充分发挥。

## 9.1 联合调度方案

### 9.1.1 《2018 年度长江上中游水库群联合调度方案》简介

《2018 年度长江上中游水库群联合调度方案》将水库调度范围进一步扩展至长江中游湖口以上流域，将长江中游的汉江流域、鄱阳湖五河流域控制性防洪与水量调度水库纳入联合防洪调度范围，共计 40 座水库，总调节库容 854 亿 $m^3$，防洪库容 574 亿 $m^3$，主要包括以下内容。

长江上游：金沙江梨园、阿海、金安桥、龙开口、鲁地拉、观音岩、溪洛渡、向家坝，雅砻江锦屏一级、二滩，岷江紫坪铺、瀑布沟，嘉陵江碧口、宝珠寺、亭子口、草街，乌江构皮滩、思林、沙沱、彭水，长江干流三峡，共 21 座水库。

长江中游：清江水布垭、隔河岩，洞庭湖资江柘溪，沅江凤滩、五强溪，澧水江垭、皂市，陆水，汉江石泉、安康、丹江口、潘口、黄龙滩、三里坪、鸭河口，鄱阳湖万安、峡江、廖坊、柘林，共 19 座水库。

纳入 2018 年度联合调度的长江上中游干支流水库示意图如图 9.1 所示。

### 9.1.2 《2019 年长江流域水工程联合调度运用计划》简介

长江中下游干流排涝泵站涵闸排涝能力巨大，遭遇外洪内涝时防洪与排涝缺乏统一调度方案，将排涝工程一直未纳入防洪体系统一调度，对协调排涝与防洪的关系，保证防洪安全，减轻涝灾损失具有重要的意义。2019 年度将长江宜昌至河口段干支流沿江直接排江泵站，洞庭湖、鄱阳湖、太湖流域排河、排湖泵站纳入联合调度范围，编制《2019 年长江流域水工程联合调度运用计划》。

与《2018 年度长江上中游水库群联合调度方案》相比，《2019 年长江流域水工程联合调度运用计划》最大的变化是在长江上中游 40 座控制性水库的基础上，将联合调度范围扩展至全流域包括 40 座控制性水库、46 处国家级蓄滞洪区、10 座重点大型排涝泵站和 4 座引调水工程在内的 100 座水工程。随着长江流域水旱灾害防御综合体系的日趋完善，长江中下游排涝泵站数量和体量越来越大，对长江干流水位、流量的影响已经不容忽视，而蓄滞洪区则是防洪工程体系中的最后兜底环节，纳入联合调度后对提升流域防洪调度能力意义重大。

### 9.1.3 《2020 年长江流域水工程联合调度运用计划》简介

在《2019 年长江流域水工程联合调度运用计划》的基础上，结合三峡水库科学调度关键技术第二阶段项目等研究成果及工程建设情况，进一步拓展水工程联合调度范围，完善流域水工程联合调度方案，编制《2020 年长江流域水工程联合调度运用计划》。

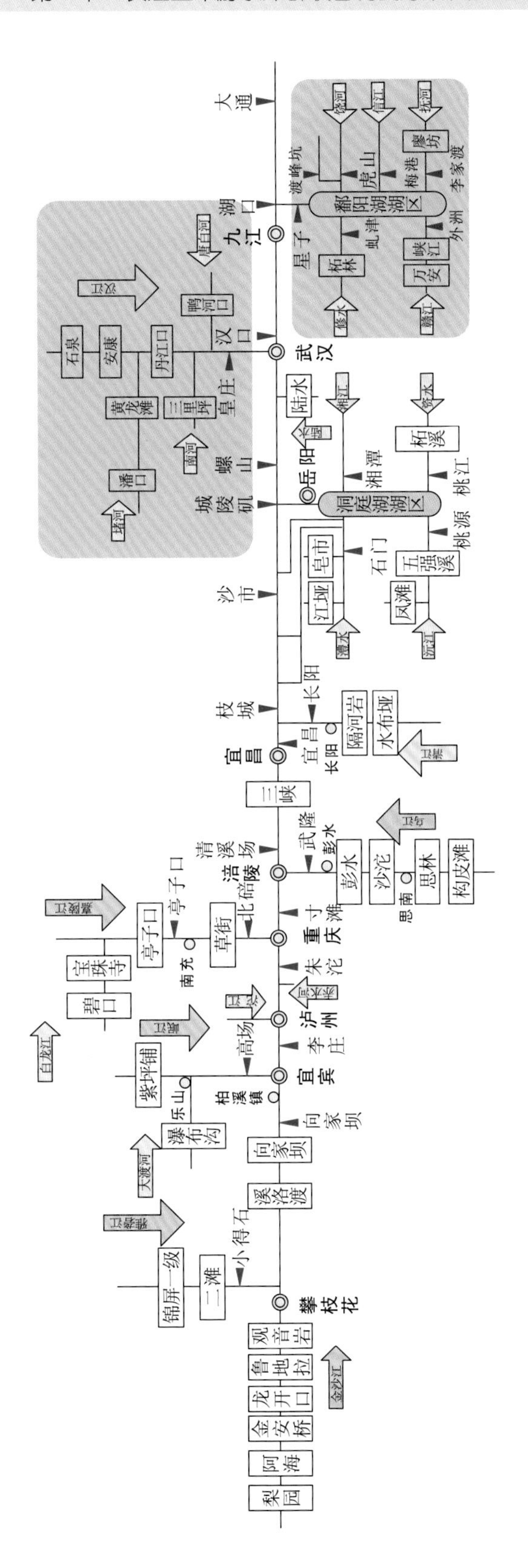


图9.1　纳入2018年度联合调度的长江上中游干支流水库示意图

相比于 2019 年，《2020 年长江流域水工程联合调度运用计划》的主要变化：一是持续拓展了调度管理的广度，纳入金沙江乌东德水库，水工程总数增至 101 座，包括 41 座控制性水库、46 处国家级蓄滞洪区、10 座重点大型排涝泵站和 4 座引调水工程。二是稳步加深了调度管理的深度，根据实际调度情况，完善了调度原则与目标及防洪、蓄水、生态和应急等联合调度方案，明确了乌东德水库调度方式，根据《丹江口水库优化调度方案（2020 年度）》优化了丹江口水库调度方式，细化了调度管理权限等。

# 9.2 研究案例与结果分析

## 9.2.1 2018 年联合调度

1. 防洪调度

自 2018 年 7 月 2 日起，长江流域自西向东发生一次大暴雨的降雨过程，受其影响长江上游、汉江上游来水显著增加，“2018 年长江第 1 号洪水”在上游形成。7 月 5 日 14 时，三峡水库入库流量涨至 53 000 $m^3/s$，出库流量 40 000 $m^3/s$。长江水利委员会向丹江口水库下发调度令，要求 7 月 4 日 18 时开启 1 个深孔，加大下泄流量。三峡水库维持 40 000 $m^3/s$ 流量下泄。7 月 6 日 8 时，三峡水库入库流量已减至 47 000 $m^3/s$，并持续减退，三峡水库维持 40 000 $m^3/s$ 出库流量，“长江 2018 年第 1 号洪水”已平稳通过三峡库区。通过三峡水库的拦蓄，确保了荆江河段不超过警戒水位，有效减轻了长江中下游防洪压力。

7 月 8 日起，受新一轮强降雨影响，长江上游大渡河、岷江、沱江、嘉陵江等流域出现较大洪水，7 月 11 日 8 时至 12 日 8 时，长江流域共有 7 个站超历史最高水位，14 个站超保证水位，22 个站超过警戒水位。岷江高场站 12 日 13 时出现洪峰流量 16 900 $m^3/s$；沱江富顺站 13 日 12 时出现洪峰流量 9 320 $m^3/s$；嘉陵江北碚（三）站 13 日 14 时出现洪峰流量 32 000 $m^3/s$。受上述来水影响，长江上游干流来水迅速增加。13 日 4 时，长江干流寸滩站流量涨至 50 400 $m^3/s$，“长江 2018 年第 2 号洪水”已在长江上游形成。7 月 14 日 2 时，三峡水库入库洪峰流量将达 61 000 $m^3/s$。长江防汛抗旱总指挥部于 7 月 11 日 20 时调度三峡水库，下泄流量按 42 000 $m^3/s$ 控制，积极应对“长江 2018 年第 2 号洪水”。同时，联合调度金沙江中游梯级、金沙江下游溪洛渡、向家坝和雅砻江锦屏一级、二滩等控制性水库拦蓄洪水，减少下泄流量，最大限度减轻川渝河段防洪压力，减小三峡水库入库洪量；指导四川、重庆两地调度宝珠寺、亭子口、紫坪铺、瀑布沟、草街等水库提前预泄。通过这些综合措施，此次洪水过程中，长江上游主要水库群总拦蓄洪量约 111 亿 $m^3$，降低四川境内嘉陵江中下游干流洪峰水位 2～4 m，降低长江干流寸滩河段洪峰水位 2.5～3.5 m，并有效防止了荆江河段超过警戒水位，大大减轻了相关区域的防洪压力。

2. 其他方面

供水方面。按照《2018 年度长江上中游水库群联合调度方案》，根据水雨情中长期预测预报及长江流域汛情形势，统筹调度三峡等上游水库群的蓄水工作，三峡水库于 10 月 31 日顺利完成 175 m 试验性蓄水目标，连续 9 年圆满完成 175 m 试验性蓄水任务。截至 11 月 1 日 8 时，长江上游除乌江构皮滩、思林，嘉陵江亭子口水库外，其他上游梯级水库已基本蓄满，纳入联合调度的长江上游 21 座主要水库可供用水量达 481.0 亿 $m^3$，为 2018 年冬、2019 年春供水、生态、发电、航运等各项用水奠定了坚实基础。生态方面。汛前，结合水库汛前消落，三峡水库开展两次促进四大家鱼繁殖的三峡水库生态调度试验，四大家鱼产卵量增长明显，与 2011 年相比，生态调度期间的四大家鱼产卵量增长近 86 倍；同时开展了溪洛渡分层取水生态调度试验，积累了大量有益经验。为有效维护汉江中下游生态，6 月 12～20 日组织开展针对产漂流性卵鱼类自然繁殖的汉江中下游梯级联合生态调度试验，取得了显著的成效（陈敏 等，2019）。

### 9.2.2 2019 年联合调度

1. 防洪调度

6 月 22 日前后，乌江下游支流芙蓉江、郁江发生较大洪水，乌江武隆站流量突破 10 000 $m^3/s$、水位突破 190 m，且强降雨过程仍在持续。综合考虑乌江中下游防洪形势和重庆防洪需求，长江水利委员会组织实施乌江构皮滩水库、思林水库、沙沱水库与彭水水库的联合调度，在控制构皮滩水库、思林水库、沙沱水库下泄流量的基础上，调度彭水水库出库流量减至 4 680 $m^3/s$，削峰率 19.3%，错峰 12 h，保证了武隆站水位不超警戒，有效减轻了重庆市彭水和武隆县城防洪压力。

7 月份，受两湖水系及鄱阳湖湖区强降雨影响，长江中下游干流水位快速上涨，7 月 13 日“长江 2019 年第 1 号洪水”在长江中下游形成。为缓解洞庭湖水位上涨速度，改善湘江、资江、沅江高洪宣泄条件，缩短超警戒水位时间，缓解湘江、资江、沅江和洞庭湖区堤防防守压力。应湖南省请求，长江水利委员会在保障三峡水库防洪风险可控的情况下，经水利部同意，调度三峡水库将下泄流量由 24 000 $m^3/s$ 逐步调整至 17 000 $m^3/s$，确保了干流莲花塘站水位未超警戒水位，有效缓解了洞庭湖水位上涨，改善了湘江、资江高洪宣泄条件，缩短了堤防超警时间，减轻了防洪压力，防洪效益显著。

7 月下旬，超警戒水位中下游干流仍然长时间超警戒水位，为了缩短超警戒水位时间，减小中下游防洪压力，长江水利委员会连续下发 5 道调度令精细调度三峡水库和金沙江梯级水库群拦蓄洪水，指导四川省水利厅调度岷江紫坪铺、大渡河瀑布沟和嘉陵江亭子口控制性水库应对暴雨洪水，水库群共拦蓄洪水 65 亿 $m^3$。

8 月上旬，受强降雨影响，三峡水库出现明显涨水过程，8 月 9 日前后三峡水库入库流量涨至 45 000 $m^3/s$，鉴于当时长江中下游干流各站水位均已退至警戒水位以下，为了避免长江中下游各站再次超警戒水位，长江水利委员会调度三峡水库出库流量按照 32 000 $m^3/s$ 控制，削峰 29%，避免了长江中下游干流各站再次超警戒水位。

9 月份，长江嘉陵江上游、汉江上游发生明显秋汛，嘉陵江北碚站出现年内最大洪峰流量 21 800 $m^3/s$，丹江口水库出现年最大入库流量 16 000 $m^3/s$。在水利部的统一领导下，长江水利委员会统筹丹江口、亭子口等水库防洪、供水、蓄水及汉江中下游用水需求，科学精细调度丹江口水库防洪、供水、蓄水及汉江中下游用水需求，科学精细调度丹江口水库，将丹江口水库入库洪峰流量 16 000 $m^3/s$ 削减至 6 900 $m^3/s$，削峰 52%，拦蓄洪水 27 亿 $m^3$，有效保障了汉江中下游防洪安全。

2. 其他方面

供水方面。2018 年冬、2019 年春，流域 40 座控制性水库累计供水或向水库下游补水约 540 亿 $m^3$，三峡水库为长江中下游累计补水 124 d。汛期末段，在确保防洪安全的前提下，精细调度上游水库群分阶段开展蓄水，三峡水库连续第 10 年顺利完成 175 m 试验性蓄水目标。丹江口水库圆满完成了年度供水任务，有效保障了北方供水安全。生态方面。连续第 9 年实施第 13 次三峡水库生态调度试验，对产漂流性卵鱼类自然繁殖起到了显著促进作用。继续开展了溪洛渡分层取水调度试验和溪洛渡、向家坝、三峡三库联合生态调度，效果良好。发电方面。截至 2019 年 11 月底，三峡发电量达 916 亿 kW·h，已超过多年平均发电量 882 亿 kW·h，葛洲坝 2019 年累计发电量达 179.4 亿 kW·h，年发电量将创历史新高。航运方面。通过联合调度，显著改善了长江航运条件，三峡船闸自 2014 年以来连续第 6 年突破 1 亿 t，有力促进了长江航运的快速发展和沿江经济的协调发展（陈敏和方清忠，2020）。

### 9.2.3　2020 年联合调度

1. 防洪调度

2020 年长江流域发生多次强降雨过程，7～8 月长江连续发生 5 次编号洪水，长江干流及主要支流多站水位超警戒、超保证甚至超历史，尤其是三峡水库发生成库以来最大入库洪峰 75 000 $m^3/s$（金兴平，2020）。

2020 年 7 月 2 日 10 时，三峡水库入库流量达 50 000 $m^3/s$，“长江 2020 年第 1 号洪水”在长江上游形成。在防御水库“长江 2020 年第 1 号洪水”过程中，长江水利委员会调度三峡水库拦洪削峰，7 月 6 日起将出库流量自 35 000 $m^3/s$ 逐步压减至 19 000 $m^3/s$，削峰率约 34%。长江上中游控制性水库配合三峡水库拦蓄洪量约 73 亿 $m^3$（三峡水库拦蓄洪水约 25 亿 $m^3$）；同时，指导江西省运用湖口附近的洲滩民垸及时行蓄洪水，其中鄱阳湖区 185 座单退圩全部运用，蓄洪容积总计约 24 亿 $m^3$；统一调度和合理限制城陵矶、湖口附近河段农田涝片排涝泵站对江对湖排涝，将莲花塘站、汉口站、湖口站最高水位分别控制在 34.34 m、28.77 m、22.49 m（均未超保证水位）。另外，精细调度陆水水库逐步加大出库流量并加强工程巡查防守应对陆水 7 月 7 日洪水，实现出库流量不大于 2 500 m$^3$/s、库水位不超过防洪高水位的调度目标，保障了枢纽工程和水库下游的防洪安全；调度乌江梯级水库联合拦蓄洪量约 1.35 亿 m$^3$，降低乌江彭水—武隆河段洪峰水位约 1～1.5 m；调度江垭、皂市水库拦洪削峰，削减洪峰流量约 55%，降低了洪峰水位约 3.7 m，避免了澧门石门河段水位超保证。

7 月 17 日 10 时，三峡水库入库流量达到 50 000 m$^3$/s，“长江 2020 年第 2 号洪水”再次在长江上游形成。在防御“长江 2020 年第 2 号洪水”过程中，统筹长江上下游防洪需求，联合调度金沙江、雅砻江、乌江和大渡河、嘉陵江等水系梯级水库群配合三峡水库进一步安排拦蓄洪水约 35 亿 m$^3$，全力减小进入三峡水库洪量。同时，兼顾后期可能发生的洪水，精细调度三峡水库，滚动优化调整出库流量，降低三峡水库水位至 158.0 m 左右，并成功与洞庭湖洪水错峰。2 号洪水期间（7 月 12 日～7 月 21 日），通过长江上中游水库群拦蓄洪水约 173 亿 m$^3$，其中，三峡水库拦蓄洪水约 88 亿 m$^3$，长江上中游其他控制性水库拦蓄洪水约 50 亿 m$^3$，将三峡水库入库洪峰流量从 70 000 m$^3$/s 削减至 61 000 m$^3$/s。通过长江上中游水库群联合调度，降低沙市江段洪峰水位约 1.5 m，降低监利江段洪峰水位约 1.6 m，降低城陵矶江段洪峰水位约 1.7 m，降低汉口江段洪峰水位约 1 m。结合城陵矶河段农田片区限制排涝、洲滩民垸相机运用等措施，实现了莲花塘站水位不超过 34.4 m，汉口站水位不超过 29.0 m，避免了城陵矶附近蓄滞洪区运用，极大减轻了长江中下游尤其是洞庭湖区防洪压力。同时，长江水利委员会指导安徽省、江苏省按洪水调度方案做好滁河水工程调度，安徽省及时运用荒草三圩、荒草二圩分蓄洪，有效保障了滁河防洪安全。

7 月 26 日 14 时，受长江上游强降雨影响，三峡水库入库流量达 50 000 m$^3$/s，迎来“长江 2020 年第 3 号洪水”。在防御“长江 2020 年第 3 号洪水”过程中，调度金沙江、雅砻江、嘉陵江等水系水库群进一步拦蓄洪水约 8 亿 m$^3$，减小进入三峡水库洪量。7 月 27 日 14 时三峡水库入库洪峰流量达到 60 000 m$^3$/s，出库流量 38 000 m$^3$/s，削峰 36%。同时精细协调三峡水库和洞庭湖、清江水系水库调度，有效避免长江上游及洞庭湖来水遭遇。错峰减压调度后，为留足库容应对后期可能出现的大洪水，同时保持中游莲花塘站水位现峰转退后的退水态势，滚动调整三峡水库出库流量，逐步降低三峡水库水位至 158.00 m 以下。3 号洪水期间（7 月 25 日～7 月 28 日），通过长江上中游水库群拦蓄洪水约 56 亿 m$^3$。其中，三峡水库拦蓄洪水约 33 亿 m$^3$，长江上游其他控制性水库共拦蓄约 15.5 亿 m$^3$，洞庭湖主要水库、清江梯级等中游水库共拦蓄 7.5 亿 m$^3$；同时采取城陵矶附近河段农田涝片限制排涝、洲滩民垸行蓄洪区运用，以及适当抬高城陵矶河段行洪水位，莲花塘站、汉口站最高水位分别为 34.59 m、28.50 m。

8 月 14 日 5 时，长江上游干支流发生洪水，长江干流寸滩站流量涨至 50 900 m$^3$/s，为“长江 2020 年第 4 号洪水”；受持续强降雨影响，长江上游干流寸滩站水势止落回涨，8 月 17 日 14 时流量涨至 50 400 m$^3$/s，“长江 2020 年第 5 号洪水”形成。在防御“长江 2020 年第 4、5 号复式洪水”过程中，调度三峡水库及长江上游水库群在前期已运用较多防洪库容的基础上，再拦蓄洪水约 190 亿 m$^3$，其中三峡水库拦蓄洪水约 108 亿 m$^3$，其他水库拦蓄约 82 亿 $m^3$，将寸滩站洪峰流量由 87 500 $m^3/s$ 削减为 74 600 $m^3/s$，将宜昌站洪峰流量由 78 400 $m^3/s$ 削减为 51 500 $m^3/s$，将高场站、北碚站、寸滩站最高水位分别控制在 291.08 m、200.23 m、191.62 m，避免了长江上游金沙江、岷江、沱江、嘉陵江洪峰叠加形成重现期超 100 年一遇的大洪水。

## 2. 其他方面

供水方面。2020 年冬、2021 年春，流域 40 座控制性水库累计向中下游地区补水 542 亿 $m^3$，其中三峡水库累计补水 164 d、约 220 亿 $m^3$；丹江口水库向北方地区供水 87.56 亿 $m^3$（完成年度供水计划的 108.5%），其中实施生态补水 24.03 亿 $m^3$。汛期末段统筹防洪安全与蓄水需要，调度水库群合理承接前期防洪运行水位分阶段有序蓄水，圆满完成水库群蓄水任务，三峡水库连续 11 年完成 175 m 试验性蓄水目标，丹江口水库最高蓄水位 164.77 m，为今冬明春长江经济带和京津冀地区供水安全提供了充足水量保障。生态方面。连续第 10 年开展三峡水库促进产漂流性卵鱼类自然繁殖的生态调度试验，监测到沙市江段四大家鱼鱼卵径流量 20.22 亿粒，为 2011 年监测以来历年最高。发电方面。截至 11 月底，中国长江三峡集团公司、雅砻江流域水电开发有限公司、金沙江中游水电开发有限公司、贵州乌江水电开发有限责任公司等所属梯级电站发电量均创历史同期新高，其中三峡电站发电量 11 月 15 日已刷新单座电站年发电量世界纪录。航运方面。主汛期科学调度三峡水库及时大幅削减出库流量，疏散三峡—葛洲坝区间积压船舶 1 569 艘；枯水期增加中下游航运水深 0.5～1.0 m，改善上游川江航道 660 km；截至 11 月底，三峡船闸过闸货运量达到 1.24 亿 t，年过闸货运量连续 7 年超过 1 亿 t。

# 参考文献

陈桂亚, 2013. 长江上游控制性水库群联合调度初步研究[J]. 人民长江, 44(23): 1-6.
陈桂亚, 郭生练, 2012. 水库汛期中小洪水动态调度方法与实践[J]. 水力发电学报, 31(4): 22-27.
陈敏, 方清忠, 2020. 长江流域2019年水旱灾害防御工作综述[J]. 中国防汛抗旱, 30(1): 11-13.
陈敏, 陈桂亚, 陈炯, 等, 2019. 2018年长江上游水库群联合调度实践与成效[J]. 中国防汛抗旱, 29(4): 6-9.
陈森林, 李丹, 陶湘明, 等, 2017. 水库防洪补偿调节线性规划模型及应用[J]. 水科学进展, 28(4): 507-514.
丁毅, 纪国强, 2006. 长江上游干支流水库防洪库容设置研究[J]. 人民长江(9): 50-52.
董磊华, 金弈, 张傲然, 等, 2021. 三河口水库洪水资源利用方式研究[J]. 中国农村水利水电(2): 62-65, 77.
胡挺, 周曼, 王海, 等, 2015. 三峡水库中小洪水分级调度规则研究[J]. 水力发电学报, 34(4): 1-7.
胡向阳, 邹强, 周曼, 2018. 三峡水库洪水资源利用I: 调度方式和效益分析[J]. 人民长江, 49(3): 15-22.
黄艳, 喻杉, 巴欢欢, 2021. 2020年长江流域水工程联合防洪调度实践[J]. 中国防汛抗旱, 31(1): 6-14.
金兴平, 2017. 长江上游水库群2016年洪水联合防洪调度研究[J]. 人民长江, 48(4): 22-27.
金兴平, 2020. 水工程联合调度在2020年长江洪水防御中的作用[J]. 人民长江, 51(12): 8-14.
李安强, 张建云, 仲志余, 等, 2013. 长江流域上游控制性水库群联合防洪调度研究[J]. 水利学报, 44(1): 59-66.
李响, 郭生练, 刘攀, 等, 2010. 考虑入库洪水不确定性的三峡水库汛限水位动态控制域研究[J]. 四川大学学报(工程科学版), 42(3): 49-55.
李肖男, 李文俊, 管益平, 等, 2019. 嘉陵江中下游防洪现状及调度策略探讨[J]. 中国防汛抗旱, 29(12): 27-32.
李肖男, 傅巧萍, 张松, 等, 2022. 三峡水库汛期运行水位运用方式研究[J]. 人民长江, 53(2): 21-26, 40.
刘攀, 郭生练, 肖义, 等, 2007. 水库分期汛限水位的优化设计研究[J]. 水力发电学报(3): 5-10.
王本德, 袁晶瑄, 2010. 基于综合信息的汛期库水位实时动态控制方法[J]. 大连理工大学学报, 50(4): 570-575.
王学敏, 陈芳, 张睿, 2018. 溪洛渡、向家坝水库汛期运行水位上浮空间研究[J]. 人民长江, 49(13): 52-58.
文小浩, 张勇传, 钮新强, 等, 2022. 溪洛渡、向家坝水库配合三峡水库对城陵矶防洪调度优化研究[J]. 水电能源科学, 40(6): 71-74.
喻杉, 游中琼, 李安强, 2018. 长江上游防洪体系对1954年洪水的防洪作用研究[J]. 人民长江, 49(13): 9-14, 26.
张睿, 李安强, 丁毅, 2018. 金沙江梯级与三峡水库联合防洪调度研究[J]. 人民长江, 49(13): 22-26.
赵文焕, 李荣波, 訾丽, 2020. 长江流域水库群风险防洪调度分析[J]. 人民长江, 51(12): 135-140, 178.

周惠成, 李伟, 张弛, 2009. 水库汛限水位动态控制方案优选研究[J]. 水力发电学报, 28(4): 27-32.
周如瑞, 卢迪, 王本德, 等, 2016. 基于贝叶斯定理与洪水预报误差抬高水库汛限水位的风险分析[J]. 农业工程学报, 32(3): 135-141.
周新春, 许银山, 冯宝飞, 2017. 长江上游干流梯级水库群防洪库容互用性初探[J]. 水科学进展, 28(3): 421-428.
周研来, 郭生练, 段唯鑫, 等, 2015. 梯级水库汛限水位动态控制[J]. 水力发电学报, 34(2): 23-30.
朱迪, 梅亚东, 许新发, 等, 2020. 赣江中下游防洪系统调度研究[J]. 水力发电学报, 39(3): 22-33.
邹强, 胡向阳, 张利升, 等, 2018a. 长江上游水库群联合调度对武汉地区的防洪作用[J]. 人民长江, 49(13): 15-21.
邹强, 胡向阳, 周曼, 2018b. 三峡水库洪水资源利用Ⅱ: 风险分析和对策措施[J]. 人民长江, 49(4): 11-16, 22.